Maria Cascão Ferreira de Almeida

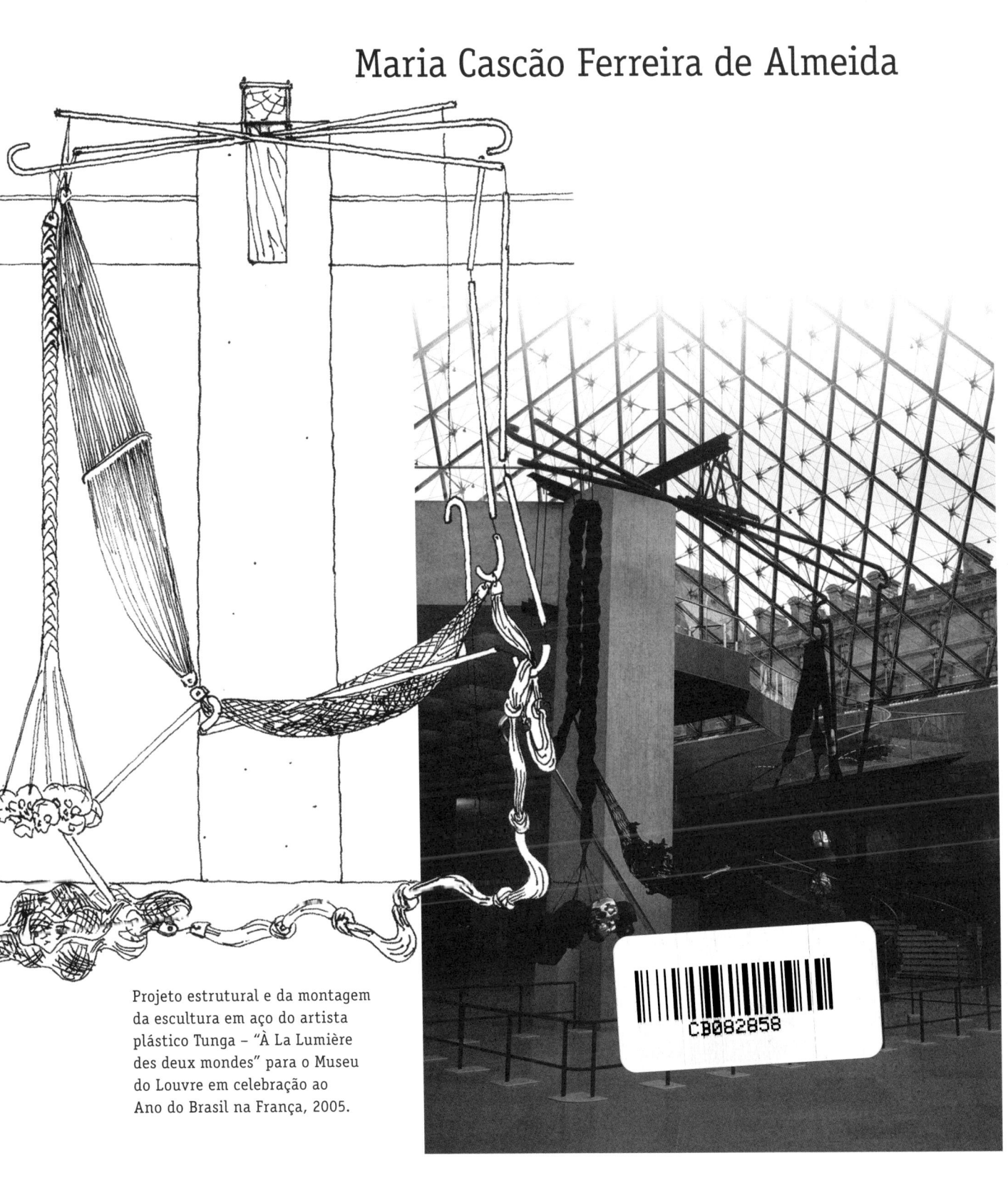

Projeto estrutural e da montagem da escultura em aço do artista plástico Tunga – "À La Lumière des deux mondes" para o Museu do Louvre em celebração ao Ano do Brasil na França, 2005.

Maria Cascão Ferreira de Almeida

Estruturas
isostáticas

© Copyright 2009 Oficina de Textos
1ª reimpressão 2011 | 2ª reimpressão 2013 | 3ª reimpressão 2015
4ª reimpressão 2018

Conselho editorial   Arthur Pinto Chaves; Cylon Gonçalves da Silva; José Galizia Tundisi;
                       Luis Enrique Sánchez; Paulo Helene; Rozely Ferreira dos Santos;
                       Teresa Gallotti Florenzano

Capa Douglas da Rocha Yoshida
Projeto gráfico Malu Vallim
Foto capa Leonardo Paris
Preparação de figuras Douglas da Rocha Yoshida
Revisão de técnica Luís Bitencourt
Revisão de textos Pétula Lemos

Dados Internacionais de Catalogação na Publicação (CIP)
(Câmara Brasileira do Livro, SP, Brasil)

Almeida, Maria Cascão Ferreira de
Estruturas isostáticas / Maria Cascão Ferreira
de Almeida. -- São Paulo : Oficina de Textos, 2009.

Bibliografia.
ISBN 978-85-86238-83-3

1. Análise estrutural (Engenharia) 2. Engenharia
de estruturas 3. Estática 4. Estruturas - Teoria

I. Título.
09-02115   CDD-624.171

Índices para catálogo sistemático:
1. Estruturas isostáticas : Engenharia civil
624.171

Todos os direitos reservados à Oficina de Textos
Rua Cubatão, 798
CEP 04013-003 São Paulo-SP – Brasil
tel. (11) 3085 7933
site: www.ofitexto.com.br e-mail: atend@ofitexto.com.br

PREFÁCIO

Com muita satisfação e orgulho, aceitei a tarefa de escrever o prefácio do primeiro volume – Estruturas Isostáticas – do "Curso de Análise Estrutural" de minha ex-aluna Maria Cascão Ferreira de Almeida, professora do Departamento de Estruturas da Faculdade de Engenharia da Universidade Federal de Juiz de Fora, no período de 1994 a 2002, quando passou a integrar o Departamento de Mecânica Aplicada e Estruturas da Escola Politécnica da Universidade Federal do Rio de Janeiro.

Há muito, estão esgotadas as obras de Ademar Fonseca, Sydney Santos e Sussekind. Antes de mais nada, pois, o livro da Maria Cascão vem suprir essa falta. O conteúdo é completo; as linhas de estado e linhas de influência das estruturas isostáticas planas e espaciais, dos diferentes tipos – vigas, pórticos, treliças –, são detalhadas cuidadosamente. Inúmeros exercícios são oferecidos, muitos dos quais, resolvidos passo a passo. Em tudo, a exposição é extremamente didática, num estilo de entendimento muito fácil, agradável. Destaco os exemplos introdutórios com que procura mostrar ao estudante o que significa uma estrutura.

O estudo da Análise Estrutural, em seus fundamentos tão bem expostos por Maria Cascão, é indispensável para que o engenheiro, que se dedicará às estruturas, possa utilizar com segurança os inúmeros programas computacionais que, fora de dúvida, são necessários, mas que requerem adequada interpretação.

Finalizo este breve prefácio desejando à autora que prossiga na publicação do(s) volume(s) dedicado(s) às estruturas hiperestáticas. O sucesso é garantido.

Dirceu de Alencar Velloso
(In memoriam)

Engenheiro civil - D.sc., professor livre docente em engenharia e também
titular pela Universidade Federal do Rio de Janeiro (UFRJ).
Foi presidente da Associação Brasileira de Mecânica dos Solos e
Engenharia Geotécnica (ABMS) e recebeu título de professor emérito da
Escola Politécnica da Universidade Federal do Rio de Janeiro em 2005.
Profissionalmente reconhecido como engenheiro de fundações, onde atuou
por mais de trinta anos, sendo admirado e respeitado pela comunidade técnica.

SUMÁRIO

1 Conceitos Fundamentais
- 1.1 Conceito Geral de Estruturas — 11
- 1.2 Conceito Específico de Estruturas — 13
- 1.3 Tipos de Elementos Estruturais — 15
- 1.4 Esforços ou Ações — 17
- 1.5 Forças Aplicadas — 17
- 1.6 Objetivos da Análise Estrutural — 18
- 1.7 Estruturas Reticulares — 19

2 Conceitos Básicos da Estática — 21
- 2.1 Grandezas Fundamentais — 21
  - 2.1.1 Força — 21
  - 2.1.2 Momento — 22
- 2.2 Sistemas de Forças — 23
  - 2.2.1 Redução de sistemas de forças a um ponto — 23
  - Exercício 2.1 — 24
  - Exercício 2.2 — 24
- 2.3 Equilíbrio Estático — 24
  - 2.3.1 Deslocamentos associados — 24
  - 2.3.2 Graus de liberdade — 25
  - 2.3.3 Apoios — 25
  - 2.3.4 Equações do equilíbrio estático — 25
- 2.4 Esquemas e Simplificações de Cálculo — 26
  - 2.4.1 Simplificações geométricas — 26
  - 2.4.2 Representação das forças aplicadas (carregamentos) — 27
  - 2.4.3 Simplificações analíticas — 30
  - 2.4.4 Representação dos apoios — 31
  - 2.4.5 Idealização de um modelo — 32
- 2.5 Reações de Apoio — 32
  - 2.5.1 Viga biapoiada — 32
  - 2.5.2 Pórtico plano — 33
  - 2.5.3 Cálculo das reações de apoio para carregamentos distribuídos — 34
  - 2.5.4 Cálculo das reações de apoio para momentos concentrados — 36
  - Exercício 2.3 — 36
- 2.6 Estaticidade e Estabilidade de Modelos Planos — 37
  - 2.6.1 Estruturas externamente isostáticas — 37
  - 2.6.2 Estruturas externamente hiperestáticas — 37
  - 2.6.3 Estruturas externamente hipostáticas — 38
  - 2.6.4 Estruturas reais — 38

3 Esforços Solicitantes Internos — 41
- 3.1 Esforços Internos em Estruturas Planas — 44
- 3.2 Cálculo dos Esforços Internos em uma Seção S — 45
  - Exercício 3.1 — 46
  - Exercício 3.2 — 49
- 3.3 Relações Fundamentais da Estática — 50
  - 3.3.1 Relação entre esforços normais e cargas axiais distribuídas — 51
  - 3.3.2 Relação entre carregamento transversal e esforços cortantes e momentos fletores — 51
- 3.4 Funções e Diagramas dos Esforços Solicitantes Internos — 53

4 Vigas Isostáticas — 57

4.1 Vigas Simples — 58
- 4.1.1 Vigas Biapoiadas — 58
- Exercício 4.1 — 58
- Exercício 4.2 — 60
- Exercício 4.3 — 61
- Exercício 4.4 — 63
- Exercício 4.5 — 64
- Exercício 4.6 — 66
- Exercício 4.7 — 67
- Exercício 4.8 — 68
- Exercício 4.9 — 70

4.2 Aspectos Relevantes para o Traçado dos Diagramas — 71

4.3 Princípio da Superposição — 73
- Exercício 4.10 — 73

4.4 Vigas Engastadas e Livres — 75
- Exercício 4.11 — 75
- Exercício 4.12 — 77
- Exercício 4.13 — 78

4.5 Vigas Biapoiadas com Balanços — 79
- Exercício 4.14 — 79
- Exercício 4.15 — 80
- Exercício 4.16 — 81

4.6 Vigas Gerber — 81
- 4.6.1 Equações de condição — 82
- 4.6.2 Solução por meio das equações de condição — 84
- Exercício 4.17 — 84

4.7 Vigas Inclinadas — 85
- 4.7.1 Carregamentos distribuídos ao longo das projeções — 86
- 4.7.2 Carregamentos distribuídos ao longo da viga inclinada — 87

5 Pórticos ou Quadros Isostáticos Planos — 89

5.1 Eixos Globais e Eixos Locais — 91
- 5.1.1 Eixos globais — 91
- 5.1.2 Eixos locais — 91

5.2 Elementos dos Pórticos Planos — 92

5.3 Pórticos Simples — 92
- 5.3.1 Pórtico biapoiado — 92
- Exercício 5.1 — 92
- 5.3.2 Pórtico engastado e livre — 94
- 5.3.3 Pórtico triarticulado — 94
- Exercício 5.2 — 95
- 5.3.4 Pórtico biapoiado com articulação e tirante (ou escora) — 96
- Exercício 5.3 — 96

5.4 Pórticos ou Quadros com Barras Curvas — 98
- 5.4.1 Eixos curvos — 99
- Exercício 5.4 — 101

5.5 Quadros Compostos (Estruturas Compostas) — 104

6 Treliças Isostáticas — 105

6.1 Lei de Formação das Treliças Simples — 108

6.2 Métodos de Análise das Treliças — 108

6.3 Estaticidade e Estabilidade das Treliças — 109

	Exercício 6.1	112
6.4	Método dos Nós	112
	Exercício 6.2	113
6.5	Método de Maxwell Cremona	114
6.6	Método das Seções (Método de Ritter)	116
6.7	Observações Gerais sobre as Treliças	118
6.8	Treliças com Cargas fora dos Nós	119
	Exercício 6.3	120
6.9	Treliças Compostas	122
6.10	Método de Resolução das Treliças Compostas	123
	Exercício 6.4	124
	Exercício 6.5	126
6.11	Treliças Complexas	128
	Exercício 6.6	128
	7 Estruturas Isostáticas no Espaço	131
7.1	Treliças Espaciais	132
	7.1.1 Verificação da estaticidade	132
	7.1.2 Lei de formação das treliças simples espaciais	133
	7.1.3 Resolução das treliças simples espaciais	133
	Exercício 7.1	134
	7.1.4 Classificação das treliças espaciais	135
7.2	Grelhas	135
	Exercício 7.2	137
	Exercício 7.3	138
7.3	Estrutura Plana Submetida a Carregamento Qualquer	140
7.4	Pórticos Espaciais Isostáticos	140
	Exercício 7.4	141
	8 Linhas de Influência de Estruturas Isostáticas	143
8.1	Conceito	143
8.2	Traçado das Linhas de Influência	144
8.3	Métodos para Obtenção das LI das Estruturas Isostáticas	145
	8.3.1 Método analítico	145
	8.3.2 Método das deformadas verticais	148
8.4	Vigas Gerber	152
8.5	Treliças	154
8.6	Definição do Trem-Tipo	159
8.7	Aplicação do Princípio da Superposição	161
8.8	Pesquisa dos Valores Máximos (Máx+) e Mínimos (Máx−)	161
8.9	Objetivo das Linhas de Influência em Projetos de Estruturas Submetidas à Cargas Móveis	162
	Exercício 8.1	163
	Bibliografia consultada	165

CONCEITOS FUNDAMENTAIS

1.1 Conceito Geral de Estruturas

Uma estrutura pode ser definida como uma composição de uma ou mais peças, ligadas entre si e ao meio exterior de modo a formar um sistema em equilíbrio. Tal equilíbrio pode ser **estático** (estudado na graduação) ou **dinâmico** (estudado, em geral, na pós-graduação). Este livro aborda a **Análise Estática**.

Uma estrutura é, portanto, um conjunto capaz de receber solicitações externas, denominadas ativas, absorvê-las internamente e transmiti-las até seus apoios ou vínculos, onde elas encontram um sistema de forças externas equilibrantes, denominadas forças reativas.

Inúmeros são os exemplos de estruturas (Fig. 1.1): árvore, corpo humano, cadeira, entre outros. Na Engenharia, em particular, o conceito de estrutura está associado à área de interesse. Desta forma são estruturas:

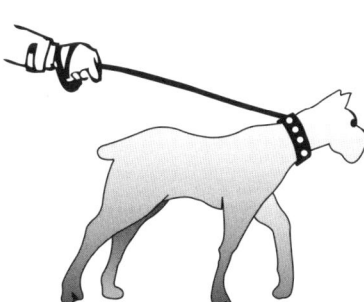

Fig. 1.1 Exemplos gerais de estruturas

- Para o Engenheiro Naval: navios (Fig. 1.2).

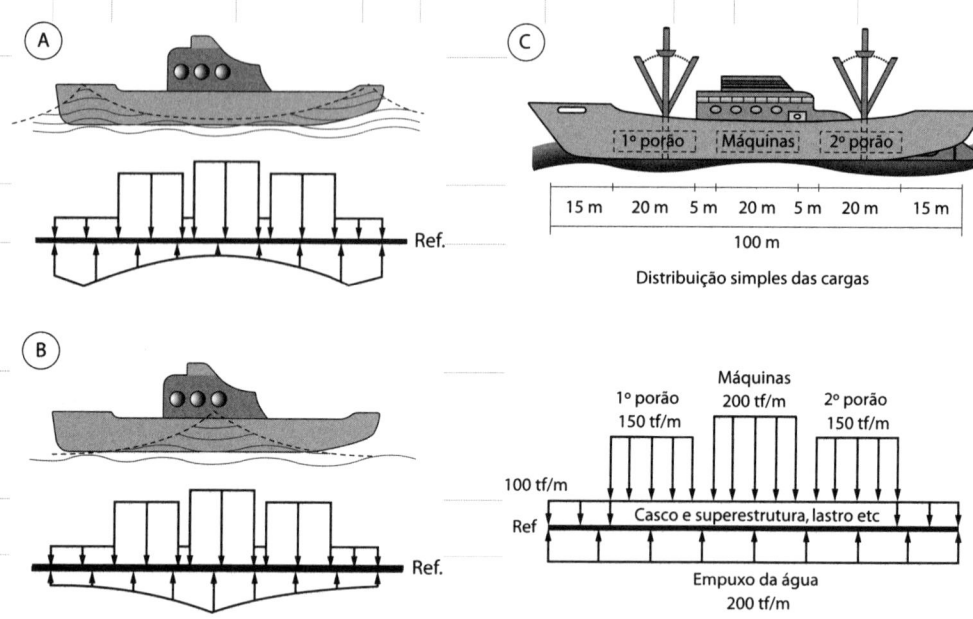

Fig. 1.2 Navios (engenheiros navais)

- Para o Engenheiro Aeronáutico: aviões (Fig. 1.3).

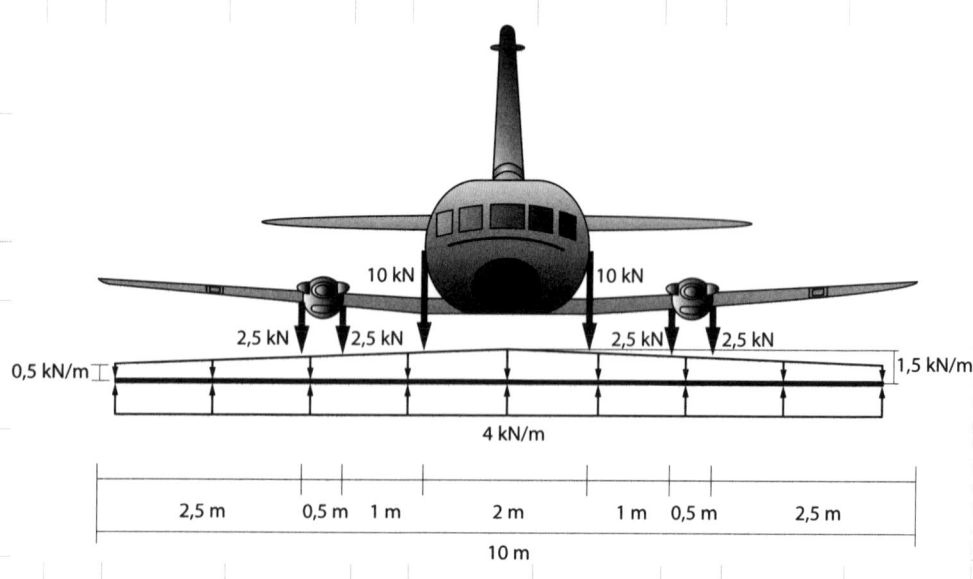

Fig. 1.3 Aviões (engenheiros aeronáuticos)

- Para o Engenheiro Mecânico: veículos automotores e máquinas (Fig. 1.4).

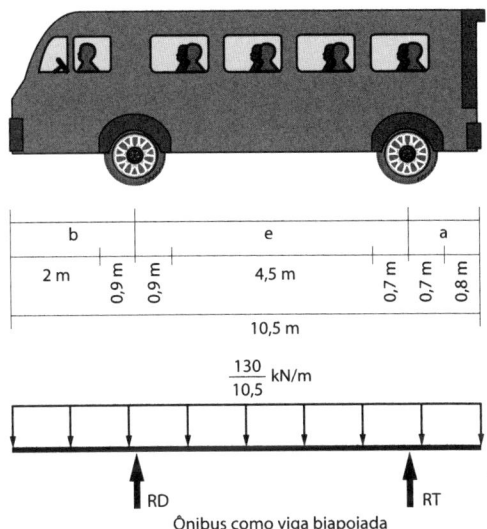

Ônibus como viga biapoiada

Fig. 1.4 Veículos automotores e máquinas (engenheiros mecânicos)

- Para o Engenheiro Civil: pontes (Fig. 1.5), viadutos, passarelas, partes resistentes das edificações (residenciais, comerciais e industriais), barragens, rodovias e ferrovias, entre outras.

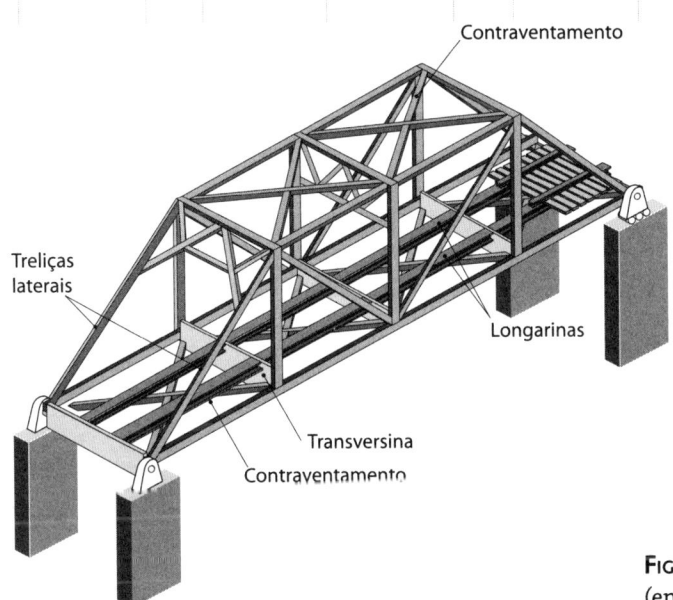

Fig. 1.5 Pontes ferroviárias (engenheiros civis)

1.2 Conceito Específico de Estruturas

Na Engenharia Civil, especificamente, denomina-se estrutura a parte resistente de uma construção, à qual se aplica o conceito geral apresentado anteriormente.

Em um prédio em construção pode-se claramente distinguir alguns dos elementos estruturais que compõem a parte resistente, ou estrutura, do prédio: vigas, lajes, paredes, pilares, sapatas e blocos, estes dois últimos sendo parte integrante das fundações. Estes elementos, conforme ilustrado na Fig. 1.6, podem ser feitos de materiais diversos, sendo, entretanto, os mais utilizados: concreto armado (em particular no Brasil), concreto protendido, aço e madeira.

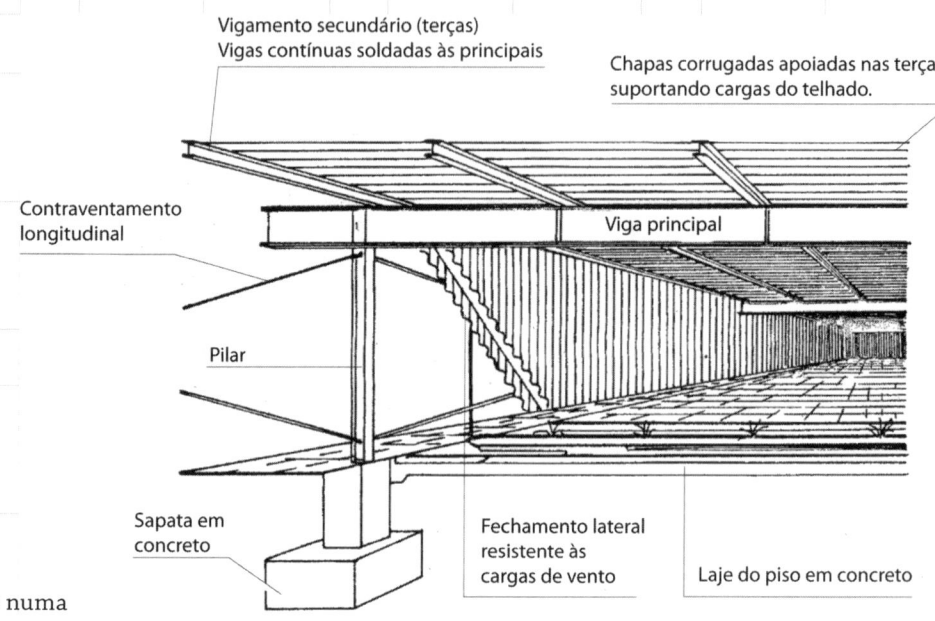

Fig. 1.6 Exemplos de elementos estruturais numa edificação

Na Fig. 1.7 pode-se observar a transmissão interna das forças, do ponto de aplicação aos apoios, através de diferentes sistemas estruturais. Os sistemas são selecionados de acordo com aspectos funcionais e arquitetônicos. Observar que, embora as forças aplicadas às estruturas tendam a descer devido à ação da gravidade, os tirantes têm a capacidade de alçá-las (Fig. 1.7B e 1.7G).

Os elementos estruturais, assim como toda e qualquer estrutura, devem apresentar as propriedades de **resistência** e de **rigidez**, isto é, serem capazes de resistir cargas, dentro de certos limites, sem se romperem e sem sofrer grandes deformações ou variações de suas dimensões originais.

Os conceitos de **resistência** e **rigidez** são importantes e devem ser bem compreendidos.

Resistência é a capacidade de transmitir as forças internamente, molécula por molécula, dos pontos de aplicação aos apoios, sem que ocorra a ruptura da peça. Para analisar a capacidade resistente de uma estrutura é necessário a determinação:

- dos **esforços solicitantes internos** – o que é feito na **Análise Estrutural** ou **Estática das Construções**;
- das **tensões internas** – o que é feito na **Resistência dos Materiais**.

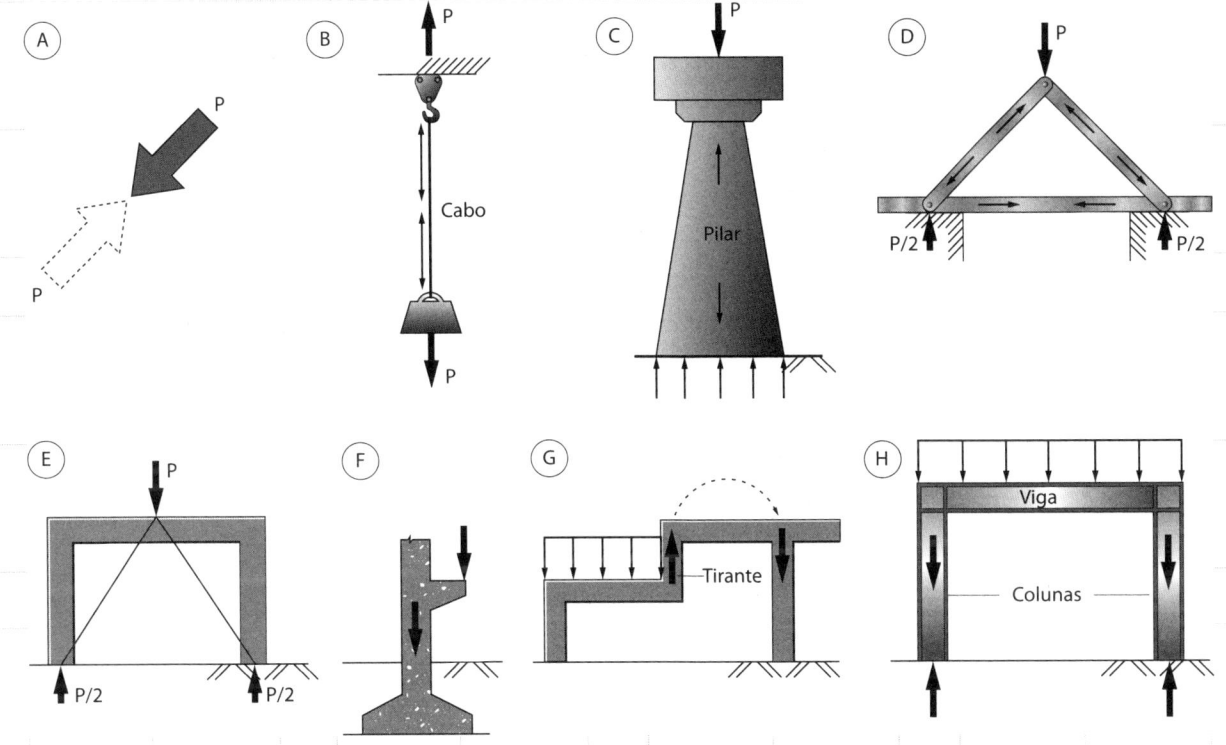

Fig. 1.7 Transmissão das forças aos apoios através de: A) ponto; B) elemento tracionado; C) elemento comprimido; D) treliça; E, F, G; H) pórticos diversos

Rigidez é a capacidade de não deformar excessivamente, para o carregamento previsto, o que comprometeria o funcionamento e o aspecto da peça. O cálculo das deformações é feito na Resistência dos Materiais.

1.3 Tipos de Elementos Estruturais

Quanto às dimensões e às direções das ações os elementos estruturais podem ser classificados em uni, bi e tridimensionais.

- Unidimensionais (ou reticulares):

    Estruturas reticulares são estruturas compostas por elementos unidimensionais, ou seja, em que o comprimento prevalece sobre as outras duas dimensões. Conforme ilustrado na Fig. 1.8, os elementos

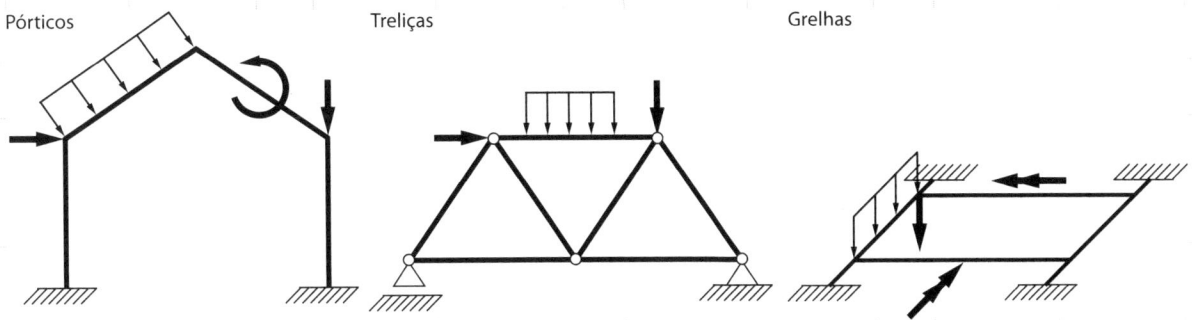

Fig. 1.8 Estruturas reticulares formadas por elementos unidimensionais

unidimensionais podem ser simplificadamente representados através dos seus eixos. Este curso é totalmente dedicado às estruturas reticulares, as quais podem ser geometricamente planas (pórticos e treliças planas, grelhas e vigas) ou espaciais (pórticos e treliças espaciais). Observar que as grelhas (Fig. 1.8), embora geometricamente planas, têm as forças aplicadas perpendicularmente ao plano da estrutura.

- Bidimensionais

Estruturas bidimensionais são aquelas em que duas de suas dimensões prevalecem sobre a terceira. Exemplos de estruturas bidimensionais, conforme ilustrado na Fig. 1.9: lajes, paredes e cascas. As lajes e as paredes, embora geometricamente semelhantes, recebem denominações diferentes em função da direção das ações. Nas lajes as forças atuantes são perpendiculares ao plano da estrutura e nas paredes as forças atuantes pertencem ao plano da estrutura. Como a maioria das forças que atuam nas edificações advém da ação da gravidade sobre os corpos, as lajes são elementos estruturais horizontais ou inclinados e as paredes são elementos estruturais verticais.

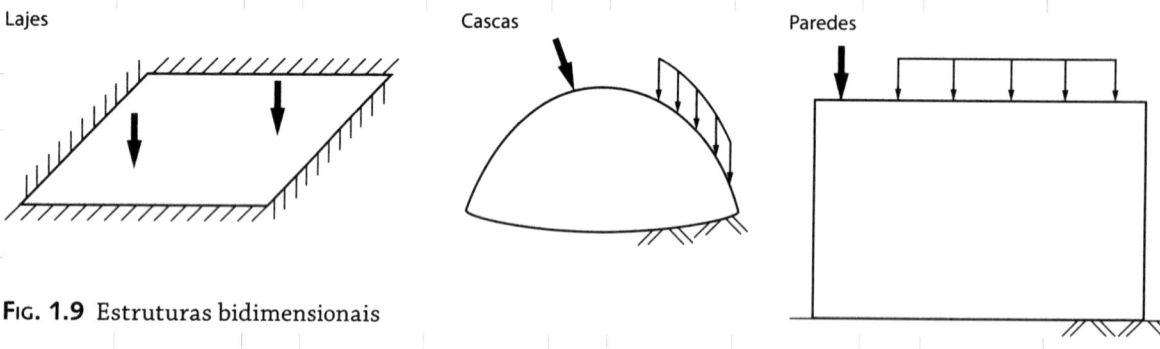

Fig. 1.9 Estruturas bidimensionais

- Tridimensionais

São as estruturas maciças em que as três dimensões se comparam. Exemplos de estruturas tridimensionais, conforme ilustrado na Fig. 1.10: blocos de fundações, blocos de coroamento de estacas e estruturas de barragens.

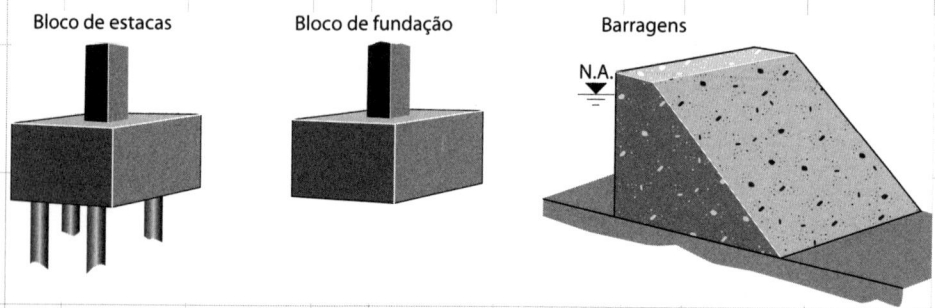

Fig. 1.10 Estruturas tridimensionais

1.4 Esforços ou Ações

Os esforços ou ações, na Engenharia Estrutural, se classificam conforme indicado no Quadro 1.1. No modelo de pórtico plano da Fig. 1.11 encontram-se representados alguns exemplos.

Quadro 1.1 Classificação dos esforços ou ações

ESFORÇOS OU AÇÕES	SOLICITANTES (análise estrutural)	EXTERNOS	Diretos (forças e momentos)	Ativos
				Reativos
			Indiretos	Temperatura, recalque e variação de comprimento
		INTERNOS	Forças: N, Q_x e Q_y Momentos: T, M_y e M_z	
	RESISTENTES (resistência dos materiais)		Tensões normais σ e Tangenciais τ (ou suas resultantes)	

O objetivo do engenheiro civil é garantir, por meio do cálculo estrutural, que os esforços resistentes internos (ERI) sejam maiores que os esforços solicitantes internos (ESI), ou seja:

$$ERI > ESI$$

1.5 Forças Aplicadas

As forças aplicadas às estruturas são também denominadas ações solicitantes externas ativas, cargas externas, carregamentos ou simplesmente cargas. Na Engenharia Estrutural as forças a serem consideradas em projeto dependem do fim a que se destinam as estruturas, sendo, em geral, regulamentadas pelas normas. No Brasil, as normas brasileiras são elaboradas pela Associação Brasileira de Normas Técnicas (ABNT). Estas normas são identificadas pelas letras maiúsculas **NBR**, seguidas de numeros associados aos assuntos abordados. A norma brasileira que regulamenta as **Cargas para o Cálculo de Estruturas de Edificações** é a NBR-6120 (antiga NB-5). A NBR 6123 (antiga NB-599) regulamenta as ações de **Forças devidas ao vento em edificações**.

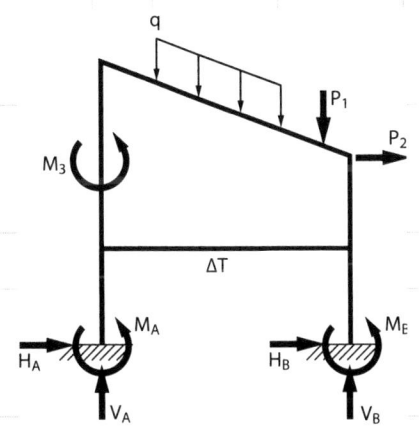

FIG. 1.11 Representação esquemática de ações externas diretas e indiretas

Em algumas situações especiais a definição do carregamento a ser considerado fica a cargo do engenheiro projetista, de acordo com a empresa contratante. Um exemplo bastante comum é o carregamento dinâmico oriundo de máquinas ou motores, o qual deve ser obtido por meio de informações fornecidas pelo fabricante.

As cargas podem ser classificadas quanto à posição, à duração, à forma de aplicação e à variação com o tempo. Segundo esta classificação as cargas podem ser:

- **Quanto à posição**

    fixas: cargas que não mudam de posição, ou que podem ser consideradas como tal. As cargas normalmente consideradas nas edificações podem ser dadas como exemplos.

    móveis: cargas que mudam de posição. As ações dos veículos nas pontes e viadutos são exemplos de cargas móveis.

- **Quanto à duração**

    permanentes: ações permanentes sobre as estruturas, tais como o seu peso próprio.

    acidentais: são as provenientes de ações que podem ou não agir sobre as estruturas. Exemplos: sobrecarga (peso de pessoas, móveis etc., em uma residência) e a ação do vento.

- **Quanto à forma de aplicação**

    concentradas: quando se admite a transmissão de uma força, de um corpo a outro, através de um ponto. A força concentrada não existe, sendo uma simplificação de cálculo.

    distribuídas: quando se admite a transmissão de uma força de forma distribuída, seja ao longo de um comprimento (simplificação de cálculo) ou, através de uma superfície.

    Este tópico é mostrado detalhadamente adiante.

- **Quanto à variação com o tempo**

    estáticas: são aquelas que, para efeito do comportamento estrutural, podem ser consideradas como não variando com o tempo.

    dinâmicas: quando a variação da ação ao longo do tempo tem que ser considerada. Exemplos: as ações do vento, de correntes marítimas, de explosões e de terremotos.

    pseudo-estáticas: algumas ações dinâmicas podem ser convenientemente consideradas por meio de análises pseudo-estáticas; é o que ocorre muitas vezes com a ação do vento em estruturas que permitam um cálculo simplificado desta ação.

1.6 Objetivos da Análise Estrutural

Uma vez conhecida a estrutura e determinadas as ações estáticas e/ou dinâmicas que sobre ela atuam, os **objetivos da Análise Estrutural** são (Fig. 1.12):

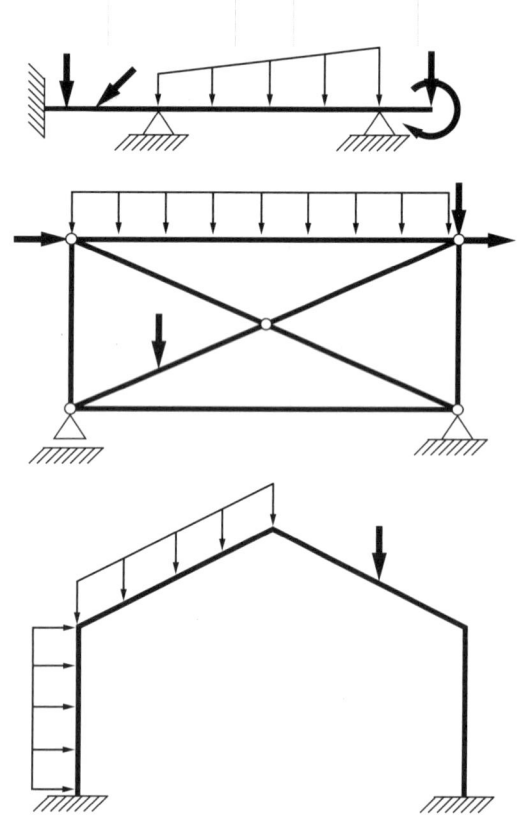

Dadas as estruturas submetidas a cargas ativas, conforme representadas acima, o objetivo da análise estrutural é a determinação:
- dos esforços solicitantes internos N, Q_y, Q_z, T, M_y, e M_z.
- das reações de apoio V, H e M.
- dos deslocamentos lineares ou angulares em alguns pontos da estrutura: D e Θ.

Fig. 1.12 Objetivos da Análise Estrutural

1. **Determinação dos Esforços Solicitantes Internos (ESI)**
   Necessária para o posterior dimensionamento dos elementos estruturais, os quais dependendo dos materiais utilizados irão requerer conhecimentos das disciplinas: Concreto Armado, Concreto Protendido, Aço, Madeira etc.

2. **Determinação das reações de apoio**
   Necessária, na própria Análise Estrutural, para a consideração da ação mútua entre os diversos elementos estruturais. As recíprocas das forças reativas de uma dada estrutura (ou elemento estrutural) são utilizadas como forças ativas nas estruturas sobre as quais esta se apoia.

3. **Determinação dos deslocamentos em alguns pontos**
   Às vezes necessária para a própria resolução da estrutura (Método dos Deslocamentos para a análise das estruturas hiperestáticas). A limitação da flecha máxima nas vigas é uma verificação exigida pelas normas para evitar a deformação excessiva. Em algumas situações tal limitação é necessária por questões funcionais, como por exemplo acima de janelas com esquadrias, cujo empenamento comprometeria a utilização, podendo levar as vidraças à ruptura.

1.7 Estruturas Reticulares

As estruturas reticulares são constituídas por elementos unidimensionais, simplesmente denominados elementos ou barras, cujos comprimentos prevalecem em relação às dimensões da seção transversal (largura e altura).

Na elaboração dos modelos matemáticos para análise, tais estruturas são idealizadas como constituídas por **barras** (ou **elementos**) interconectadas por **nós**, conforme ilustrado na Fig. 1.13.

As **barras** (ou **elementos**) são definidas por um nó inicial e um nó final. As barras podem ser de eixo reto ou de eixo curvo e de seção transversal constante ou variável.

Os nós que permitem rotação relativa de elementos a eles conectados são denominados **nós articulados**, e os que não permitem rotação relativa são denominados **nós rígidos**. O ângulo formado por elementos interconectados por nós rígidos é o mesmo antes e depois da estrutura se deformar. No nó articulado a ocorrência de rotação relativa faz com que o ângulo na configuração deformada seja diferente do originalmente definido na configuração indeformada.

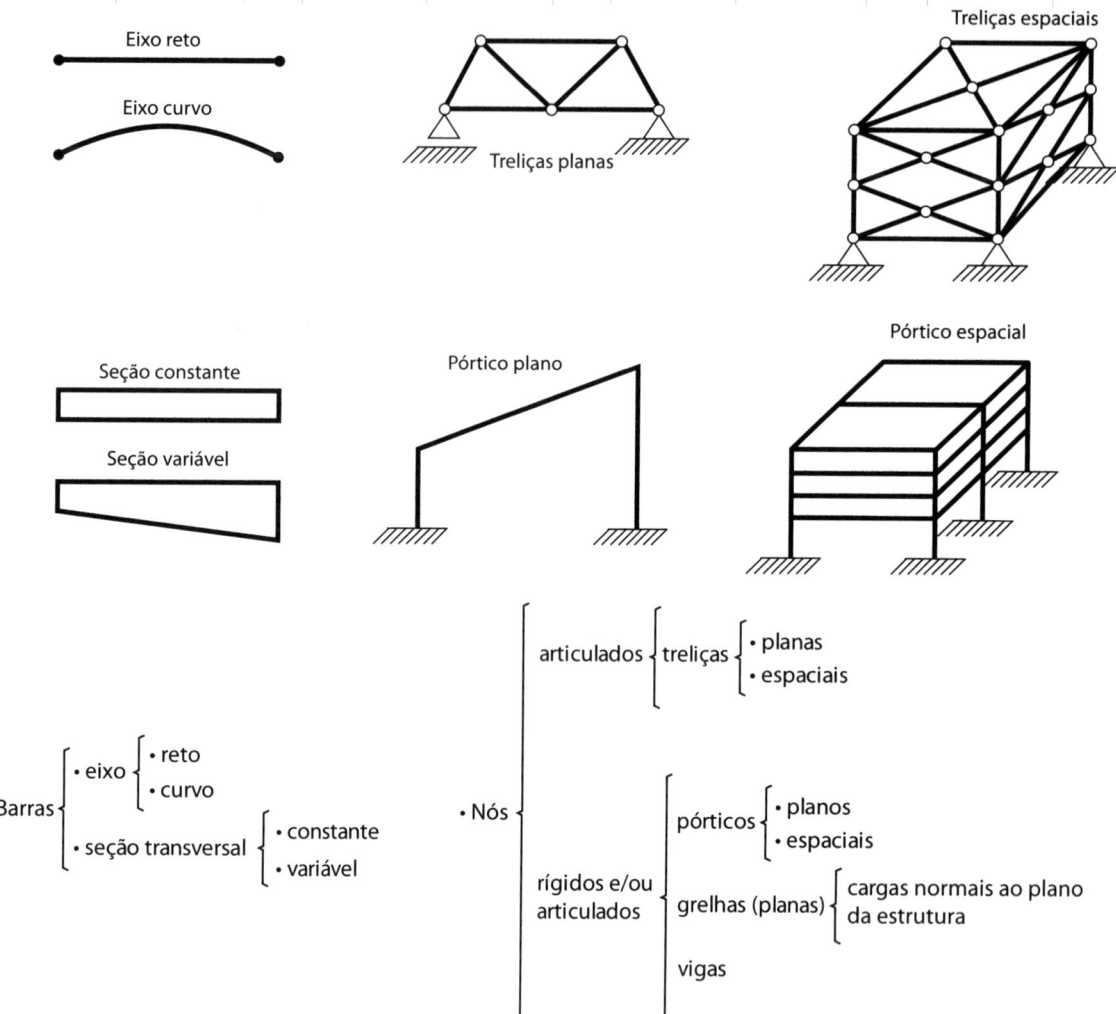

Fig. 1.13 Barras e nós em estruturas reticulares

2 CONCEITOS BÁSICOS DA ESTÁTICA

2.1 Grandezas Fundamentais

2.1.1 Força

A força é uma grandeza vetorial e portanto para ser completamente caracterizada é necessário conhecer:

- direção,
- sentido,
- intensidade,
- ponto de aplicação.

As forças representadas na Fig. 2.1A estão aplicadas em pontos distintos, têm mesma direção, sentidos opostos e intensidades diferentes, sendo uma o dobro da outra.

No espaço, utilizando um sistema de eixos ortogonais X, Y e Z, uma força $\vec{F}$ fica caracterizada por suas componentes $\vec{F}_x$, $\vec{F}_y$ e $\vec{F}_z$, conforme indicado na Fig. 2.1B.

O deslocamento associado a uma força é uma translação ou deslocamento linear.

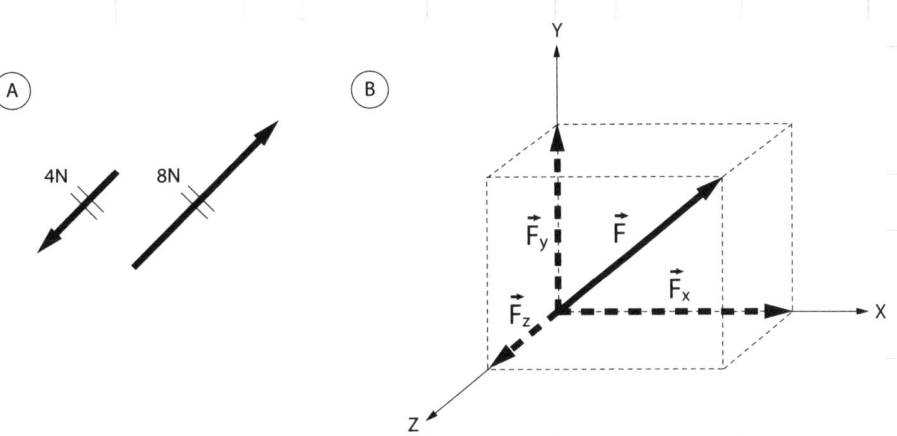

Fig. 2.1 A) Força – grandeza vetorial; B) Representação de uma força $\vec{F}$ no espaço: $\vec{F} = \vec{F}_x + \vec{F}_y + \vec{F}_z$

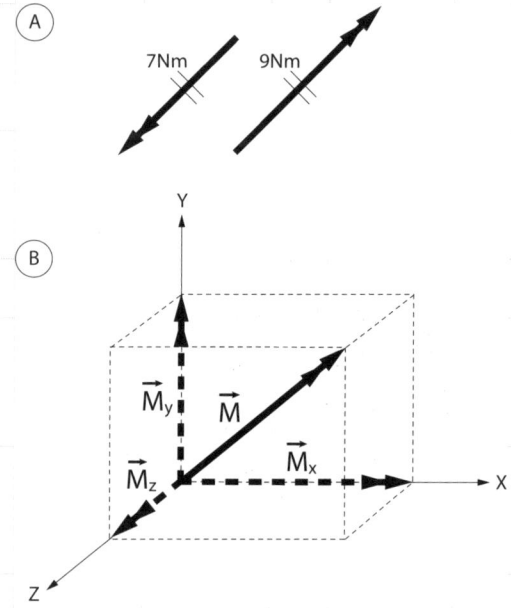

2.1.2 Momento

O momento é também uma grandeza vetorial caracterizada por (Fig. 2.2 A):

- direção,
- sentido,
- intensidade,
- ponto de aplicação.

O momento representa a tendência de rotação, em torno de um ponto, provocada por uma força.

No espaço, utilizando um sistema de eixos ortogonais X, Y e Z, um momento $\vec{M}$ fica caracterizado por suas componentes $\vec{M}_x$, $\vec{M}_y$ e $\vec{M}_z$, conforme indicado na Fig. 2.2B.

O deslocamento associado a um momento $\vec{M}$ é uma rotação, ou deslocamento angular.

O momento $\vec{M}$ de uma força $\vec{F}$ em relação a um ponto O é função da força e da distância, do ponto O ao ponto P de aplicação da força, sendo calculado por meio do produto vetorial (Fig. 2.3):

$$\vec{M} = \vec{OP} \wedge \vec{F}$$

sendo α o ângulo entre o vetor $\vec{OP}$ e a força $\vec{F}$, o módulo de $\vec{M}$ é obtido como:

$$\left|\vec{M}\right| = \left|\vec{OP}\right| \cdot \left|\vec{F}\right| \operatorname{sen} \alpha$$

sendo a distância entre a força e o ponto O calculada como:

$$d = \left|\vec{OP}\right| \operatorname{sen} \alpha$$

ou simplesmente:

$$M = Fd$$

Fig. 2.2 A) Momento $\vec{M}$ – grandeza vetorial; B) Representação de um momento $\vec{M}$ no espaço: $\vec{M} = \vec{M}_x + \vec{M}_y + \vec{M}_z$

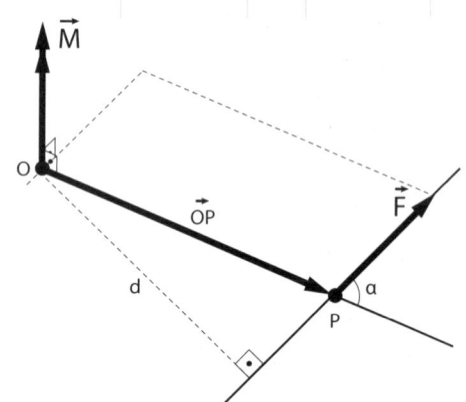

Fig. 2.3 Momento $\vec{M}$ de uma força $\vec{F}$ em relação a um ponto O.

A utilização da regra da mão direita, conforme ilustrado na Fig. 2.3, é bastante útil. A direção e o sentido de M são obtidos pelo dedo polegar quando a palma da mão direita é colocada voltada para o ponto O, estando o polegar perpendicular aos quatro dedos que apontam no sentido positivo de F. Observar, na Fig. 2.3, que M é perpendicular ao plano definido pelos vetores $\vec{OP}$ e $\vec{F}$.

Para auxiliar o estudante a compreender o conceito de momento, citam-se a seguir dois entre os vários exemplos possíveis para ilustrar a sua utilização.

A brincadeira de gangorra aplica os conceitos de momento das forças pesos dos meninos em torno do eixo O de apoio da gangorra. Conforme ilustrado na Fig. 2.4 as crianças desde cedo aprendem, por experimentação, a dependência do momento com as forças pesos e as distâncias. As Figs. 2.4A, B e C ilustram situações diversas na brincadeira de gangorra.

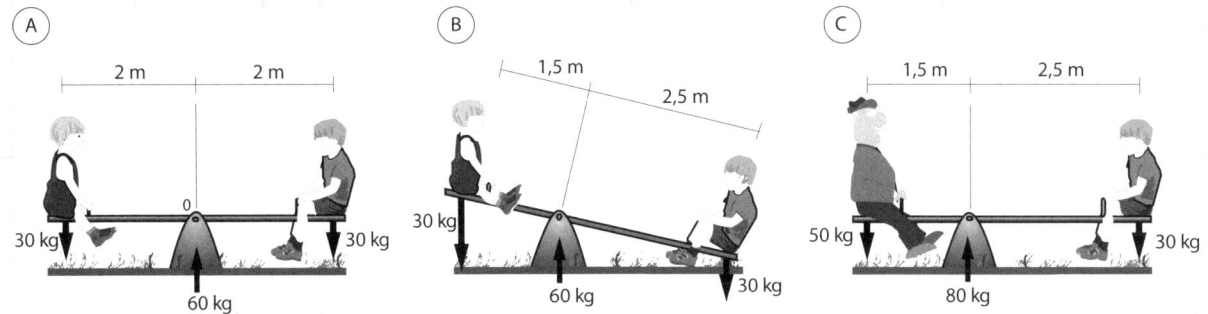

Na primeira situação, os meninos estão em equilíbrio, numa posição horizontal, gerando momentos idênticos em relação a O (pesos e distâncias iguais). Na segunda situação, os meninos também têm pesos iguais, mas o momento gerado pelo menino da direita é maior, pois é maior a distância deste ao ponto O. Na terceira situação, o equilíbrio na horizontal, associado a iguais momentos, só é possível porque o maior peso está a uma distância menor.

Para abrir uma porta é necessário, conforme ilustrado na Fig. 2.5, a aplicação de um momento em relação ao eixo da maçaneta a fim de que esta, por ter a rotação liberada, gire fazendo a porta abrir.

Fig. 2.4 A brincadeira de momento na gangorra

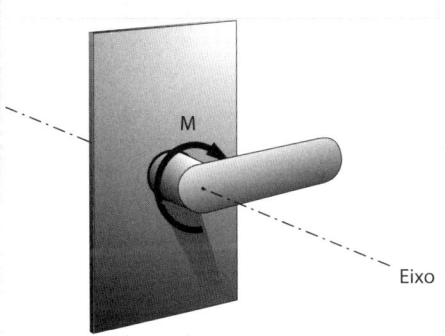

Fig. 2.5 Momento aplicado em relação ao eixo da maçaneta

2.2 Sistemas de Forças

Um sistema de forças é um conjunto de uma ou mais forças e/ou momentos. Os sub-índices indicam o ponto de aplicação das forças e momentos.

A ação de uma força F sobre um ponto O, distante d do ponto P de aplicação da força F, é a própria força F, aplicada em O, mais o momento M de F em relação ao ponto O. O momento M gerado por F em relação ao ponto O pode ser observado na Fig. 2.3.

A ação de um momento M sobre um ponto O, distante d do ponto P de aplicação do momento M, é o próprio momento M aplicado no ponto O.

2.2.1 Redução de sistemas de forças a um ponto

Reduzir um sistema de forças a um determinado ponto O é, em outras palavras, determinar a ação, em relação ao ponto O, das forças e momentos que compõem o sistema.

A ação estática de um sistema de forças no espaço, em relação a um dado ponto O, é igual à ação estática da resultante das forças e à do momento resultante em relação ao ponto O.

A seguir são dados dois exemplos simples.

Exercício 2.1

Redução do sistema de forças indicado na Fig. 2.6, composto por duas forças, ao ponto O.

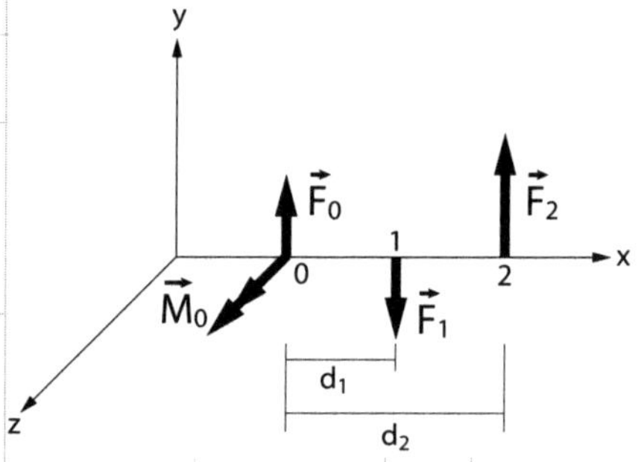

Vetorialmente tem-se no ponto O:
$$\vec{F}_0 = \vec{F}_1 + \vec{F}_2$$

$$\vec{M}_0 = \overrightarrow{O1} \wedge \vec{F}_1 + \overrightarrow{O2} \wedge \vec{F}_2$$

A intensidade da força resultante em O é
$$F_0 = -F_1 + F_2$$

e considerando o sistema X-Y-Z, pode-se afirmar que $\vec{F}_0$ é uma força na direção Y, sentido positivo.

A intensidade do momento resultante em O é
$$M_0 = -F_1 d_1 + F_2 d_2$$

Fig. 2.6 Sistema de força composto de $\vec{F}_1$ e $\vec{F}_2$

Neste exemplo, como $\vec{F}_1$ e d_1 são ambos menores que $\vec{F}_2$ e d_2, pode-se afirmar que M_0 é um momento na direção Z, sentido positivo.

Exercício 2.2

Redução, ao ponto O, do sistema de forças indicado na Fig. 2.7, composto por uma força $\vec{F}_1$ e um momento $\vec{M}_2$.

$$\vec{F}_0 = \vec{F}_1$$

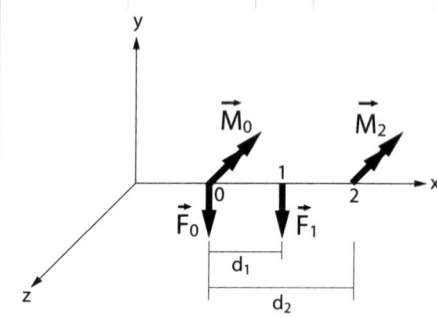

$$\vec{M}_0 = \overrightarrow{O1} \wedge \vec{F}_1 + \vec{M}_2$$

A intensidade da força resultante em O é
$$F_0 = -F_1$$

podendo-se afirmar, em relação ao sistema X-Y-Z, que $\vec{F}_0$ é uma força na direção Y, sentido negativo.

E o momento resultante em O é
$$M_0 = -F_1 d_1 - M_2$$

Fig. 2.7 Sistema de força composto de $\vec{F}_1$ e $\vec{M}_2$

o qual, em relação à situação representada na Fig. 2.7, pode-se afirmar que $\vec{M}_0$ é um momento na direção Z, sentido negativo.

2.3 Equilíbrio Estático

2.3.1 Deslocamentos associados

Uma força $\vec{F}$ quando aplicada a um corpo rígido impõe a este uma tendência de deslocamento linear, ou translação. Um momento $\vec{M}$ quando aplicado a um corpo rígido impõe a este uma tendência de deslocamento angular, ou rotação. O Quadro 2.1 sintetiza os deslocamentos associados.

Quadro 2.1 Deslocamentos associados

Ação	Deslocamento associado
Força	Translação
Momento	Rotação

2.3.2 Graus de liberdade

No espaço, utilizando um sistema de eixos referenciais, os vetores dos deslocamentos lineares (translações $\vec{D}$) e os vetores dos deslocamentos angulares (rotações $\vec{\theta}$) são expressos por suas componentes nos 3 eixos ortogonais X, Y, Z, as quais são denominadas graus de liberdade e encontram-se indicadas no Quadro 2.2.

Qualquer movimento de um ponto no espaço é perfeitamente definido por meio destes seis componentes ou graus de liberdade (Fig. 2.8A). São portanto seis os graus de liberdade de cada ponto, ou nó, da estrutura, ou da estrutura como um todo. Nas análises planas fica-se reduzido a 3 graus de liberdade (Fig. 2.8B).

Quadro 2.2 Graus de liberdade

Deslocamentos	Componentes
Translação	$\vec{D}_x$, $\vec{D}_y$ e $\vec{D}_z$
Rotação	$\vec{\theta}_x$, $\vec{\theta}_y$ e $\vec{\theta}_z$

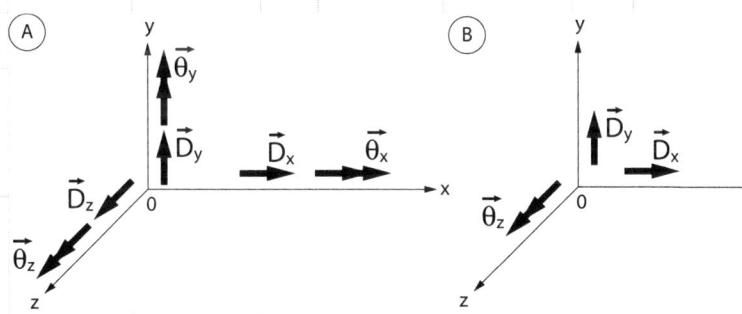

Fig. 2.8 Componentes do movimento de um ponto: A) No espaço (modelos tridimensionais); B) No plano X-Y (modelos bidimensionais)

Visando impedir a tendência de movimento imposta às estruturas pelos sistemas de forças externas ativas, os seus seis graus de liberdade precisam ser restringidos, possibilitando assim o equilíbrio estático.

2.3.3 Apoios

A restrição aos movimentos de uma estrutura se dá por meio dos **apoios** ou **vínculos**. Os apoios ou vínculos são classificados em função do número de graus de liberdade impedidos. Nos apoios, nas direções dos deslocamentos impedidos, surgem as forças reativas ou reações de apoio.

2.3.4 Equações do equilíbrio estático

O que impede que as estruturas se desloquem quando submetidas a forças ativas são os apoios, capazes de gerar forças reativas nas direções dos deslocamentos impedidos. Conforme indicado na Fig. 2.9, as forças e momentos reativos (reações de apoio) formam com as forças e momentos ativos (aplicados à estrutura) um sistema de forças (externas) em equilíbrio. O equilíbrio das forças e momentos do sistema, nas direções X, Y e Z, fornece, para uma estrutura espacial, as seguintes **equações do equilíbrio estático**:

Equilíbrio de Forças	Equilíbrio de Momentos
$\sum F_x = 0$	$\sum M_x = 0$
$\sum F_y = 0$	$\sum M_y = 0$
$\sum F_z = 0$	$\sum M_z = 0$

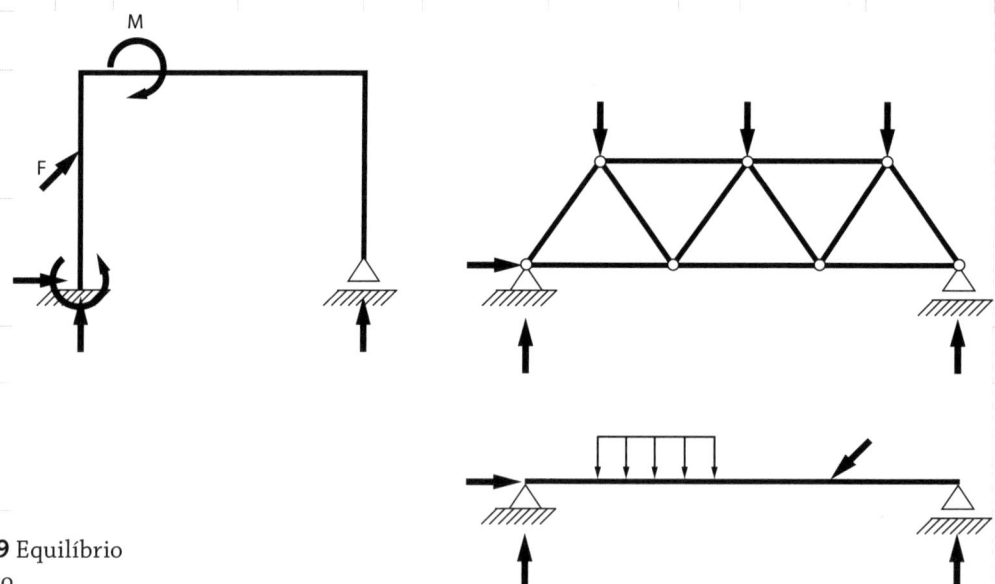

FIG. 2.9 Equilíbrio Estático

2.4 Esquemas e Simplificações de Cálculo

A fim de estabelecer um esquema de cálculo, ou modelo matemático, algumas simplificações tornam-se necessárias, as quais estão, em geral, associadas:

- à geometria: representação da barra por meio do seu eixo;
- ao sistema de forças: forças e momentos concentrados e distribuídos;
- à análise numérica a ser efetuada: planas e espaciais;
- à representação dos apoios.

2.4.1 Simplificações geométricas

Como foi dito, as estruturas unidimensionais, ou reticulares, são formadas por elementos ou barras. A barra caracteriza-se por apresentar uma dimensão, o comprimento, muito maior que as outras duas dimensões.

Geometricamente obtém-se uma barra movendo-se uma figura plana ao longo de uma curva. Conforme ilustrado na Fig. 2.10, a reta (ou curva) definida pelo centro de gravidade da figura plana que se move é denominado **eixo da barra**. A figura plana que tem o centro de gravidade sobre o eixo e é perpendicular a este é denominada **seção transversal**. De forma simplificada, as barras serão representadas pelo seu eixo.

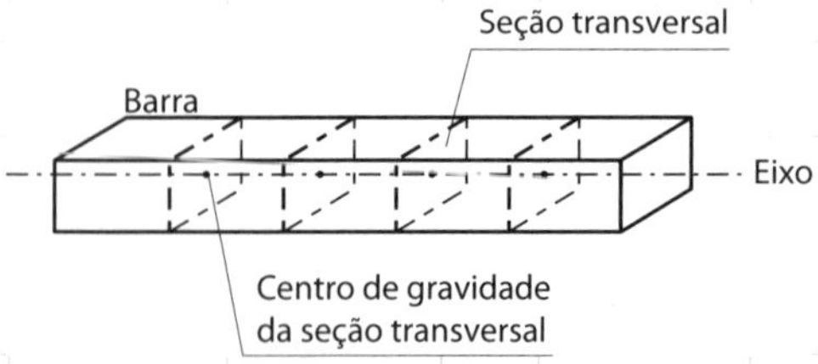

FIG. 2.10 Representação geométrica de uma barra

2.4.2 Representação das forças aplicadas (carregamentos)

As cargas em uma estrutura, conforme indicado no Quadro 2.3, podem ser reais ou aproximadas, classificadas, quanto ao tipo, em forças e momentos; e quanto à forma de aplicação em concentradas e distribuídas por unidade de comprimento e por unidade de área, cuja utilização, em esquemas estruturais típicos, pode ser observada na Fig. 2.11.

Quadro 2.3 Cargas ou carregamentos em modelos estruturais

Representação	Real Aproximada		
As cargas podem ser	Forças	concentradas	
		distribuídas	uniformes, triangulares, trapezoidais, outras
	Momentos	concentrados	
		distribuídos	

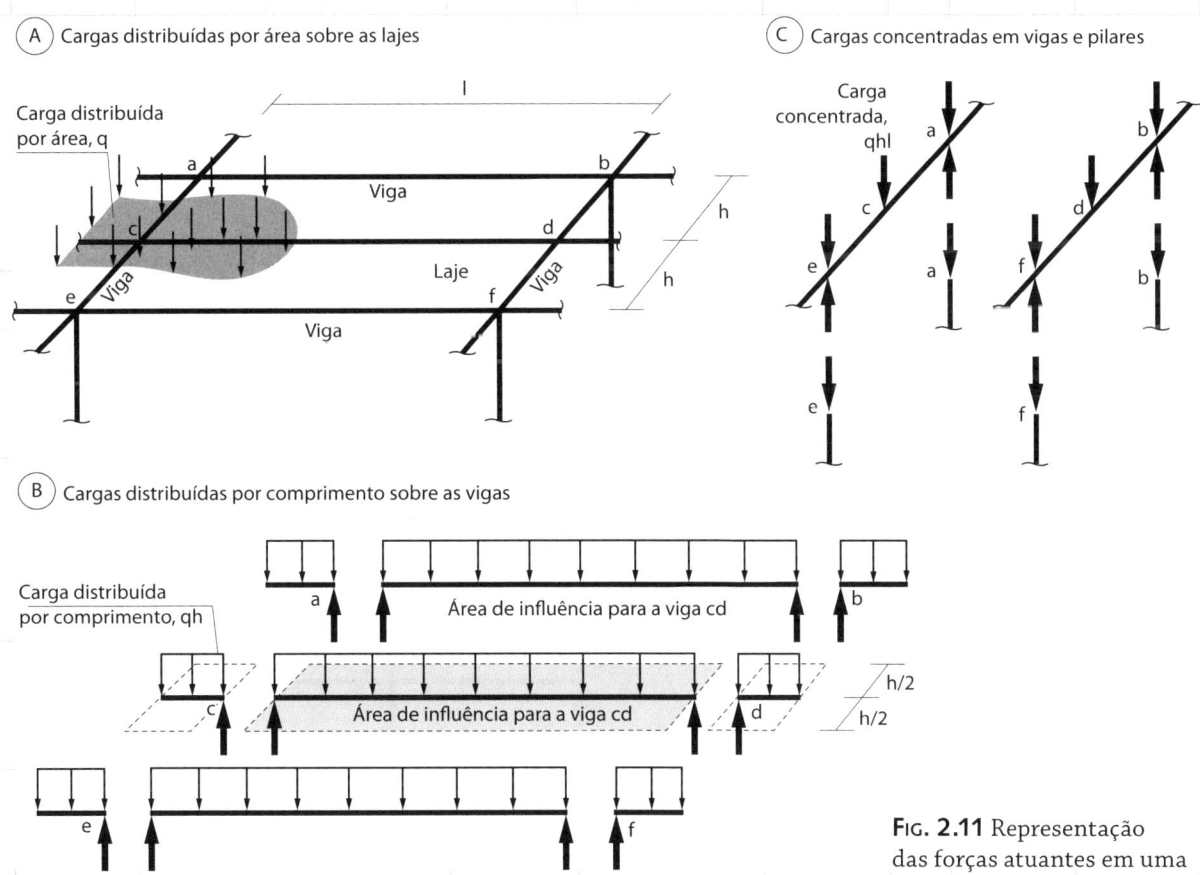

Fig. 2.11 Representação das forças atuantes em uma estrutura

É importante que o engenheiro civil desenvolva, desde cedo, a capacidade de simplificar cálculos utilizando sempre o bom senso. Esta habilidade é exigida para a representação, nos modelos matemáticos, dos carregamentos reais atuantes nas estruturas. A Fig. 2.12 exemplifica bem este aspecto, apresentando três possíveis formas de considerar a ação dos pneus de um carro sobre a laje de uma ponte. A representação real tridimensional é bastante complexa e a sua resolução demandaria esforço e tempo bem maiores do que os necessários em soluções aproximadas. O nível de aproximação mais conveniente depende do problema em análise, levando-se em conta aspectos tais como tempo de resolução e precisão numérica. A Fig. 2.13 exemplifica a modelagem estrutural de um telhado.

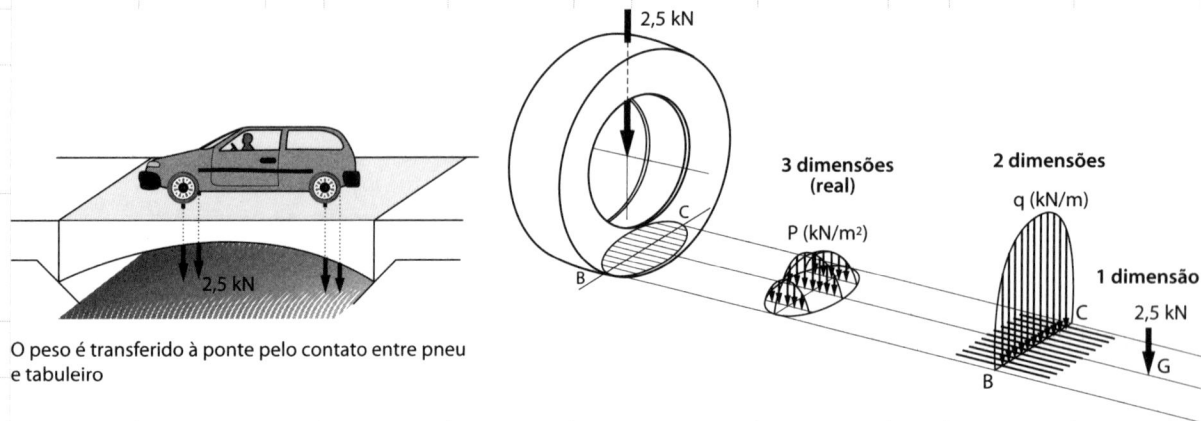

Fig. 2.12 Aproximações sucessivas num problema técnico

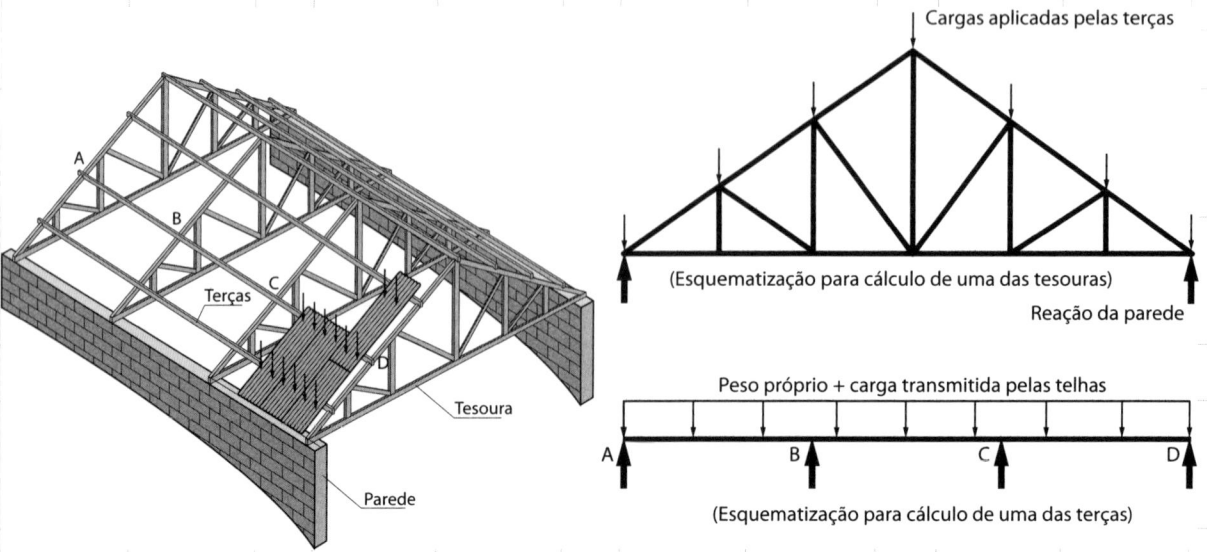

Fig. 2.13 Modelagem da estrutura de um telhado

Quanto à precisão numérica das soluções na Engenharia Civil, é importante salientar que não faz sentido trabalhar com excessivos preciosismos matemáticos, tendo em vistas as grandes incertezas associadas à definição do próprio carregamento que atuará ao longo da vida útil da estrutura.

Cargas em estruturas reticulares
Cargas concentradas

O conceito de carga concentrada (força ou momento) é uma simplificação para efeito de cálculo. Quando uma força se distribui sobre uma área de dimensões pequenas, em comparação com as dimensões da estrutura que se analisa, esta é considerada como uma força concentrada.

Cargas distribuídas

Forças e momentos podem também ser, de forma simplificada, considerados como distribuídos ao longo de um comprimento. Neste caso, uma das dimensões da área sobre a qual a força se transfere é pequena quando comparada com a outra dimensão. Em projetos estruturais, as ações das lajes sobre as vigas são exemplos de carregamentos distribuídos linearmente, conforme pode ser observado na Fig. 2.11. Nas estruturas reticulares (constituída por elementos unidimensionais) as forças ou momentos distribuídos linearmente são considerados ao longo dos eixos dos elementos (ou barras) que as constituem. Lajes que se engastem em vigas causam momentos distribuídos ao longo dos eixos destas.

A unidade de força distribuída ao longo de um determinado comprimento é

$$\frac{\text{unidade de força}}{\text{unidade de comprimento}} \begin{cases} \text{tf/m} \\ \text{kN/m} \\ \text{N/cm} \\ \text{e outras} \end{cases}$$

A unidade de momento distribuído ao longo de um determinado comprimento é

$$\frac{\text{unidade de momento}}{\text{unidade de comprimento}} \begin{cases} \text{tfm/m} \\ \text{kNm/m} \\ \text{Ncm/cm} \\ \text{e outras} \end{cases}$$

Resultantes dos carregamentos distribuídos

A resultante de uma carga distribuída ao longo de um comprimento L, expressa pela função $q(x)$, é igual à área delimitada pela função $q(x)$ neste intervalo, ou seja

$$R = \int_0^L q(x)dx$$

sendo o ponto de aplicação da resultante R coincidente com o centro de gravidade do diagrama de q(x).

A seguir são indicados, para modelos planos, os carregamentos distribuídos mais utilizados na prática com as suas resultantes e os seus pontos de aplicação.

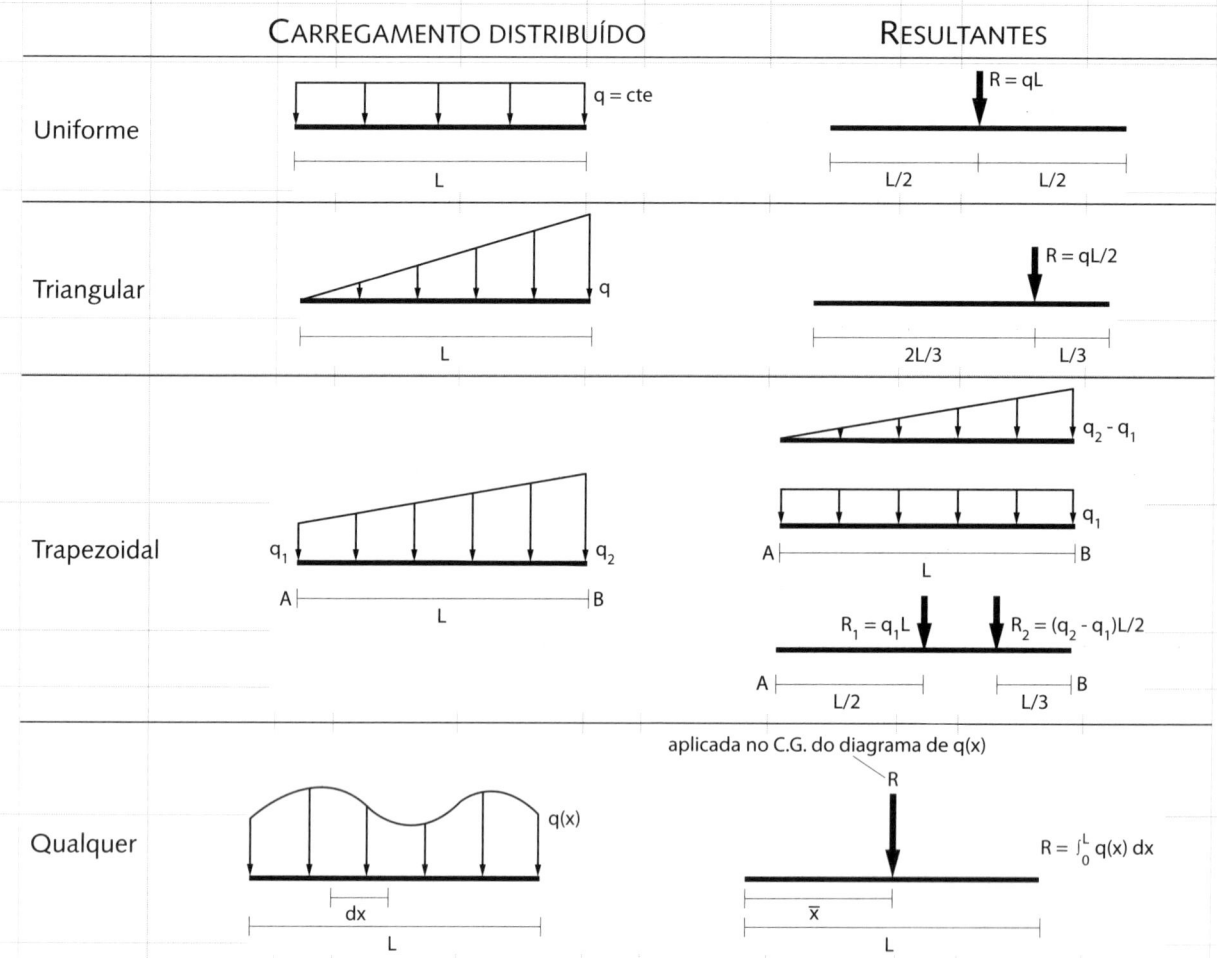

2.4.3 Simplificações analíticas

Em função de determinadas características das estruturas é possível, em muitas situações, simplificar o modelo matemático a ser analisado. Por exemplo, uma estrutura geometricamente plana, em que atuem somente forças contidas no plano da estrutura, pode ser analisada considerando somente as direções de deslocamentos diretamente envolvidas na análise. Seja um Modelo Estrutural Plano, com a estrutura contida no plano X-Y. Uma vez assegurado o equilíbrio nas outras direções de deslocamento, as direções de deslocamento a serem consideradas numa análise matemática simplificada são, conforme representado na Fig. 2.8B (p. 25):

- Translação em X,
- Translação em Y,

- Rotação em torno de Z.

As vigas, os pórticos planos e as treliças planas são casos particulares do modelo de pórtico espacial, onde somente estas direções de deslocamentos estão sendo consideradas na análise.

Numa modelagem plana, com a estrutura no plano X-Y, o eixo Z não é representado e os momentos (e rotações) a ele associados são representados por setas curvas (Fig. 2.14C) no próprio plano X-Y.

2.4.4 Representação dos apoios

A Fig. 2.14 apresenta, para os modelos estruturais planos de vigas, pórticos e treliças, os apoios associados a estas direções de deslocamento e as formas simplificadas de representá-los graficamente nos modelos matemáticos. Importante observar que os apoios representados nesta figura podem formar qualquer ângulo com a horizontal. Estes apoios são classificados, em função do número de deslocamentos impedidos, em:

- Apoio simples (do primeiro gênero ou "charriot")
  - **Impede** a translação em uma das direções.
  - **Permite** a translação na direção perpendicular à impedida.
  - **Permite** a rotação (em torno de Z).
- Rótula (apoio do segundo gênero ou articulação):
  - **Impede** as translações nas duas direções (X e Y).
  - **Permite** a rotação (em torno de Z).
- Engaste (ou apoio do terceiro gênero):
  - **Impede** as translações nas duas direções (X e Y).
  - **Impede** a rotação (em torno de Z).

(A) Apoio simples (do primeiro gênero ou "charriot")

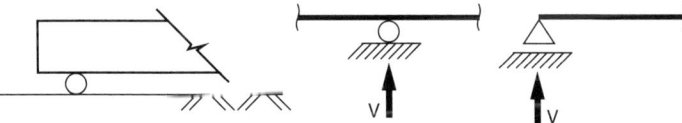

(B) Rótula (apoio do segundo gênero ou articulação)

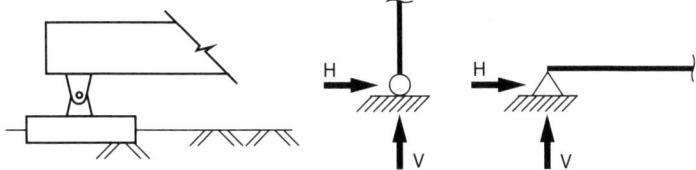

(C) Engaste (ou apoio do terceiro gênero)

Fig. 2.14 Representação dos apoios em **Modelos Planos de Estruturas**

2.4.5 Idealização de um modelo

Saber representar e interpretar os esquemas gráficos associados aos modelos a serem analisados matematicamente é fundamental na Análise Estrutural.

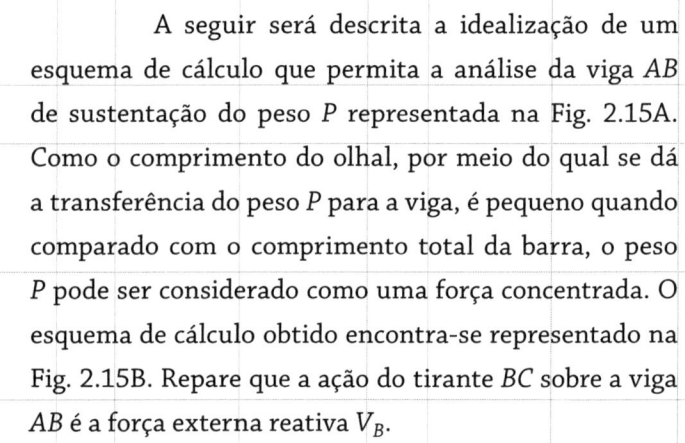

A seguir será descrita a idealização de um esquema de cálculo que permita a análise da viga AB de sustentação do peso P representada na Fig. 2.15A. Como o comprimento do olhal, por meio do qual se dá a transferência do peso P para a viga, é pequeno quando comparado com o comprimento total da barra, o peso P pode ser considerado como uma força concentrada. O esquema de cálculo obtido encontra-se representado na Fig. 2.15B. Repare que a ação do tirante BC sobre a viga AB é a força externa reativa V_B.

Visando agora a análise da estrutura composta pela viga AB e pelo tirante BC, o novo esquema de cálculo obtido passa a ser o indicado na Fig. 2.15C. Uma comparação com o modelo anterior permite abordar aspectos associados à substruturação e às diferenças, em função do modelo adotado, entre esforços internos e externos. No primeiro modelo, a ação do tirante BC sobre a viga AB é representada pela força reativa, a qual neste caso é externa à viga AB, objeto da análise. Já no segundo modelo, esta ação se dá através de esforços internos, uma vez que o objetivo desta análise é a estrutura ABC.

FIG. 2.15 A) Desenho da estrutura real.; B) Modelo da viga AB; C) Modelo da estrutura ABC

2.5 REAÇÕES DE APOIO

Uma vez conhecidos os apoios em uma estrutura submetida a um sistema de forças, as reações de apoio podem ser calculadas. As reações de apoio são forças ou momentos, com pontos de aplicação e direção conhecidos e de intensidades e sentidos tais que equilibrem o sistema de forças ativas aplicado à estrutura. Os sistemas de forças externas, formados pelas forças ativas e reativas, têm que estar em equilíbrio.

2.5.1 Viga biapoiada

Para a viga biapoiada da Fig. 2.16 A, calcular as reações de apoio.

Para determinar as reações de apoio deve-se:

1. Adotar, como indicado na Fig. 2.16B, um sistema de eixos ortogonais X-Y-Z (com Z não representado).
2. Indicar, nos apoios da estrutura, as forças reativas que estes introduzem, arbitrando seus sentidos (Fig. 2.16C).

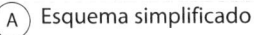

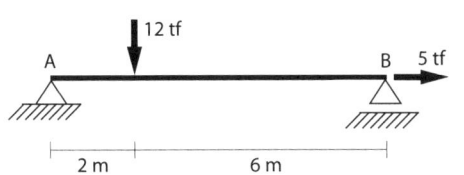

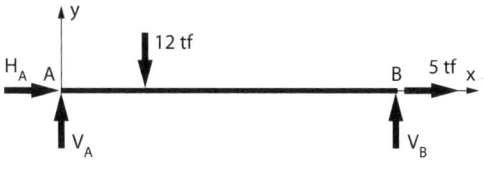

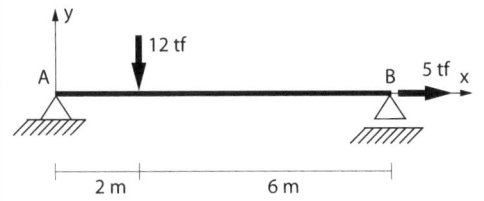

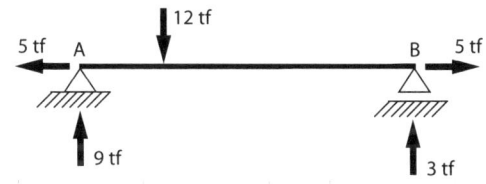

Fig. 2.16 Viga biapoiada

3. Calcular as reações de apoio com base nas equações do equilíbrio estático:

(1) $\quad \sum F_x = 0 \therefore H_A + 5 = 0 \therefore H_A = -5\,tf$

(2) $\quad \sum F_y = 0 \therefore V_A - 12 + V_B = 0 \therefore V_A + V_B = 12$

(3) $\quad \sum M_A = 0 \therefore V_A - 12 \times 2 + V_B \times 8 = 0 \therefore V_B = 3\,tf$

De (2) vem: $\quad V_A = 12 - V_B \therefore V_A = 9\,tf$

O sinal negativo na força H_A indica que o sentido correto é contrário àquele arbitrado. O sistema de forças externas, em equilíbrio, pode finalmente ser observado na Fig. 2.16D.

2.5.2 Pórtico plano

Para o pórtico plano da Fig. 2.17A, determinar as reações de apoio.

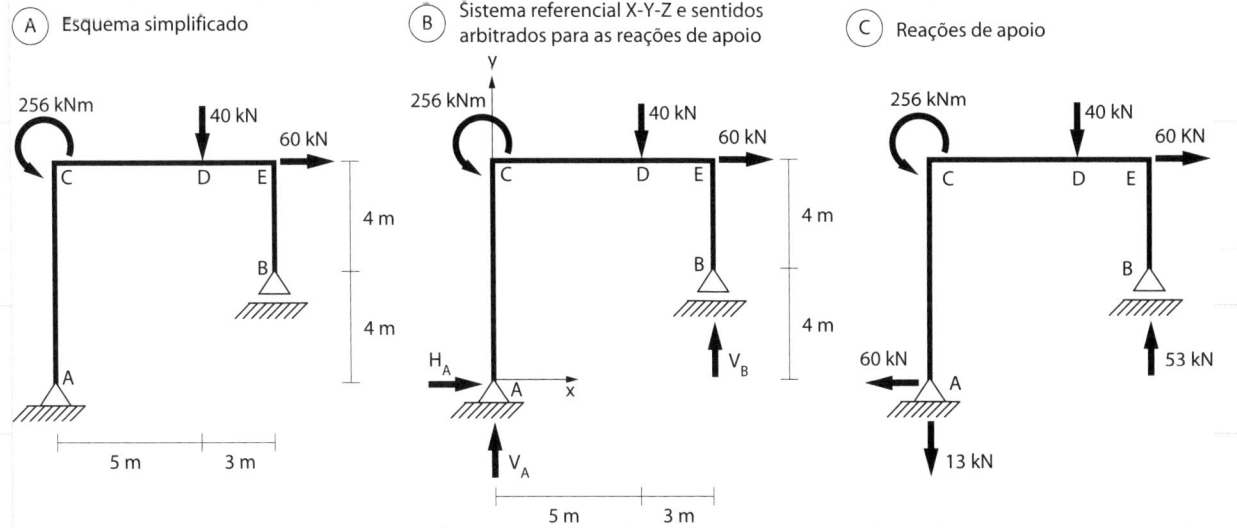

Fig. 2.17 Pórtico plano

- Equações de equilíbrio escritas para o modelo matemático representado na Fig. 2.17B:

(1) $\sum F_x = 0 \therefore H_A + 60 = 0 \therefore H_A = -60\text{kN}$

(2) $\sum F_y = 0 \therefore V_A - 40 + V_B = 0 \therefore V_A + V_B = 40$

(3) $\sum M_A = 0 \therefore 256 - 40 \times 5 - 60 \times 8 + V_B \times 8 = 0$.

$$V_B = \frac{-256 + 200 + 486}{8} = 53\text{kN}$$

De o (2) vem: $V_A = 40 - 53 \therefore V_A = -13\text{kN}$

Os sinais negativos, obtidos para as forças reativas H_A e V_A, informam que os sentidos são contrários àqueles arbitrados, sendo o sistema de forças externas (ativas e reativas) em equilíbrio aquele representado na Fig. 2.17C.

2.5.3 Cálculo das reações de apoio para carregamentos distribuídos

- Uniforme total:

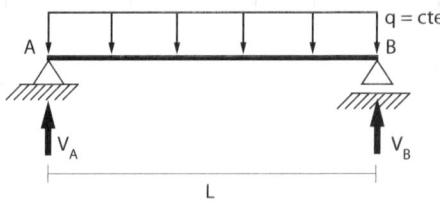

$\sum F_y = 0 \therefore V_A + V_B = qL$

$\sum M_A = 0 \therefore -qL\dfrac{L}{2} + V_B L = 0 \therefore$

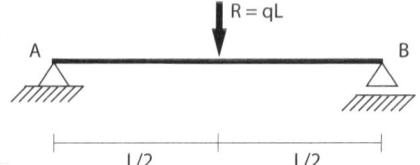

$V_B = \dfrac{qL}{2} \therefore V_A = \dfrac{qL}{2}$

- Uniforme parcial (sendo $L = l_1 + l_2 + l_3$):

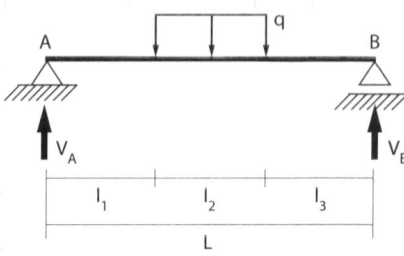

$\sum F_y = 0 \therefore V_A + V_B = ql_2$

$\sum M_A = 0 \therefore -ql_2(l_1 + \dfrac{l_2}{2}) + V_B L = 0 \therefore$

$V_B = \dfrac{ql_2(l_1 + \dfrac{l_2}{2})}{L} \therefore V_A = \dfrac{ql_2(l_3 + \dfrac{l_2}{2})}{L}$

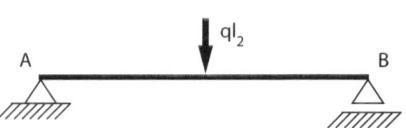

- Triangular total:

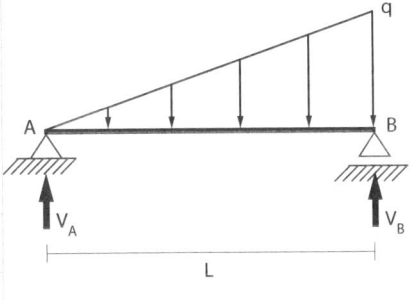

$\sum F_y = 0 \therefore V_A - \dfrac{qL}{2} + V_B = 0$

$\sum M_A = 0 \therefore -\dfrac{qL}{2}\dfrac{2L}{3} + V_B L = 0 \therefore V_B = \dfrac{qL}{3}$

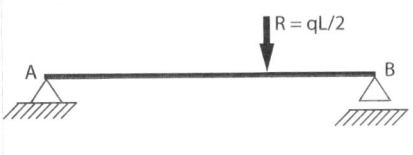

$V_A = \dfrac{qL}{2} - \dfrac{qL}{3} = \dfrac{3qL - 2qL}{6} = \dfrac{qL}{6}$

- Triangular parcial:

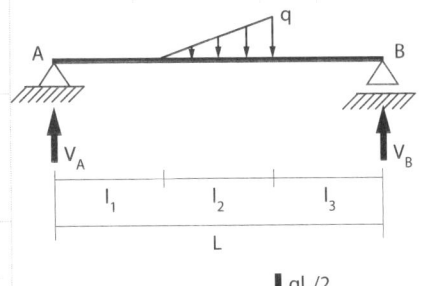

$\sum F_y = 0 \therefore V_A - \dfrac{q l_2}{2} + V_B = 0$

$\sum M_A = 0 \therefore -\dfrac{q l_2}{2}(l_1 + \dfrac{2 l_2}{3}) + V_B L = 0 \therefore$

$V_B = \dfrac{q l_2}{2L}(l_1 + \dfrac{2 l_2}{3})$

$V_A = \dfrac{q l_2}{2} - \dfrac{q l_2}{2L}(l_1 + \dfrac{2 l_2}{3})$

- Trapezoidal:

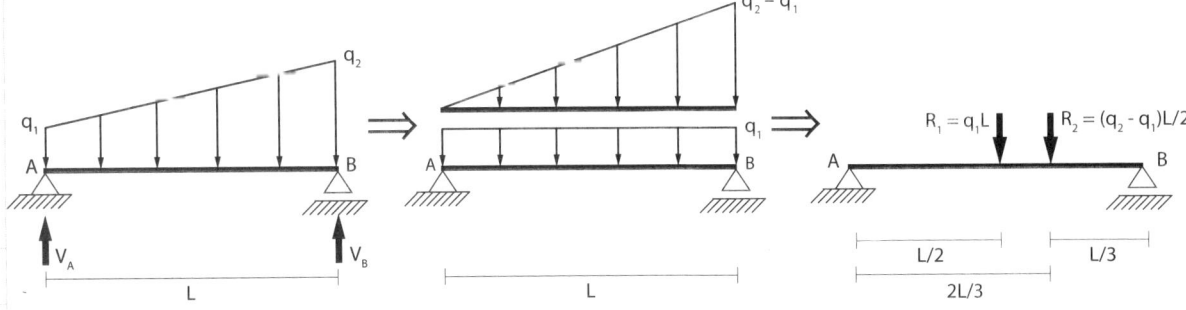

$\sum F_y = 0 \therefore V_A - q_1 L - (q_2 - q_1)\dfrac{L}{2} + V_B = 0$

$\sum M_A = 0 \therefore -q_1 L \dfrac{L}{2} - (q_2 - q_1)\dfrac{L}{2} \times \dfrac{2L}{3} + V_B L = 0 \therefore V_B = \dfrac{q_1 L}{2} + (q_2 - q_1)\dfrac{L}{3}$

$V_B = \dfrac{q_1 L}{6} + \dfrac{q_2 L}{3} \qquad V_A = \dfrac{q_1 L}{3} + \dfrac{q_2 L}{6}$

- Axial uniforme (p(x) = p = constante):

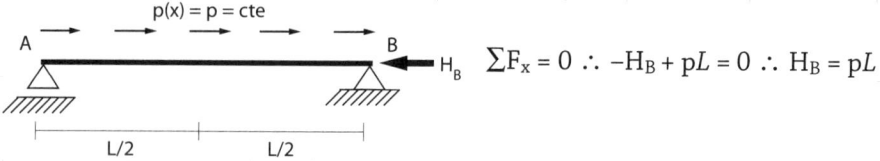

$\sum F_x = 0 \therefore -H_B + pL = 0 \therefore H_B = pL$

2.5.4 Cálculo das reações de apoio para momentos concentrados

Observar que as forças reativas formam o binário que equilibra o momento aplicado M e que o binário das forças reativas será sempre o mesmo, independente da posição de aplicação do momento.

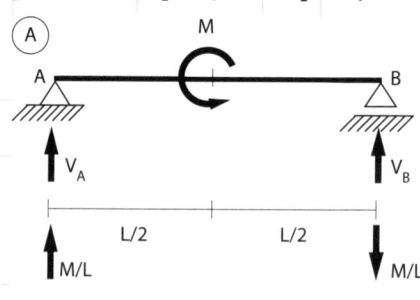

$\sum F_y = 0 \therefore V_A + V_B = 0$

$\sum M_A = 0 \therefore M + V_B L = 0 \therefore V_B = \dfrac{-M}{L}$

$V_A = -V_B \therefore V_A = \dfrac{M}{L}$

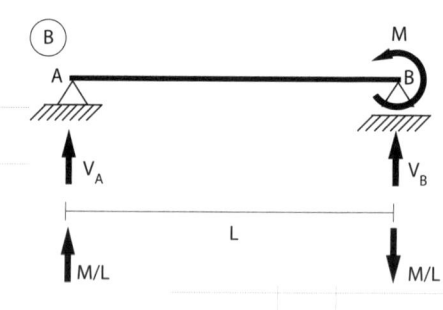

$\sum F_y = 0 \therefore V_A + V_B = 0$

$\sum M_A = 0 \therefore M + V_B L = 0 \therefore V_B = \dfrac{-M}{L}$

$V_A = -V_B \therefore V_A = \dfrac{M}{L}$

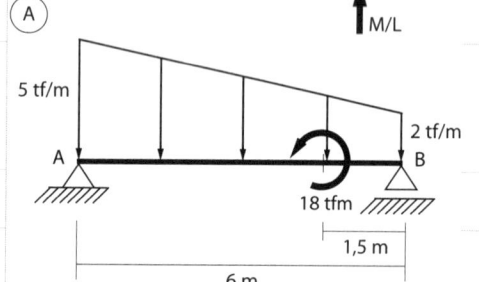

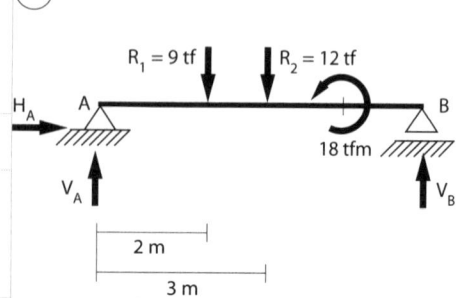

Fig. 2.18 A) Exercício proposto; B) Sistema equivalente para cálculo das reações de apoio.

Exercício 2.3

Calcular as reações de apoio da viga biapoiada da Fig. 2.18A:

1. Escolher o sistema de eixos referenciais.
2. Introduzir as forças reativas arbitrando sentidos.
3. Para a determinação das reações de apoio trabalha-se com as resultantes dos carregamentos distribuídos.

Para a carga triangular tem-se: $R_1 = 3 \times 6/2 = 9$ tf aplicada à 2 m de A.

Resultante da carga uniforme: $R_2 = 2 \times 6 = 12$ tf aplicada no meio do vão, isto é, a 3 m de A.

$\sum F_x = 0 \therefore H_A = 0$

$$\sum F_y = 0 \therefore V_A - 9 - 12 + V_B = 0 \therefore V_A + V_B = 21$$

$$\sum M_A = 0 \therefore -9 \times 2 - 12 \times 3 + 18 + V_B \times 6 = 0 \therefore V_B = 6\text{tf}$$

$$V_A = 21 - V_B \therefore V_A = 15\text{tf}$$

2.6 Estaticidade e Estabilidade de Modelos Planos

Os conceitos de estabilidade e de estaticidade devem ser estudados simultaneamente.

Quanto à **estabilidade** as estruturas podem ser classificadas como:

- **Estáveis**: quando o sistema de forças reativas for capaz de equilibrar qualquer sistema de forças ativas. Para tal as forças reativas não podem formar sistemas de forças paralelas ou concorrentes.
- **Instáveis**: quando as forças reativas forem em número insuficiente, ou formarem um sistema de forças paralelas (incapaz de equilibrar forças perpendiculares a elas) ou concorrentes (incapaz de equilibrar momentos).

Quanto à **estaticidade** as estruturas podem ser classificadas como hipostáticas (sempre instáveis), isostáticas ou hiperestáticas (estas duas últimas sempre estáveis).

2.6.1 Estruturas externamente isostáticas

Quando os apoios de uma estrutura, em equilíbrio estável, são em número estritamente necessário para impedir todos os seus possíveis movimentos tem-se uma **estrutura externamente isostática**. Neste caso, conforme ilustrado na Fig. 2.19, o número de reações de apoio a serem determinadas é igual ao número de equações de equilíbrio disponíveis.

Entretanto, as estruturas representadas na Fig. 2.20, por não terem satisfeita a condição imprescindível da **estabilidade**, são classificadas simplesmente quanto à estabilidade como **instáveis**, sendo aceito por alguns autores a sua classificação, quanto à estaticidade, como estrutura externamente hipostática.

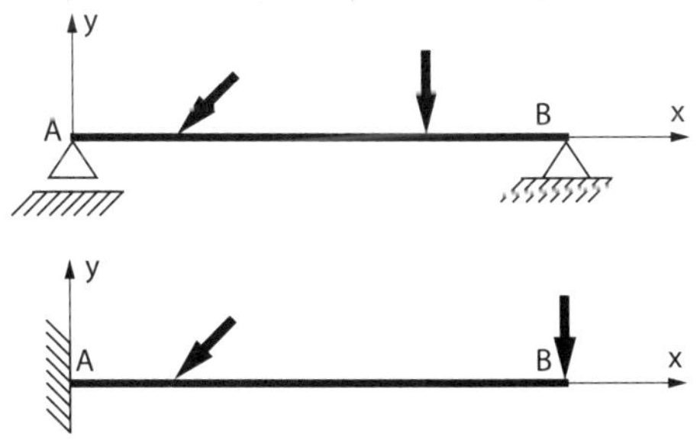

(1) $\sum F_x = 0$
(2) $\sum F_y = 0$
(3) $\sum M_A = 0$

Nº de equações equilíbrio = Nº de reações apoio + equilíbrio

Fig. 2.19 Estruturas externamente isostáticas

2.6.2 Estruturas externamente hiperestáticas

Quando os apoios de uma estrutura, **em equilíbrio estável**, são em número superior ao estritamente necessário para impedir seu movimento a

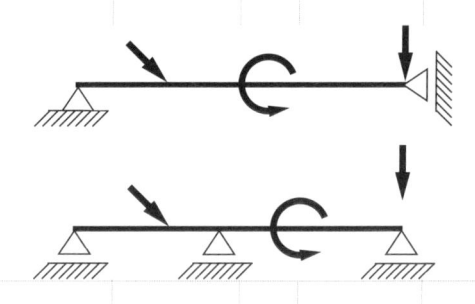

Embora o nº de equações equilíbrio = nº de reações de apoio, estas estruturas não estão em equilíbrio.

Fig. 2.20 Estruturas instáveis

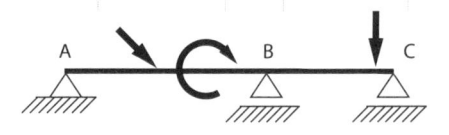

(1) $\sum F_x = 0$
(2) $\sum F_y = 0$ (Nº de equações de equilíbrio ≤ Nº de reações apoio)
(3) $\sum M_A = 0$ + equilíbrio

Fig. 2.21 Estrutura externamente hiperestática

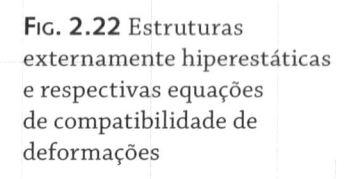

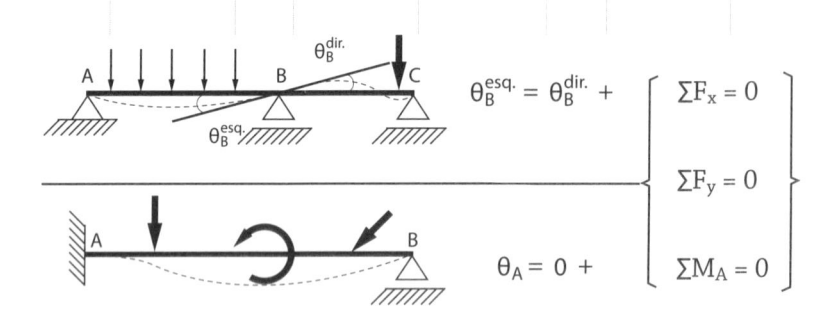

Fig. 2.22 Estruturas externamente hiperestáticas e respectivas equações de compatibilidade de deformações

$\theta_B^{esq.} = \theta_B^{dir.}$ + $\begin{cases} \sum F_x = 0 \\ \sum F_y = 0 \\ \sum M_A = 0 \end{cases}$

$\theta_A = 0$ +

Equação de compatibilidade de deformações + equações de equilíbrio

estrutura, quanto à estaticidade, é classificada como **externamente hiperestática**. Neste caso, conforme ilustrado na Fig. 2.21, o número de reações de apoio (incógnitas) a serem determinadas é superior ao número de equações de equilíbrio disponíveis. Desta forma, é necessária a obtenção de outras equações além das de equilíbrio, a fim de tornar o problema matematicamente possível, isto é, n incógnitas com n equações.

As **(n-3)** equações necessárias para a solução do problema plano hiperestático são obtidas com base na compatibilidade de deformações, sendo, portanto denominadas **equações de compatibilidade de deformações**. Alguns exemplos de estruturas externamente hiperestáticas com as respectivas equações de compatibilidade de deformações são dados na Fig. 2.22.

2.6.3 Estruturas externamente hipostáticas

Quando o número de apoios (ou vínculos) é insuficiente para estabelecer o equilíbrio, a estrutura é classificada, quanto à estaticidade, como **externamente hipostática**. Neste caso, a estrutura é sempre *instável* e o número de equações de equilíbrio estático é superior ao número de reações. Exemplos de estruturas hipostáticas instáveis podem ser observados na Fig. 2.23.

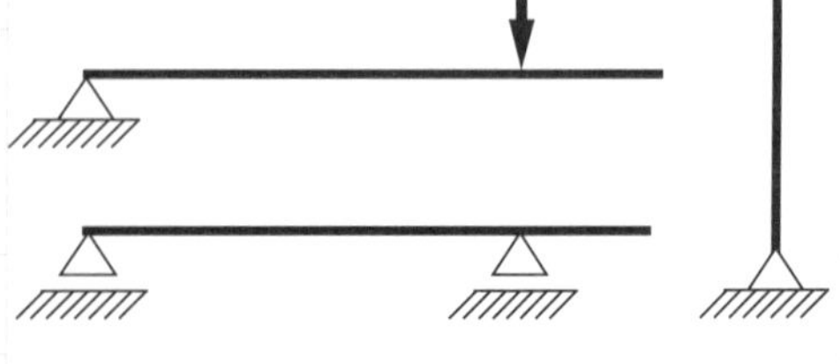

2.6.4 Estruturas reais

Ao Engenheiro Civil somente interessam as estruturas estáveis, portanto, as isostáticas e as hiperestáticas.

(1) $\sum F_x = 0$
(2) $\sum F_y = 0$ Nº de equações equilíbrio > Nº de reações apoio
(3) $\sum M_A = 0$

Fig. 2.23 Estruturas externamente hipostáticas e instáveis

A grande maioria das estruturas é hiperestática. Este curso inicia com o estudo das **estruturas isostáticas**, também conhecidas como **estruturas estaticamente determinadas**, uma vez que para serem analisadas basta aplicar as **equações do equilíbrio estático**.

O Quadro 2.4 sintetiza estas informações.

Quadro 2.4 Resumo

As estruturas reais são:	isostáticas (estaticamente determinadas)	
	hiperestáticas (estaticamente indeterminadas)	
As estruturas são ditas isostáticas quando:	esforços solicitantes internos e reações de apoio	podem ser determinados através das equações do equilíbrio estático
Estruturas espaciais	$\sum F_x = 0 \quad \sum F_y = 0 \quad \sum F_z = 0$ $\sum M_x = 0 \quad \sum M_y = 0 \quad \sum M_z = 0$	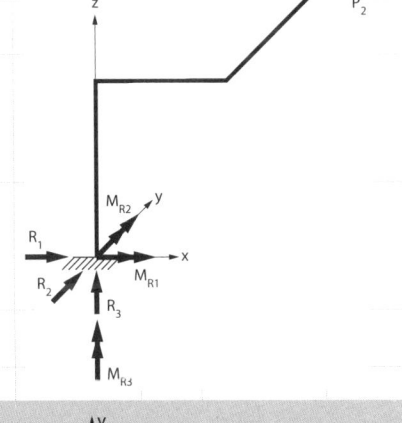
Estruturas planas	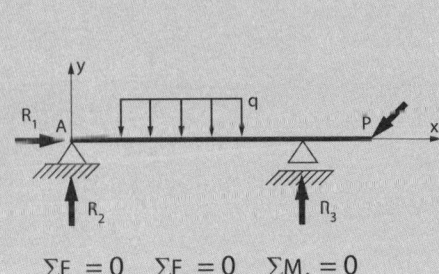 $\sum F_x = 0 \quad \sum F_y = 0 \quad \sum M_A = 0$	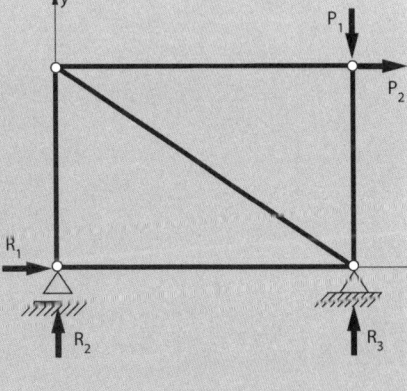

Esforços Solicitantes Internos

O objetivo da Análise Estrutural é a determinação das reações de apoio e dos esforços solicitantes internos. O conhecimento das **reações de apoio,** no caso das estruturas isostáticas, permite a determinação do comportamento interno da estrutura.

A interação de um corpo com os que o rodeiam e que se encontram fora dos seus limites se caracteriza pelas forças externas. O conjunto das forças externas é constituído pelas forças aplicadas, ditas forças ativas, e pelas forças reativas. As forças externas podem ser de superfície, quando há o contato direto entre os corpos, e de volume, quando não há o contato direto entre os corpos (ação remota). Embora as forças de volume ajam sobre cada partícula que compõe o corpo elas são geralmente representadas por forças concentradas ou distribuídas por linha ou por superfície. A ação da gravidade sobre os corpos, denominada peso próprio, é uma força de volume, considerada, muitas vezes, concentrada no centro de gravidade. O equilíbrio exige que estas forças externas formem um sistema em equilíbrio. Lembrar que as primeiras incógnitas a serem calculadas, isto é, as forças reativas, são determinadas através das equações de equilíbrio.

A interação entre as partes do corpo que está sendo analisado se dá através das forças internas. Estas forças internas surgem entre todas as seções contíguas de um corpo submetido à ação de um sistema de forças externas.

Seja um corpo submetido a um sistema de forças externas em equilíbrio, conforme ilustrado na Fig. 3.1A. Imaginando este corpo seccionado em duas partes na seção S, como indica a Fig. 3.1B, vê-se a necessidade de introduzir um sistema de forças internas a fim de manter o equilíbrio das duas partes do corpo: à esquerda e à direita da seção S. Observar que estas forças internas variam dependendo da posição da seção S. As forças internas correspondem à interação entre as partículas do sólido que se encontram nos dois lados da seção imaginária S. Segundo o princípio da ação e reação estas forças são sempre recíprocas (iguais direções, intensidades e ponto de aplicação, mas com sentidos opostos). A parte direita do corpo age sobre a parte esquerda e vice-versa, de tal forma que as forças que aparecem em ambos os lados formam também um sistema de forças, desta vez internas, em equilíbrio, conforme ilustrado na Fig. 3.1B. Pode-se ainda afirmar que as forças internas distribuem-se na seção de tal forma que as superfícies deformadas da seção S coincidam ao se unirem as duas partes (lembrar que a seção S é imaginária e que a peça se mantém íntegra). Esta condição é denominada de condição de compatibilidade das deformações e está associada à continuidade da estrutura, peça ou elemento.

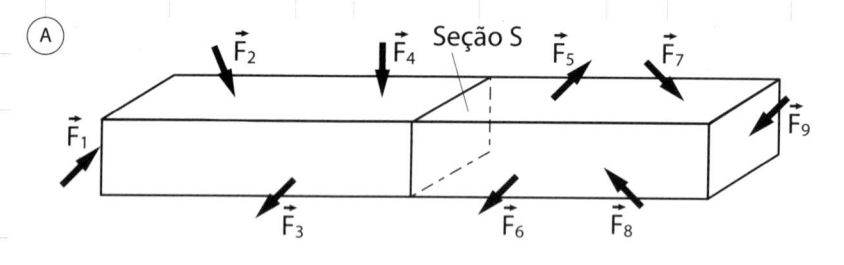

Fig. 3.1 A) Corpo submetido a um sistema de forças externas em equilíbrio; B) Tensões internas em uma seção genérica S

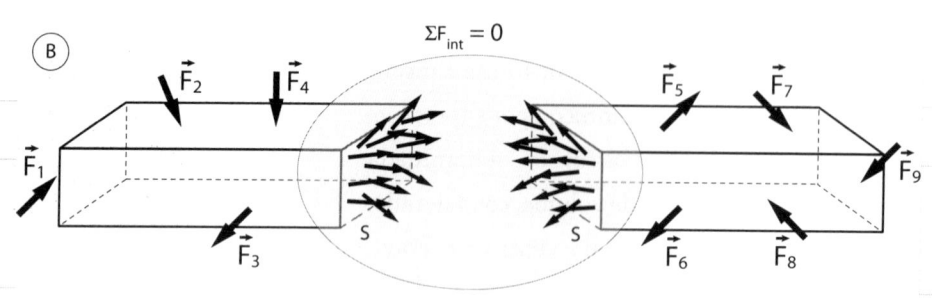

A distribuição das forças internas no plano da seção S se dá através das **tensões**, conforme ilustrado na Fig. 3.1B. Sendo as estruturas unidimensionais representadas somente através de seus eixos, a representação dos esforços internos deve ser feita através das resultantes das tensões referidas a estes eixos. A resultante destas tensões encontra-se representada na Fig. 3.2. Reduzindo-se ao centro de gravidade da seção obtém-se a resultante das forças e o momento resultante, representados na

Fig. 3.3 para a parte da estrutura à esquerda de S. Considerando, conforme indicado na Fig. 3.4, o sistema de eixos ortogonais local em que o eixo x coincide com o eixo da barra e y positivo para cima, podemos obter as 3 componentes da resultante das forças $\vec{R}$: $\vec{R}_x$, $\vec{R}_y$ e $\vec{R}_z$; e as 3 componentes do momento resultante $\vec{M}$: $\vec{M}_x$, $\vec{M}_y$ e $\vec{M}_z$. A estas componentes denominamos Esforços Solicitantes Internos na seção S, muitas vezes aqui referenciados simplesmente por ESI.

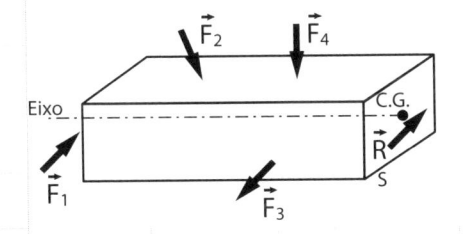

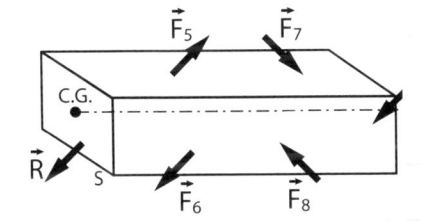

FIG. 3.2 Visualização da resultante das tensões internas em uma seção genérica S

Os seis esforços internos que surgem nos pórticos espaciais podem ser observados na Fig. 3.4. A componente da força $\vec{R}$ segundo o eixo dos x denomina-se **esforço normal** e representa-se por N. As componentes de $\vec{R}$ segundo os eixos y e z são os esforços cortantes Q_y e Q_z, respectivamente. A componente do momento $\vec{M}$ segundo o eixo x denomina-se momento de torção (ou momento torçor) e representa-se por T, sendo também referenciado na literatura por M_t, M_x ou M_T. As componentes do momento $\vec{M}$ segundo os eixos y e z são os momentos fletores M_y e M_z, respectivamente.

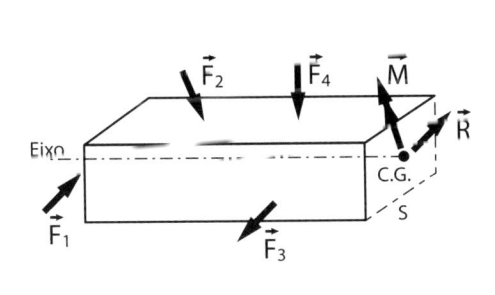

FIG. 3.3 Resultante referida ao CG da seção genérica S: $\vec{R}$ e o momento $\vec{M}$

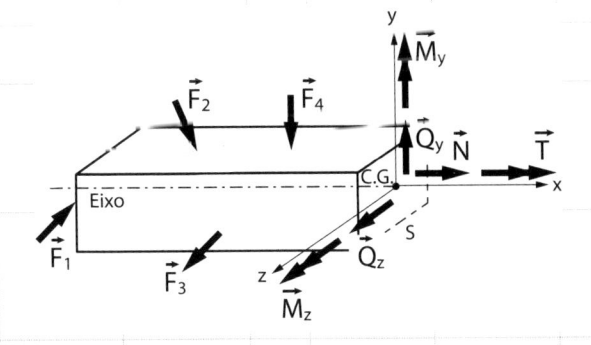

FIG. 3.4 Esforços Solicitantes Internos (ESI) na seção S de uma estrutura espacial

Os ESI são **sempre** referenciados aos sistemas locais dos elementos que compõem as estruturas. Um elemento k, definido pelo nó inicial i e pelo nó final j, tem um sistema local com a origem no nó inicial i e o eixo x coincidente com o eixo do elemento. Quanto aos sinais dos ESI, entretanto, deve-se observar que estes seguem uma **Convenção de Sinais** especificamente aplicável aos ESI.

O Quadro 3.1 indica de forma resumida:
- os seis ESI das estruturas espaciais,
- a **Convenção de Sinais**,
- os **Tipos de Solicitações**,
- os **Tipos de Deformações** e
- a forma como os ESI devem ser marcados, nos respectivos **diagramas**, em relação ao eixo local x (sempre coincidente com o eixo do elemento).

Quadro 3.1 Esforços Solicitantes Internos (ESI)

ESI	CONVENÇÃO DE SINAIS	TIPO DE SOLICITAÇÃO	DEFORMAÇÃO	DIAGRAMA
Normal N	$N_{(+)} \leftarrow \square \rightarrow N_{(+)}$	Tração	Alongamento	+ / Eixo
	$N_{(-)} \rightarrow \square \leftarrow N_{(-)}$	Compressão	Encurtamento	− / Eixo
Cortante Q (Q_y e Q_z)	$Q_{(+)}$ / $Q_{(-)}$	Cisalhamento	Deslizamento relativo das seções	+ / Eixo ; − / Eixo
Momento Fletor M (M_y e M_z)	$M_{(+)}$ / $M_{(-)}$	Flexão	Rotação das seções transversais em torno de eixos nos seus planos	+ / Eixo ; − / Eixo
Momento de Torção T (M_x, M_t ou M_T)	$T_{(+)}$ / $T_{(-)}$	Torção	Rotação relativa das seções transversais	+ / Eixo ; − / Eixo

3.1 Esforços Internos em Estruturas Planas

Na Análise Estrutural, uma estrutura é dita plana quando tanto ela quanto as forças que nela atuam pertencem a um mesmo plano. Desta forma a estrutura pode ser analisada segundo um modelo plano.

Considerando uma estrutura contida no plano x-y, as direções de deslocamento de interesse nas análises são D_X, D_Y, θ_Z. Neste caso, são três os esforços solicitantes internos de interesse em qualquer seção S da estrutura:

- normal (ou axial): N_x ou simplesmente N
- cortante: Q_y ou simplesmente Q
- momento fletor M_z ou simplesmente M

Na Fig. 3.5A são indicadas duas formas distintas utilizadas para representar os ESI em uma seção S: seja através da **Seção**, seja através do **Elemento** infinitesimal contendo S. A representação através do elemento em S será aqui empregada por ser a mais concisa. A Fig. 3.5B indica os sentidos positivos dos esforços normais, cortantes e momentos fletores.

Analisar uma estrutura através de um modelo plano é também uma simplificação de cálculo. Na estrutura real, as direções de deslocamentos não consideradas no modelo matemático plano (D_Z, θ_X e θ_Y, para estruturas no plano X-Y) devem ter também as suas condições de equilíbrio asseguradas.

Conhecendo-se as forças externas (forças aplicadas e reações de apoio) os esforços solicitantes internos N, Q e M, em qualquer seção transversal, podem ser determinados. Os ESI dependem da posição da seção transversal S considerada.

As variações dos ESI, no caso das estruturas planas N, Q e M, ao longo dos elementos que compõem uma estrutura são representadas graficamente por meio dos **Diagramas** ou **Linhas de Estado** dos:
- esforços normais: identificados simplificadamente por N, DN ou DEN;
- esforços cortantes: identificados simplificadamente por Q, DQ ou DEQ;
- momentos fletores: identificados simplificadamente por M, DM ou DMF.

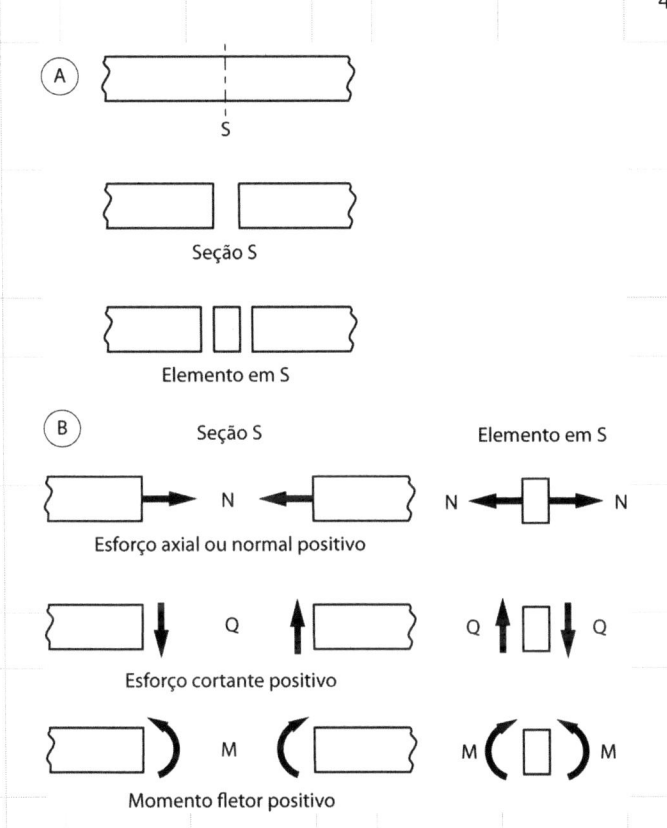

FIG. 3.5 A) Dois modos de representar **S**: **Seção** ou **Elemento**; B) Representação de N, Q e M segundo os dois modos.

3.2 Cálculo dos Esforços Internos em uma Seção S

Conhecidas todas as forças externas, a determinação dos ESI pode ser feita por meio de um dos seguintes raciocínios:

1. **Considerando a ação das forças à direita ou à esquerda de S**
   Permite o cálculo dos ESI por meio da determinação da ação do sistema de forças à esquerda ou à direita de S sobre a seção ou ponto (sobre o eixo) S.

2. **Considerando o equilíbrio das partes à esquerda ou à direita de S**
   Permite a determinação dos ESI por meio da aplicação das equações de equilíbrio seja à parte à esquerda de S ou à parte à direita de S.

O primeiro raciocínio é o mais direto e rápido, sendo, portanto, o utilizado neste curso.

Exercício 3.1

A Fig. 3.6 além de enunciar o exercício a seguir, visando a determinação dos esforços internos nas seções S_1 e S_2, ilustra a elaboração do esquema de cálculo e faz a distinção entre seções S simples, tais como a S_1 onde não existem descontinuidades, e as seções S especiais tais como a S_2 onde, por causa das descontinuidades, duas seções têm que ser consideradas. Na seção S_2 estão aplicadas duas forças concentradas: uma de intensidade 3P vertical e uma horizontal, de intensidade 2P, aplicada no eixo da viga.

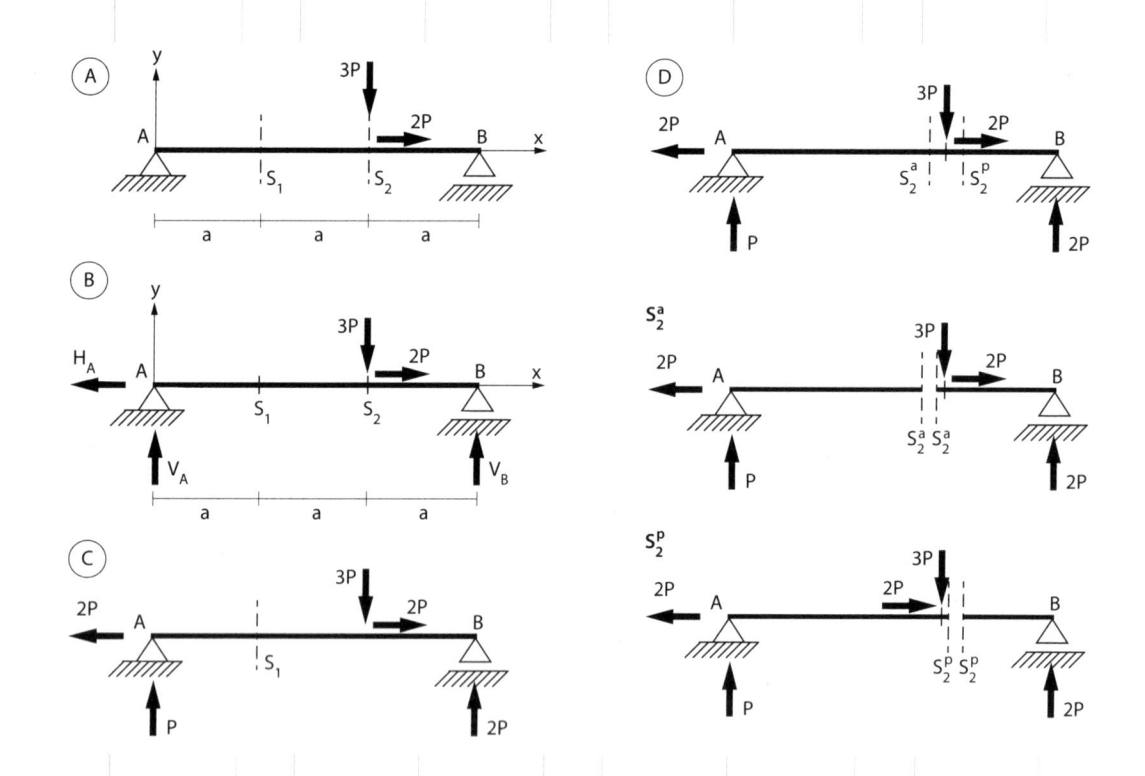

FIG. 3.6 Exemplo para determinação dos ESI nas seções. A) Exercício proposto; B) Modelo matemático; C) S_1 – uma única seção; D) S_2 – duas seções: S_2^a (imediatamente anterior às forças concentradas) e S_2^p (imediatamente posterior às forças concentradas)

1. Cálculo das Reações de Apoio:
   - Definição de um sistema de eixos.
   - Introdução das reações de apoio, das quais são conhecidas as direções, os pontos de aplicação e os sentidos são arbitrados.
   - Cálculo das reações através das equações do equilíbrio estático.

(1) $\quad \sum F_x = 0 \therefore -H_A + 2P = 0 \therefore H_A = 2P$

(2) $\quad \sum F_y = 0 \therefore V_A - 3P + V_B = 0 \therefore V_A + V_B = 3P$

(3) $\quad \sum M_A = 0 \therefore -3P \times 2a + V_B \times 3a = 0 \therefore V_B = \dfrac{6Pa}{3a} = \therefore V_B = 2P$

De (2) vem: $V_A = 3P - V_B = 3P - 2P \therefore V_A = P$

2. Determinação dos ESI:

   Para a determinação dos ESI em uma dada seção S pode-se optar por:
   - Considerar a ação do sistema de forças à direita de S, ou
   - Considerar a ação do sistema de forças à esquerda de S.

   Estas duas possibilidades conduzem à mesma resposta. A opção mais simples é sempre a melhor pois exigirá menos cálculos e, por consequência, minimizará a chance de erros e será mais rápida.

   Neste exemplo, a melhor opção para a determinação dos ESI na seção S_1 é a consideração das forças à esquerda de S_1, por conter um número menor de forças.

   Determinar a ação de um sistema de forças sobre uma seção S nada mais é do que reduzir este sistema de forças ao ponto que representa a seção S no eixo.

   ESI em S_1 (sinais obtidos pela convenção de sinais dos ESI – Quadro 3.1, p. 44):

   $$N = +2P \text{ (tração)}$$
   $$Q = +P \text{ (sentido horário)}$$
   $$M = +Pa \text{ (fibras inferiores tracionadas)}$$

   Observações Importantes:

   a) Em seções onde existam forças ou momentos concentrados haverá descontinuidade dos ESI:
   - Força concentrada axial acarreta descontinuidade de esforços normais N.
   - Força concentrada vertical acarreta descontinuidade de esforços cortantes Q.
   - Momento concentrado acarreta descontinuidade de momentos fletores M.

   Nestes casos a determinação dos ESI em S_2 exige a consideração de duas seções:
   - Uma, imediatamente junto e anterior ao ponto de aplicação das forças concentradas, denominada S_2^a ou S_2^e.
   - Outra, imediatamente junto e posterior ao ponto de aplicação das forças concentradas, denominada S_2^p ou S_2^d.

   No exemplo em questão, na seção S_2 ocorrem descontinuidades de esforços normais e de esforços cortantes. Determinar os ESI na seção S_2 exige a determinação destes esforços em S_2^a e em S_2^p.
   - **ESI em** S_2^a (usando as forças à esquerda):

   $$N^a = +2P$$
   $$Q^a = +P$$
   $$M = +2Pa$$

- **ESI em** S_2^p (usando as forças à direita):

$$N^p = 0$$
$$Q^p = -2P$$

M = +2Pa (não há descontinuidade de momentos pois em S_2 não há momento concentrado)

b] Em nós onde ocorrem mudanças de direção dos elementos que neles convergem também é necessária a consideração de duas seções, uma para cada elemento: S^a e S^p. Isto ocorre, conforme pode ser observado na Fig. 3.7, devido à mudança dos eixos locais aos quais os ESI são referidos.

c] Em nós onde ocorre a convergência de 3 ou mais elementos será necessária a consideração de 3 ou mais seções, uma para cada elemento convergente no nó. A Fig. 3.8 fornece alguns exemplos. Este caso, assim como o anterior, é justificado pelo fato de cada elemento ter o seu próprio eixo local, assim sendo para **n** elementos convergentes num nó existirão **n** seções para as quais deverão ser calculados os ESI.

Fig. 3.7 Nós com **2** elementos convergentes e mudança de direção: **2** seções

Fig. 3.8 Nós com **n** elementos convergentes: **n** seções

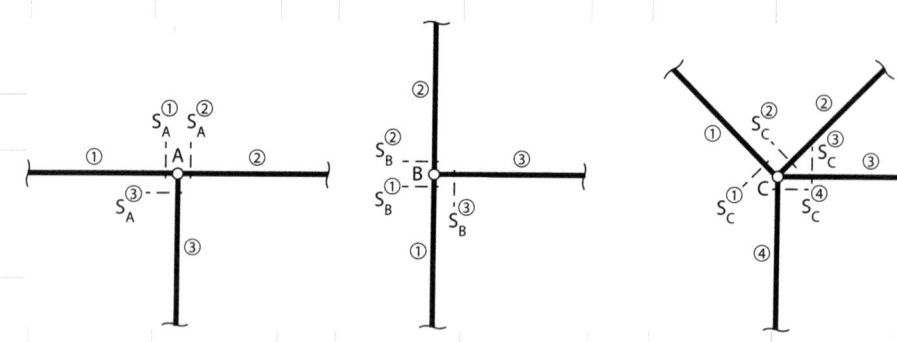

d] Quando um dos sistemas de forças (à esquerda ou à direita de S) não contiver forças reativas o cálculo prévio das reações de apoio, para a determinação dos ESI nesta seção, não é necessário. Isto ocorre em elementos com bordos livres, como ilustrado na Fig. 3.9.

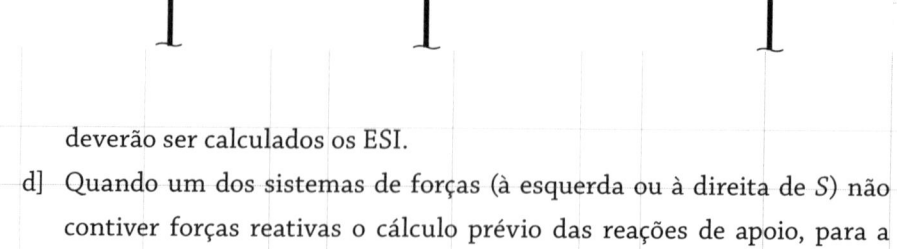

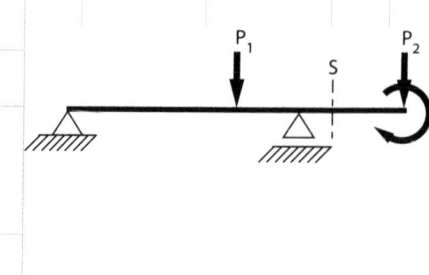

Fig. 3.9 Seções que dispensam a determinação prévia das forças reativas

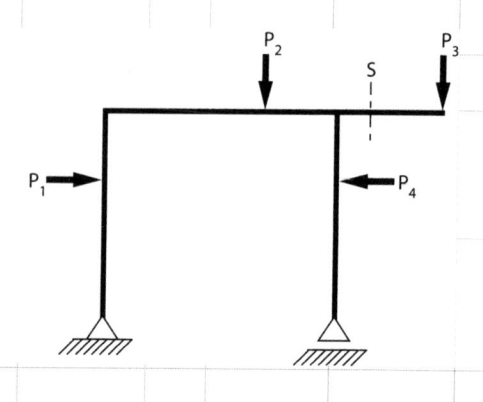

Exercício 3.2

Determinar os esforços internos nas seções S_1 e S_2 do pórtico plano da Fig. 3.10.

1. É necessária a determinação das reações de apoio?

   Para a determinação dos ESI em S_1 a resposta é **não**.

   Para a determinação dos ESI em S_2 a resposta é **sim**.

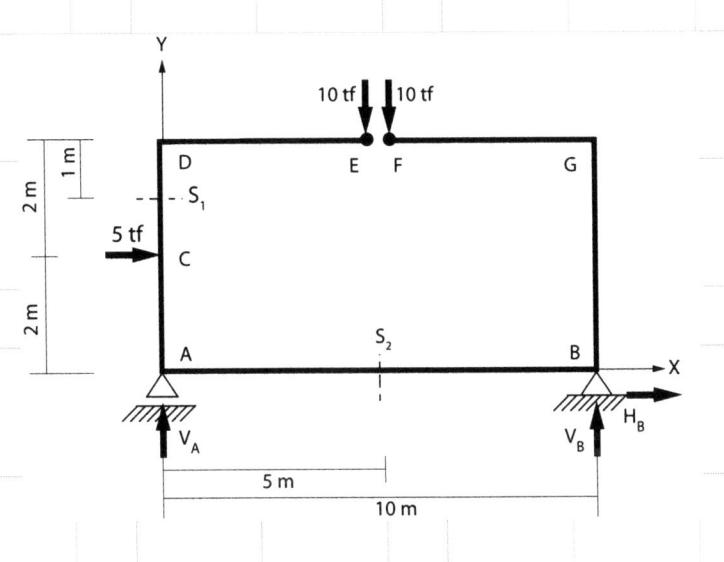

Fig. 3.10 Pórtico plano. Eixo global para as reações de apoio

2. Cálculo das reações de apoio (modelo indicado na Fig. 3.10):
   - Escolher o eixo global.
   - Introduzir as reações de apoio arbitrando sentidos.
   - Equações de Equilíbrio:

(1) $\sum F_x = 0 \therefore H_B + 5 = 0 \therefore H_B = -5\,tf$

(2) $\sum F_Y = 0 \therefore V_A + V_B - 10 - 10 = 0 \therefore V_A + V_B = 20$

(3) $\sum M_A = 0 \therefore -2.5 - (10+10).5 + 10V_B = 0 \therefore V_B = 11\,tf$

De (2) vem: $V_A = 9\,tf$

3. ESI em S_1 (Fig. 3.11):

   Considerando o sistema de forças à direita de S_1 (trecho S_1-D-E) e observando o sistema local da barra que contém a seção S_1, obtém-se:

   $N_1 = -10\,tf$

   $Q_1 = 0$

   $M_1 = -10 \times 5 = -50\,tfm$

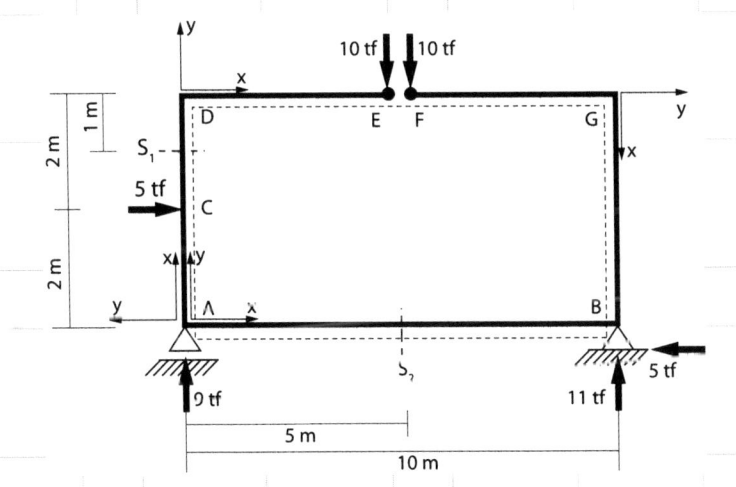

4. ESI em S_2 (Fig. 3.11):

   Considerando o sistema de forças à direita de S_2 (trecho S_2-B-G-F) e observando o sistema local da barra que contém a seção S_2, obtém-se:

   $N_2 = -5\,tf$

   $Q_2 = -1\,tf$

   $M_2 = 55\,tfm$

Fig. 3.11 Eixos locais para os esforços internos

A determinação dos esforços internos em diferentes seções ao longo de uma estrutura permitirá o traçado dos **Diagramas dos Esforços Internos**, os quais permitem visualizar as variações dos esforços solicitantes internos ao longo da estrutura. O objetivo da Análise Estrutural é, portanto, o traçado destes **Diagramas** ou **Linhas de Estado**.

Para o presente exercício, a Fig. 3.12A, B e C apresentam os diagramas dos esforços normais, dos esforços cortantes e dos momentos fletores, respectivamente. Nestas figuras os valores dos ESI calculados no presente exercício para as seções S_1 e S_2 podem ser confirmados. O traçado destes diagramas será apresentado nos próximos capítulos.

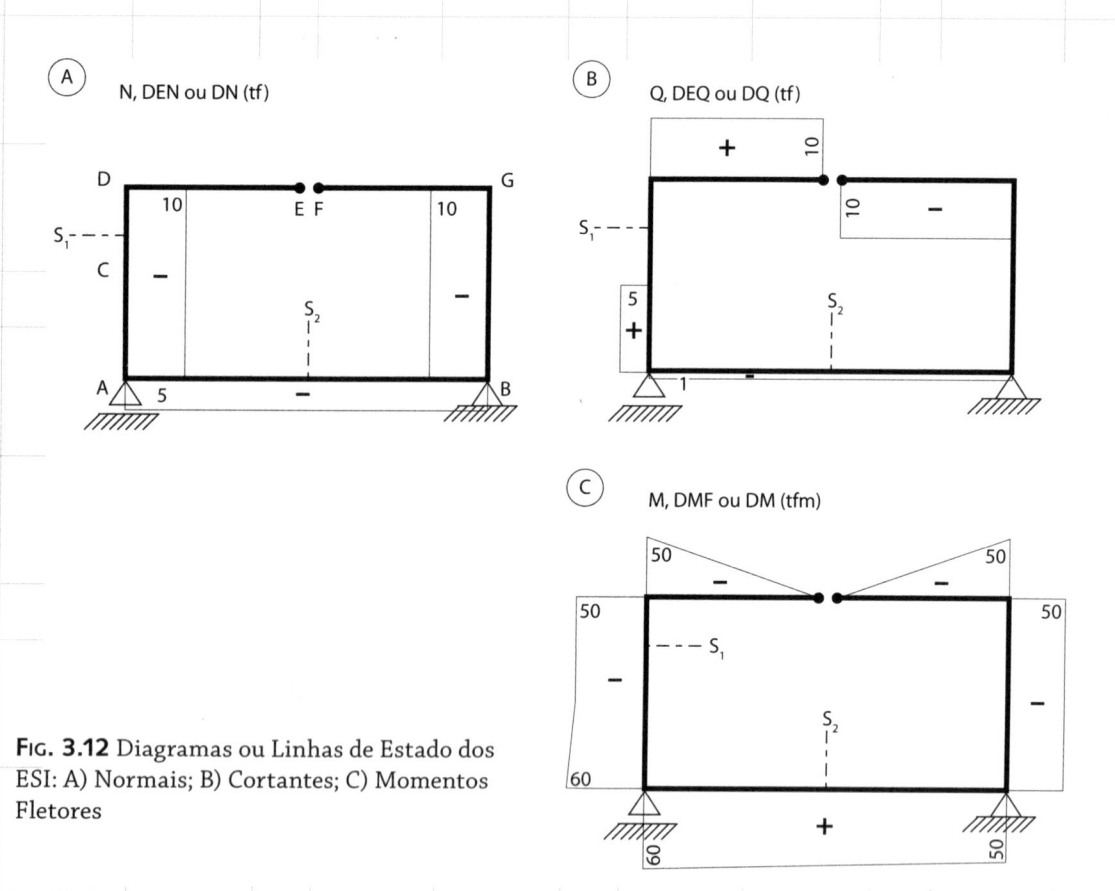

Fig. 3.12 Diagramas ou Linhas de Estado dos ESI: A) Normais; B) Cortantes; C) Momentos Fletores

3.3 Relações Fundamentais da Estática

Os esforços solicitantes internos variam dependendo da posição x da seção na barra ou elemento, ou seja, os esforços solicitantes internos são funções de x. Os ESI dependem também do carregamento ao qual a barra está sujeita: sob forças ativas nulas os ESI seriam também nulos. As relações existentes entre os ESI e entre estes e o carregamento aplicado são conhecidas como relações fundamentais da estática. Carregamentos axiais, isto é, na direção do eixo x, causam esforços normais ou axiais $N(x)$. Carregamentos transversais ao eixo da peça, forças e momentos, causam internamente esforços cortantes e momentos fletores. Estas relações são obtidas considerando o equilíbrio estático de um elemento infinitesimal da estrutura, conforme descrito a seguir.

3.3.1 Relação entre esforços normais e cargas axiais distribuídas

Seja a viga da Fig. 3.13A, sujeita a uma carga axial distribuída descrita pela função $p(x)$. Analisando um elemento infinitesimal dx desta viga, representado na Fig. 3.13B, o equilíbrio exige a introdução dos esforços solicitantes internos em ambos os lados deste elemento. O carregamento axial a que está submetida a viga origina somente esforços normais internamente. Estes esforços normais são também funções de x, as quais ao invés de serem representadas por $N(x)$ serão simplificadamente representadas por N. O equilíbrio do elemento dx ao longo do eixo x fornece:

(1) $$\sum F_x = 0 \therefore -N + p(x)dx + N + dN = 0 \therefore p(x) = -\frac{dN}{dx}$$

Isto é, a derivada da função N do esforço axial em relação a x é igual à função do carregamento axial $p(x)$ com o sinal trocado.

A integração entre dois pontos 1 e 2 genéricos (ver Fig. 3.13C) fornece:

$$N_2 - N_1 = -\int_{x_1}^{x_2} p(x)dx$$

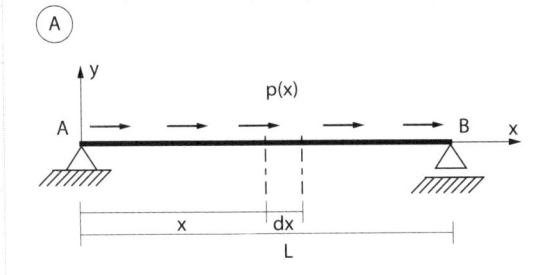

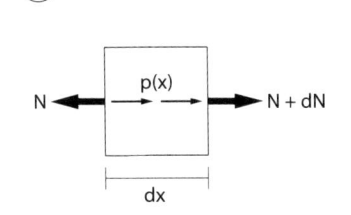

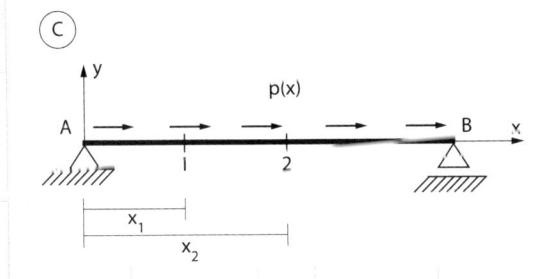

Fig. 3.13 A) Viga submetida a carregamento axial distribuído; B) Equilíbrio de um elemento infinitesimal; C) Trecho 1-2

3.3.2 Relação entre carregamento transversal e esforços cortantes e momentos fletores

Seja a viga da Fig. 3.14A submetida a um carregamento transversal distribuído segundo uma função $q(x)$. A relação entre o carregamento transversal e os esforços cortantes e momentos fletores é obtida considerando o equilíbrio do elemento infinitesimal de comprimento dx representado na Fig. 3.14B.

Devido ao carregamento aplicado *q(x)* pode-se afirmar que os esforços cortantes e os momentos fletores que surgem à direita e à esquerda do elemento são diferentes. Na Fig. 3.14B os cortantes (Q e Q+dQ) e os momentos fletores (M e M+dM) estão indicados nos sentidos positivos da Convenção de Sinais. Utilizando as equações de equilíbrio obtém-se:

Obs.: Q = Q(x); M = M(x)

(2) $\sum F_y = 0$: $Q - q(x)dx - (Q + dQ) = 0 \therefore q(x) = -\dfrac{dQ}{dx}$

(3) $\sum M_2 = 0$: $-M - Q \cdot d(x) + (q(x) \cdot dx) \cdot \dfrac{dx}{2} + (M + dM) = 0$

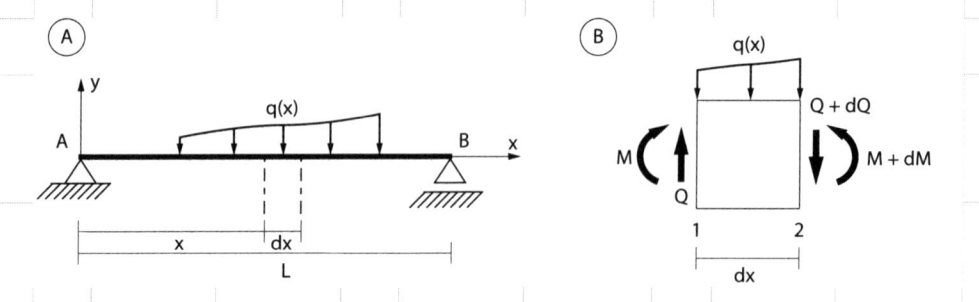

Fig. 3.14 A) Viga submetida a carregamento transversal distribuído q(x); B) Equilíbrio de um elemento infinitesimal dx

Como *dx* é infinitesimal, o termo de ordem mais elevada $\dfrac{(dx)^2}{2}$ pode ser desprezado, obtendo-se então:

$$Q = \dfrac{dM}{dx}$$

Verifica-se, portanto, que a função que expressa o carregamento transversal distribuído é igual à derivada da função que expressa o cortante com o sinal trocado, e a função do cortante é a derivada da função que expressa o momento fletor.

A variação do cortante entre os pontos 1 e 2, de abscissas x_1 e x_2 respectivamente, pode ser obtida integrando-se a função que expressa o carregamento transversal distribuído $q(x)$ ao longo do trecho definido pelos pontos:

$$Q_2 - Q_1 = -\int_{x_1}^{x_2} q(x)dx$$

que indica que a variação do cortante entre os pontos 1 e 2 é igual à área definida pela função do carregamento transversal e o eixo *x*, entre estes dois pontos.

Analogamente, a variação do momento fletor entre os pontos 1 e 2, de abscissas x_1 e x_2 respectivamente, pode ser obtida integrando-se a função que expressa o esforço cortante $Q(x)$ ao longo do trecho definido pelos pontos:

$$M_2 - M_1 = \int_{x_1}^{x_2} Q(x)dx$$

que indica que a variação do momento fletor entre os pontos 1 e 2 é igual à área definida pela função cortante e o eixo x, entre estes dois pontos.

3.4 Funções e Diagramas dos Esforços Solicitantes Internos

A melhor maneira de visualizar como varia uma função é representá-la graficamente. Tendo-se em mente que os esforços internos são funções de x (eixo local), os **diagramas** ou **linhas de estado dos esforços internos** constituem uma forma objetiva de indicar a variação destes esforços ao longo da estrutura. Estes diagramas são extremamente importantes em projeto, pois fornecem:

- Os valores dos esforços solicitantes em diferentes seções.
- Os seus valores máximos (positivos e negativos).

Os diagramas dos esforços internos podem ser obtidos através:

- de suas funções ou
- de seus valores em determinadas seções, conhecidas como seções-chave.

As seções-chave além de delimitarem os diferentes trechos de validade das funções dos ESI, constituem pontos nos quais os valores dos ESI devem obrigatoriamente constar nos diagramas.

São consideradas "seções-chave" todas as seções em que ocorrem alterações da estrutura e da configuração do carregamento a ela aplicado. São seções-chave:

- início e final da estrutura,
- início e final dos elementos (mudança de eixo local por mudança de direção),
- seções em que ocorrem forças ou momentos concentrados, as quais incluem os apoios devido às forças reativas,
- seções onde se iniciam ou terminam carregamentos de forças ou momentos distribuídos,
- em trechos submetidos a forças e momentos distribuídos, as seções onde ocorrem mudanças das funções que expressam tais carregamentos.
- seções onde ocorrem os valores máximos e mínimos dos ESI. Atenção especial deve ser dedicada a estas seções pois, embora não possam ser identificadas *a priori* como as demais, elas são importantíssimas de serem convenientemente indicadas nos diagramas.

Para raciocinar:

1. No cálculo dos esforços solicitantes em uma dada barra que compõe uma estrutura, a ação de todas as forças atuantes na estrutura, isto é, inclusive as que agem fora da barra em questão, têm que ser consideradas. Tendo em conta esta afirmativa como é possível determinar os esforços internos em uma determinada barra da estrutura sem determinar os esforços internos nas outras barras?

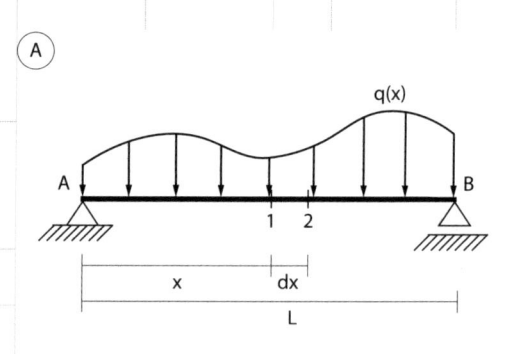

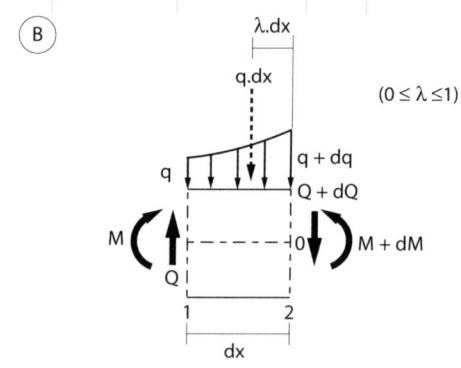

(1) $\sum F_x = 0$: $-N + p(x)dx + N + dN = 0$ $\therefore$ $p(x) = -\dfrac{dN}{dx}$

(2) $\sum F_y = 0$: $Q - q(x)dx - (Q + dQ) = 0$ $\therefore$ $q(x) = -\dfrac{dQ}{dx}$

(3) $\sum M_2 = 0$: $-M - Q \cdot dx + (q(x) \cdot dx) \cdot \dfrac{dx}{2} + (M + dM) = 0$

Fig. 3.15 Relações fundamentais da estática

2. Os nós das estruturas podem ser rígidos ou articulados e a forma simplificada para representá-los graficamente pode ser observada na Fig. 3.16. Nós rígidos são capazes de transmitir momentos, ou seja $M_{rot} \neq 0$, e nós articulados são incapazes de transmití-los, ou seja $M_{rot} = 0$.

Com o auxílio das Figs. 3.17 e 3.18, compare os comportamentos estruturais de sistemas, de arquiteturas idênticas, nos quais nós rígidos (B) são utilizados ao invés de nós articulados (A). Neste exercício é analisado o funcionamento de diferentes sistemas estruturais.

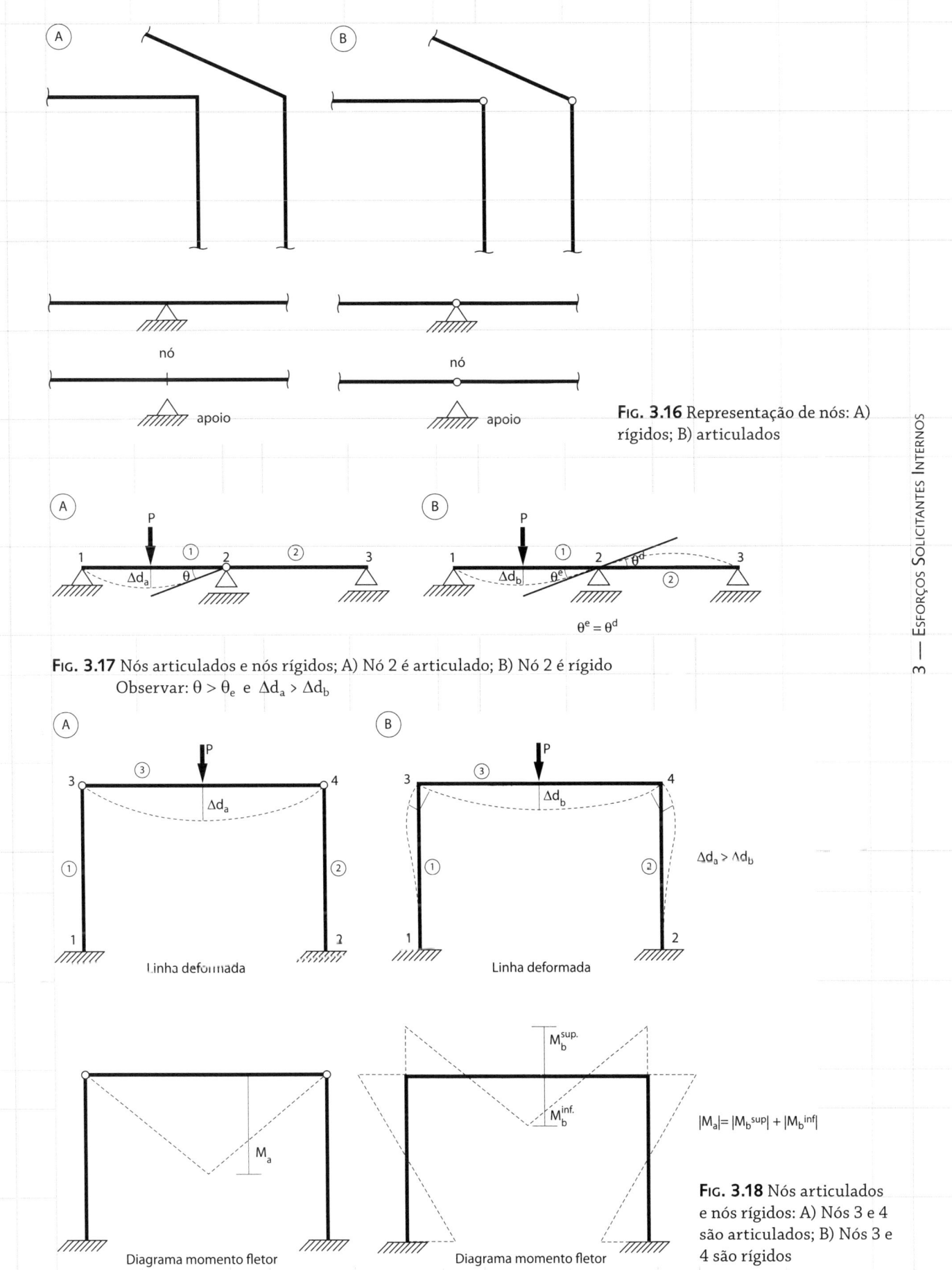

Fig. 3.16 Representação de nós: A) rígidos; B) articulados

Fig. 3.17 Nós articulados e nós rígidos; A) Nó 2 é articulado; B) Nó 2 é rígido
Observar: $\theta > \theta_e$ e $\Delta d_a > \Delta d_b$

$\theta^e = \theta^d$

$\Delta d_a > \Delta d_b$

$|M_a| = |M_b^{sup}| + |M_b^{inf}|$

Fig. 3.18 Nós articulados e nós rígidos: A) Nós 3 e 4 são articulados; B) Nós 3 e 4 são rígidos

3 — Esforços Solicitantes Internos

1

VIGAS ISOSTÁTICAS

As vigas são estruturas compostas por barras (elementos unidimensionais) interconectadas por nós, rígidos ou articulados, em que todos os elementos têm a mesma direção. As vigas são modelos planos, uma vez que a estrutura e o carregamento aplicado pertencem a um único plano.

As vigas podem ser classificadas como *simples* ou *compostas*. Nas vigas simples todos os nós são rígidos. Nas vigas compostas os nós podem ser rígidos ou articulados. As vigas compostas são também denominadas de vigas Gerber e podem ser consideradas como uma associação de duas ou mais vigas simples.

A teoria de viga constitui a base do aprendizado do comportamento das estruturas sendo, portanto, a primeira a ser estudada. Os conceitos básicos aqui aprendidos se aplicam, em geral, às demais estruturas. Os nomes das vigas simples:

- viga biapoiada,
- viga biapoiada dotada de balanços,
- viga engastada e livre.

estão associados às diferenças nas suas condições de apoios. Uma vez determinadas as reações de apoio, que nada mais são do que forças e momentos concentrados, os conceitos utilizados para traçado dos diagramas e determinação das funções que expressam os esforços internos são absolutamente genéricos e se aplicam indistintamente a todos os tipos de vigas.

4.1 Vigas Simples
4.1.1 Vigas Biapoiadas

As vigas biapoiadas são estruturas planas, capazes de serem definidas através de um único elemento. Nela, portanto, o eixo local coincide com o eixo global.

É conveniente que o estudo do comportamento interno das estruturas se inicie através das vigas, pois embora sejam elementos estruturais simples, os fundamentos teóricos aqui estudados são aplicados às demais estruturas reticulares.

A melhor forma de apresentar e sedimentar conceitos teóricos é através de exercícios, o que será feito a seguir.

Exercício 4.1

Para a estrutura da Fig. 4.1, determinar as funções que expressam os esforços internos e traçar seus diagramas.

Para determinar as funções e traçar os diagramas dos ESI em uma estrutura é necessário:

1. Calcular as reações de apoio. Para tal:
a] definem-se os eixos referenciais,
b] introduzem-se as reações de apoio, arbitrando os sentidos,
c] e com as equações de equilíbrio obtém-se:

$$H_B = 0;\ V_A = \frac{Pb}{L};\ e\ V_B = \frac{Pa}{L}$$

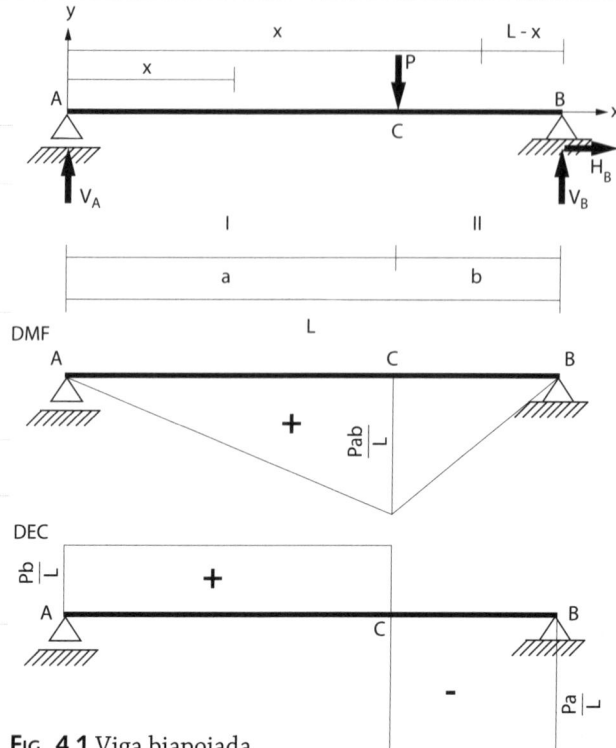

Fig. 4.1 Viga biapoiada

2. Identificar as seções-chave A, B e C. Estas seções-chave, conforme indicadas na Fig. 4.1, delimitam os trechos I (AC) e II (CB), para os quais as funções que representam os ESI têm que ser separadamente determinadas.
3. Obter as funções representativas dos esforços internos ($M(x)$, $Q(x)$ e $N(x)$) válidas ao longo dos trechos I e II. Conforme indicado na Fig. 4.1, para cada um destes trechos considera-se uma seção genérica situada a uma distância x qualquer da origem do sistema de eixos adotado. O cálculo é feito exatamente como aprendido anteriormente, só que agora os ESI nesta seção genérica S serão escritos em função de x. Pode-se, portanto, considerar a ação das forças à esquerda ou à direita, devendo-se sempre escolher o cálculo mais simples. Observar que ao considerar as forças à direita, a distância de S ao apoio B será (L-x), conforme indicado na Fig. 4.1. Tendo-se a função e o intervalo de validade da mesma, o valor do esforço interno em qualquer seção dentro deste trecho pode ser obtido atribuindo-se o correspondente valor à x. Ter sempre em mente que $Q(x) = \dfrac{dM}{dx}$ e $q(x) = \dfrac{-dQ}{dx}$, pois estas relações ajudam tanto na determinação das funções como servem também de verificação.

Importante: Várias são as formas de checar o desenvolvimento dos exercícios na Análise Estrutural e tais verificações devem ser feitas passo a passo.

Trecho I: $0 \leq x \leq a$

$M(x) = \dfrac{Pb}{L}x$ \qquad Valores extremos $\begin{cases} x = 0: & M = 0 \\ x = a: & M = \dfrac{Pb}{L}a \end{cases}$

(função linear)

$Q(x) = \dfrac{dM(x)}{dx} = \dfrac{Pb}{L}$ \qquad Valores extremos $\begin{cases} x = 0: & Q = \dfrac{Pb}{L} \\ x = a: & Q = \dfrac{Pb}{L} \end{cases}$

(função constante)

Trecho II: $a \leq x \leq L$

$M(x) = \dfrac{Pb}{L}x - P(x-a) \therefore M(x) = \left(\dfrac{Pb}{L} - P\right)x + Pa$ \qquad Valores extremos $\begin{cases} x = a: & M = \dfrac{Pb}{L}a \\ x = L: & M = 0 \end{cases}$

(função linear)

$Q(x) = \dfrac{dM(x)}{dx} = \dfrac{Pb}{L} - P$ \qquad Valores extremos $\begin{cases} x = a: & Q^d = \dfrac{P}{L}(b-L) = \dfrac{-Pa}{L} \\ x = L: & Q = -\dfrac{Pa}{L} \end{cases}$

(função constante)

4. Traçar os diagramas dos esforços internos, marcando, em escala, os valores obtidos nas seções-chave. Em seguida, em cada trecho definido pelas seções-chave, são traçadas as funções dos ESI (constante, linear, de segundo grau, de terceiro grau...), observando sempre as relações fundamentais existentes entre elas.

Observar: Uma carga concentrada P provoca, no seu ponto de aplicação:
- uma descontinuidade no diagrama de esforços cortantes.
- uma mudança brusca da tangente ao diagrama de momentos fletores.

Exercício 4.2

Para a viga biapoiada submetida a um momento concentrado, conforme indicado na Fig. 4.2, determinar as funções que expressam os esforços internos e traçar seus diagramas.

1. Reações de apoio

$$H_B = 0 \; ; \; V_A = \frac{M}{L} \; ; \; e \; V_B = \frac{M}{L}$$

2. Seções-chave: A, B e C. Estas seções-chave, conforme indicadas na Fig. 4.2, delimitam os trechos I e II, os quais são trechos de validade das funções que expressam os ESI e para os quais tais funções têm que ser separadamente determinadas.

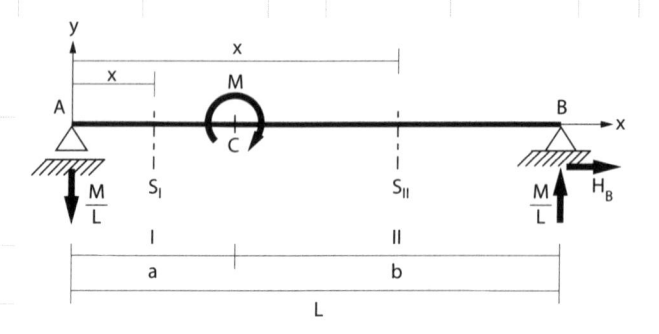

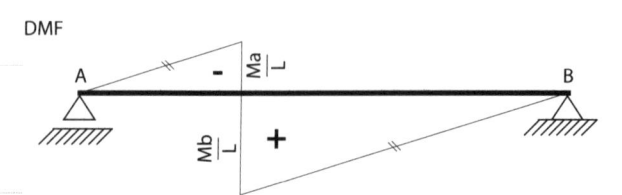

Fig. 4.2 Viga biapoiada

3. Esforços internos – funções e valores nas seções-chave:

   Trecho I: $0 \leq x \leq a$

   $M(x) = -\dfrac{M}{L}x$ Valores extremos $\begin{cases} x=0: & M=0 \\ x=a: & M^e = -\dfrac{Ma}{L} \end{cases}$
   (função linear)

   $Q(x) = \dfrac{dM(x)}{dx} = -\dfrac{M}{L}$ Valores extremos $\begin{cases} x=0: & Q=-\dfrac{M}{L} \\ x=a: & Q=-\dfrac{M}{L} \end{cases}$
   (função constante)

   Trecho II: $a \leq x \leq L$

   $M(x) = -\dfrac{M}{L}x + M$ Valores extremos $\begin{cases} x=a: & M^d = \dfrac{Mb}{L} \\ x=L: & M=0 \end{cases}$
   (função linear)

   $Q(x) = \dfrac{dM(x)}{dx} = -\dfrac{M}{L}$ Valores extremos $\begin{cases} x=a: & Q=-\dfrac{M}{L} \\ x=L: & Q=-\dfrac{M}{L} \end{cases}$
   (função constante)

4. Para o traçado das linhas de estado, os valores dos ESI nas seções-chave devem ser marcados em escala. A ligação dos pontos assim obtidos, nos trechos I e II definidos pelas seções-chave, permite a obtenção dos diagramas de momentos fletores e de cortantes indicados na Fig. 4.2.

   Observar: Um momento concentrado provoca:
   - Uma descontinuidade no diagrama de momentos fletores.
   - Não há mudança na tangente ao diagrama de momentos fletores (as inclinações das retas nos trechos I e II são idênticas).
   - O diagrama de cortante não indica a posição do momento concentrado.

Exercício 4.3

Para a viga biapoiada submetida a um carregamento vertical uniformemente distribuído, conforme indicado na Fig. 4.3, determinar as funções que expressam os esforços internos e traçar seus diagramas.

1. Reações de apoio
   $$H_B = 0 \; ; \; V_A = \dfrac{qL}{2} \; ; \; e \; V_B = \dfrac{qL}{2}$$

2. Seções-chave: A e B, que definem o *Trecho I* (único), e a seção onde $M(x)$ é máximo.

3. Esforços internos:

Trecho I: $0 \leq x \leq L$

$$M(x) = \frac{qLx}{2} - qx\frac{x}{2} \quad \therefore \quad M(x) = -\frac{q}{2}x^2 + \frac{qL}{2}x \qquad \text{Valores extremos} \begin{cases} x=0: & M=0 \\ x=L: & M=0 \end{cases}$$

(função do segundo grau)

$$Q(x) = \frac{dM(x)}{dx} = -qx + \frac{qL}{2} \qquad \text{Valores extremos} \begin{cases} x=0: & Q=\frac{qL}{2} \\ x=L: & Q=-\frac{qL}{2} \end{cases}$$

(função linear)

Momento máximo:

$$M(x)_{máx} \Rightarrow Q(x) = \frac{dM(x)}{dx} = 0$$

Posição em que $Q(x) = 0$

$$-qx + \frac{qL}{2} = 0 \quad \therefore \quad x = \frac{L}{2}$$

$$\text{Em } x = \frac{L}{2}: \quad M_{máx} = \frac{-q}{2}\left(\frac{L}{2}\right)^2 + \frac{qL}{2}\frac{L}{2}$$

$$M_{máx} = \frac{qL^2}{8}$$

4. Nos trechos com carregamento distribuído uniformemente, o diagrama de momentos fletores, que é uma função do segundo grau, pode ser obtido através do traçado gráfico da parábola. No presente exercício os valores dos momentos fletores nas seções-chave extremas são nulos, mas o mesmo procedimento gráfico se aplica quaisquer sejam estes valores. O procedimento é o seguinte: a partir da linha construtiva tracejada definida pelos valores dos momentos fletores nas seções-chave extremas e exatamente no meio do trecho, marca-se (em escala) duas vezes o valor $qL^2/8$. O primeiro ponto assim obtido é ponto de passagem da parábola e o segundo, quando ligado aos valores dos momentos fletores nas seções-chave extremas, permite a obtenção das tangentes à parábola nestas seções-chave. Os detalhes deste procedimento gráfico, denominado na prática de "pendurar a parábola", podem ser observados no diagrama de momentos fletores (DMF) na Fig. 4.3.

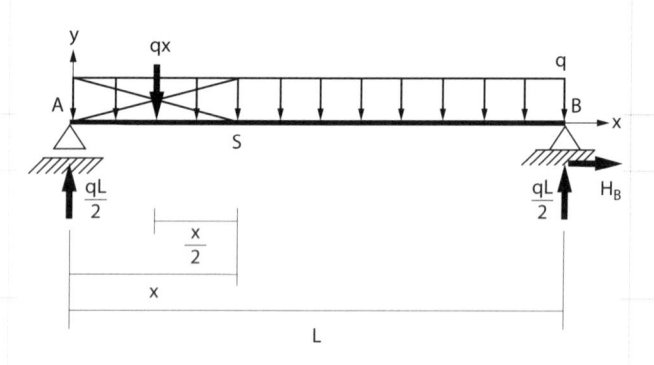

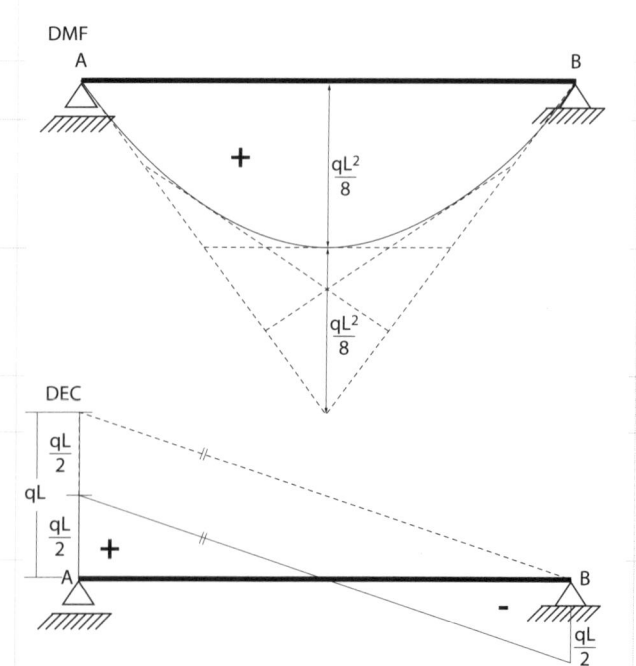

Fig. 4.3 Viga biapoiada com carregamento uniforme

Observar:
- O momento é máximo (ou mínimo) onde o cortante é nulo.
- O momento fletor cresce quando o cortante é positivo e decresce quando o cortante é negativo.
- O diagrama de momentos fletores indica sempre o lado da fibra tracionada.

Exercício 4.4

Obter as funções e traçar os diagramas dos esforços internos em uma viga biapoiada submetida a um carregamento vertical triangular, conforme indicado na Fig. 4.4.

1. Reações de apoio

$$H_B = 0 \; ; \quad V_A = \frac{qL}{6} \; ; \quad e \quad V_B = \frac{qL}{3}$$

2. Seções-chave: A, B (definindo somente o Trecho I) e a seção onde $M(x)$ é máximo.

3. Esforços internos:

Trecho I: $0 \leq x \leq L$

Sendo q o valor constante máximo do carregamento distribuído e $q(x)$ a função linear que define o carregamento triangular, tem-se:

$$\frac{q}{L} = \frac{q(x)}{x} \quad \therefore \quad q(x) = \frac{q}{L} x \quad \text{(função do primeiro grau ou linear)}$$

$$M(x) = \frac{qLx}{6} - q(x) \frac{x}{2} \frac{x}{3} \quad \therefore \quad M(x) = -\frac{q}{6L} x^3 + \frac{qL}{6} x \qquad \text{Valores extremos} \quad \begin{cases} x = 0: & M = 0 \\ x = L: & M = 0 \end{cases}$$

(função do terceiro grau)

$$Q(x) = \frac{dM(x)}{dx} = -\frac{qx^2}{2L} + \frac{qL}{6} \quad \text{(função do segundo grau)} \qquad \text{Valores extremos} \quad \begin{cases} x = 0: & Q = \frac{qL}{6} \\ x = L: & Q = -\frac{qL}{3} \end{cases}$$

Momento máximo:

$$M(x)_{máx} \Rightarrow Q(x) = \frac{dM(x)}{dx} = 0$$

Posição em que $Q(x) = 0$

$$-\frac{qx^2}{2L} + \frac{qL}{6} = 0 \quad \therefore \quad x = \pm \frac{L}{\sqrt{3}}$$

Importante observar que, entre as duas raízes que satisfazem à equação acima, somente a positiva serve ao presente exercício, pois é a que se encontra no intervalo de validade da função ($0 \leq x \leq L$). Desta forma obtém-se:

Em $x = \dfrac{L}{\sqrt{3}}$: $M_{máx} = \dfrac{qL^2}{9\sqrt{3}}$

4. Traçado dos diagramas: os detalhes dos procedimentos gráficos descritos a seguir podem ser observados na Fig. 4.4. Neste exercício, os valores dos momentos fletores nas seções-chave extremas são nulos, mas o mesmo procedimento gráfico se aplica quaisquer sejam estes valores. O procedimento é o seguinte: a partir da linha construtiva tracejada definida pelos valores dos momentos fletores nas seções-chave extremas e examente na posição da resultante do carregamento triangular (a ⅓ da base do triângulo) marca-se (em escala), uma única vez, o valor auxiliar qL²/9. O ponto assim obtido, quando ligado aos valores dos momentos fletores nas seções-chave extremas, permite a obtenção das tangentes à parábola nestas seções-chave. O ponto de momento máximo (com sua posição, valor e tangência nula) fornece as informações adicionais necessárias ao traçado da parábola de terceiro grau da função $M(x)$.

Para o traçado do diagrama de esforços cortantes (DEC), além dos valores nas seções-chave A e B e do ponto de cortante nulo, é importante (para a definição da concavidade da parábola a ser traçada) observar que a tangente ao DEC se anula na posição onde o carregamento triangular é nulo, uma vez que $\dfrac{dQ(x)}{dx} = -q(x)$.

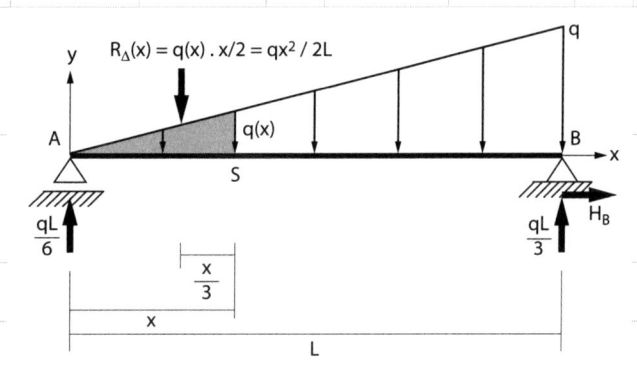

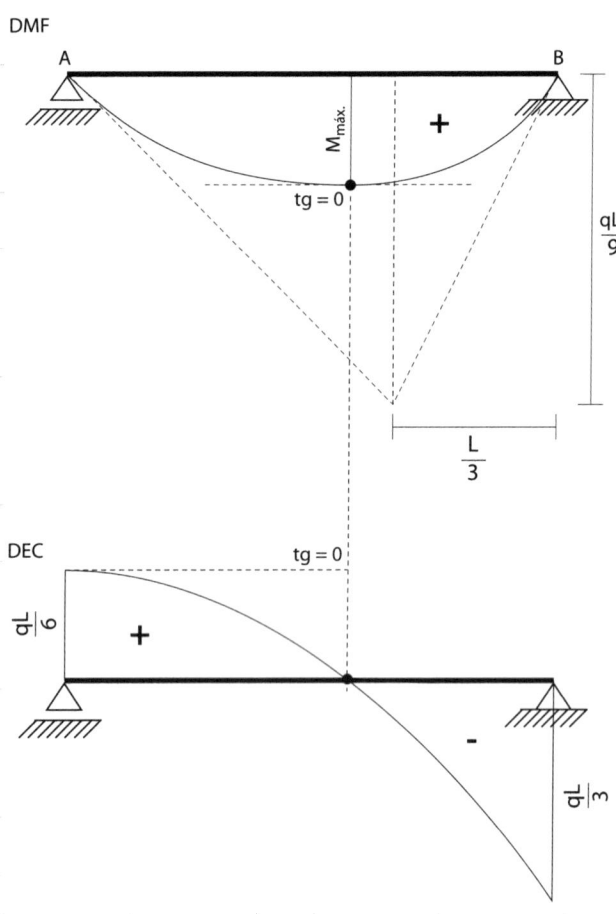

Fig. 4.4 Viga biapoiada submetida a carregamento triangular

Observar:

- O coeficiente angular da tangente ao diagrama de cortante em A é nulo, uma vez que, neste ponto, q = 0.
- O momento fletor máximo ocorre onde o cortante se anula.

Exercício 4.5

Traçar os diagramas dos esforços cortantes Q e de momentos fletores M da viga biapoiada, sujeita a três cargas concentradas, representada na Fig. 4.5.

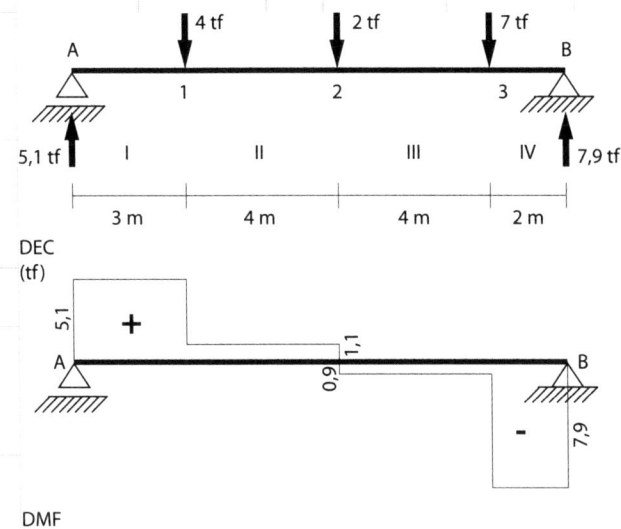

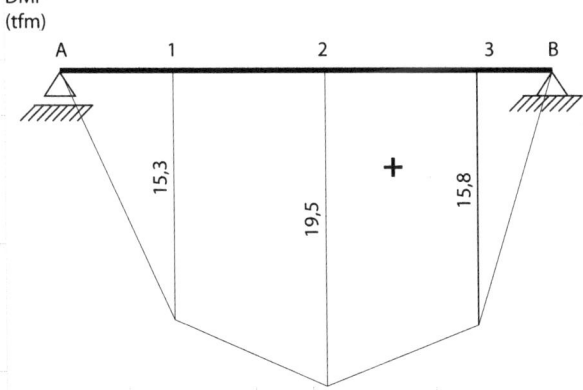

FIG. 4.5 Viga biapoiada com três forças concentradas

1. Reações de apoio

$\sum F_y = 0 \therefore V_A - 4 - 2 - 7 + V_B = 0 \therefore V_A + V_B = 13$

$\sum M_A = 0 \therefore -12 - 14 - 77 + 13 \cdot V_B = 0 \therefore V_B = 7,9\text{tf} \quad \therefore \quad V_A = 5,1\text{tf}$

2. Seções-chave: A, B, 1, 2 e 3, as quais definem quatro Trechos: I, II, III e IV.
3. Valores dos esforços internos nas seções-chave:

SEÇÕES-CHAVE	CORTANTES (tf)	MOMENTOS FLETORES (tfm)
A	+5,1	0
1^e	+5,1	5,1 x 3 = 15,3
1^d	5,1 − 4 = 1,1	
2^e	1,1	5,1 x 7 − 4 x 4 = 19,5
2^d	1,1 − 2 = −0,9	
3^e	−0,9	7,9 x 2 = 15,8
3^d	−0,9 − 7 = −7,9	
B	−7,9	0

Exercício 4.6

Traçar os diagramas dos esforços internos na viga biapoiada da Fig. 4.6. Exemplo análogo ao Exercício 4.3 (p. 61), porém numérico.

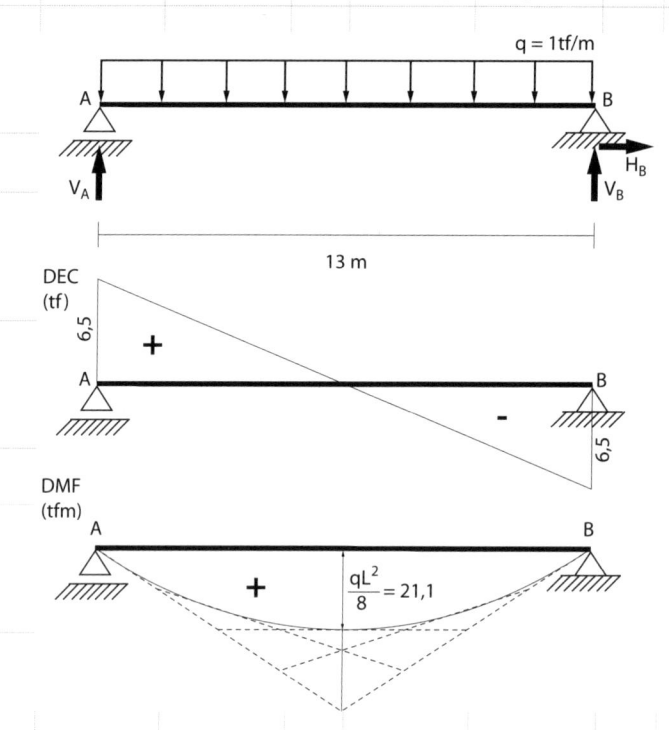

Fig. 4.6 Viga biapoiada com carregamento uniforme

1. Reações de apoio

$$\sum F_H = 0 \therefore H_B = 0$$

$$\sum F_y = 0 \therefore V_A - 1.13 + V_B = 0 \therefore V_A + V_B = 13$$

$$\sum M_A = 0 \therefore -1.13.\frac{13}{2} + 13.V_B = 0 \therefore V_B = 6,5\text{tf}$$

$$\therefore V_A = 6,5\text{tf}$$

2. Seções-chave: A, B, as quais definem o *Trecho I*, e seção de $M_{máx}$.
3. O traçado do diagrama de momentos fletores pode ser facilmente feito através de processo gráfico, entretanto a obtenção da função é também bastante simples:

Trecho I: 0 ≤ x ≤ 13

$$M(x) = -\frac{q}{2}x^2 + \frac{qL}{2}x \therefore M(x) = -0,5x^2 + 6,5x$$

(função do segundo grau)

Valores extremos $\begin{cases} x=0: & M=0 \\ x=13: & M=0 \end{cases}$

$$Q(x) = \frac{dM(x)}{dx} = -x + 6,5$$

(função linear)

Valores extremos $\begin{cases} x=0: & Q=+6,5\text{tf} \\ x=13: & Q=-6,5\text{tf} \end{cases}$

Momento máximo:

Uma função do segundo grau atinge o seu máximo (ou mínimo) quando sua derivada é nula:

$$M(x)_{máx} \Rightarrow Q(x) = \frac{dM(x)}{dx} = 0$$

Posição em que $Q(x) = 0$
$-x + 6,5 = 0 \therefore x = 6,5\,m$

Em $x = 6,5\,m$: $M_{máx} = \dfrac{1,13^2}{8} = 21,1\,tfm$

Exercício 4.7

Para a viga biapoiada submetida a um momento concentrado, indicada na Fig. 4.7, traçar os diagramas dos esforços internos. Exemplo análogo ao Exercício 4.2 (p. 60), porém numérico.

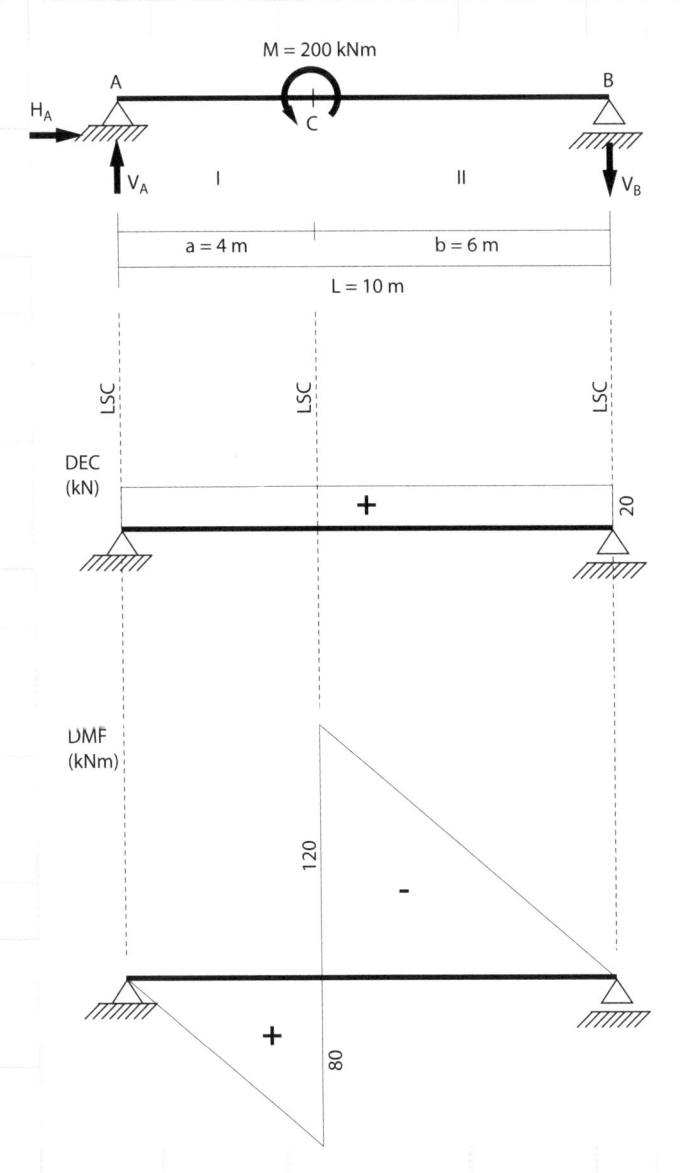

Fig. 4.7 Viga biapoiada com momento concentrado

1. Reações de apoio
$$V_A = \frac{M}{L} = \frac{200}{10} = 20\text{kN} \quad \text{e} \quad V_B = 20\text{kN}$$

2. Seções-chave: *A, B* e *C*. Estas seções-chave, conforme indicadas na Fig. 4.7, delimitam os *Trechos I e II*.
3. Esforços internos – funções e valores nas seções-chave:

Trecho I: 0 ≤ x ≤ 4

M(x) = 20x (função linear)   Valores extremos $\begin{cases} x=0: & M=0 \\ x=4: & M^e = 80\text{kNm} \end{cases}$

$Q(x) = \dfrac{dM(x)}{dx} = \dfrac{M}{L} = 20$ Valores extremos $\begin{cases} x=0: & Q=20\text{kN} \\ x=4: & Q=20\text{kN} \end{cases}$
(função constante)

Trecho II: 4 ≤ x ≤ 10

M(x) = 20x – 200   Valores extremos $\begin{cases} x=4: & M^d = -120\text{kNm} \\ x=10: & M=0 \end{cases}$
(função linear)

$Q(x) = \dfrac{dM(x)}{dx} = 20$ Valores extremos $\begin{cases} x=4: & Q=20\text{kN} \\ x=10: & Q=20\text{kN} \end{cases}$
(função constante)

4. O traçado dos diagramas dos ESI é bastante simples, devendo-se ter atenção às descontinuidades, marcando-se o valor à esquerda e à direita. Observar o ponto *C* do *DMF* na Fig. 4.7.

Exercício 4.8

Traçar os diagramas dos esforços internos da viga biapoiada da Fig. 4.8 submetida a uma carga triangular. Determine as funções *N(x), M(x)* e *Q(x)*.

1. Reações de apoio

$\sum F_H = 0 \therefore H_A = 0$

$\sum F_y = 0 \therefore V_A - \dfrac{5 \times 3}{2} + V_B = 0 \therefore V_A + V_B = 7,5$

$\sum M_A = 0 \therefore -7,5 \times 4 + 5V_B = 0 \therefore V_B = 6\text{tf}$
$\therefore V_A = 1,5\text{tf}$

2. Seções-chave: *A, B* e *C* que delimitam os *Trechos I e II* (Fig. 4.8).
3. Esforços internos – funções e valores nas seções-chave:

Trecho I: 0 ≤ x ≤ 2

N(x) = 0
M(x) = 1,5x (função linear) $\begin{cases} x=0: & M=0 \\ x=2: & M=3\text{tfm} \end{cases}$

$Q(x) = \dfrac{dM(x)}{dx} = 1,5$ (função constante) $\begin{cases} x=0: & Q=1,5\text{tf} \\ x=2: & Q=1,5\text{tf} \end{cases}$

Trecho II: $2 \leq x \leq 5$

Função do carregamento: $q(x) = \dfrac{5}{3}(x-2)$

Função que expressa a resultante: $R(x) = q(x)\dfrac{x-2}{2} = \dfrac{5}{3 \times 2}(x-2)^2$

$N(x) = 0$

$M(x) = 1,5x - \dfrac{5}{3}\dfrac{(x-2)^3}{6}$ (função do terceiro grau) $\begin{cases} x=2: & M=3\,\text{tfm} \\ x=5: & M=0 \end{cases}$

$Q(x) = \dfrac{dM(x)}{dx} = \dfrac{1}{18}(-15x^2 + 60x - 33)$ (função do segundo grau) $\begin{cases} x=2: & Q_C = 1,5\,\text{tf} \\ x=5: & Q_B = -6\,\text{tf} \end{cases}$

Há inversão de sinal do cortante entre as seções C e B e, portanto, neste trecho o cortante se anula, ocorrendo $M_{máx}$.

Momento máximo:

Uma função atinge seu máximo (ou mínimo) quando sua derivada é nula, assim sendo, para a função $Q(x)$ do segundo grau obtém-se:

$M_{máx.} \Rightarrow Q(x) = \dfrac{dM(x)}{dx} = 0$

Posição em que $Q(x) = 0$

$\dfrac{1}{18}(-15x^2 + 60x - 33) = 0 \therefore x = \begin{Bmatrix} 0,66\,\text{m} \\ 3,34\,\text{m} * \end{Bmatrix}$

Destas duas raízes somente $x = 3,34$ m satisfaz, pois é a que se encontra dentro do intervalo em análise: $2 \leq x \leq 5$.

Substituindo $x = 3,34$ m na equação que expressa $M(x)$ obtém-se: $M_{máx.} = 4,34\,\text{tfm}$

4. Para o traçado dos diagramas, os valores dos cortantes e dos momentos fletores nas seções-chave, calculados acima, devem ser marcados, incluindo os obtidos em $x = 3,34$. Para o *DMF*, as tangentes à parábola em C e em B podem ser obtidas marcando-se, a partir da linha tracejada, na linha de ação de R, o valor $qL_{CB}^2/9 = 5$. Para o *Trecho II* do *DEC*, além dos valores dos cortantes em C, B e em $x = 3,34$ ($Q = 0$), a tangente horizontal em C ($q = 0$) define a concavidade da parábola.

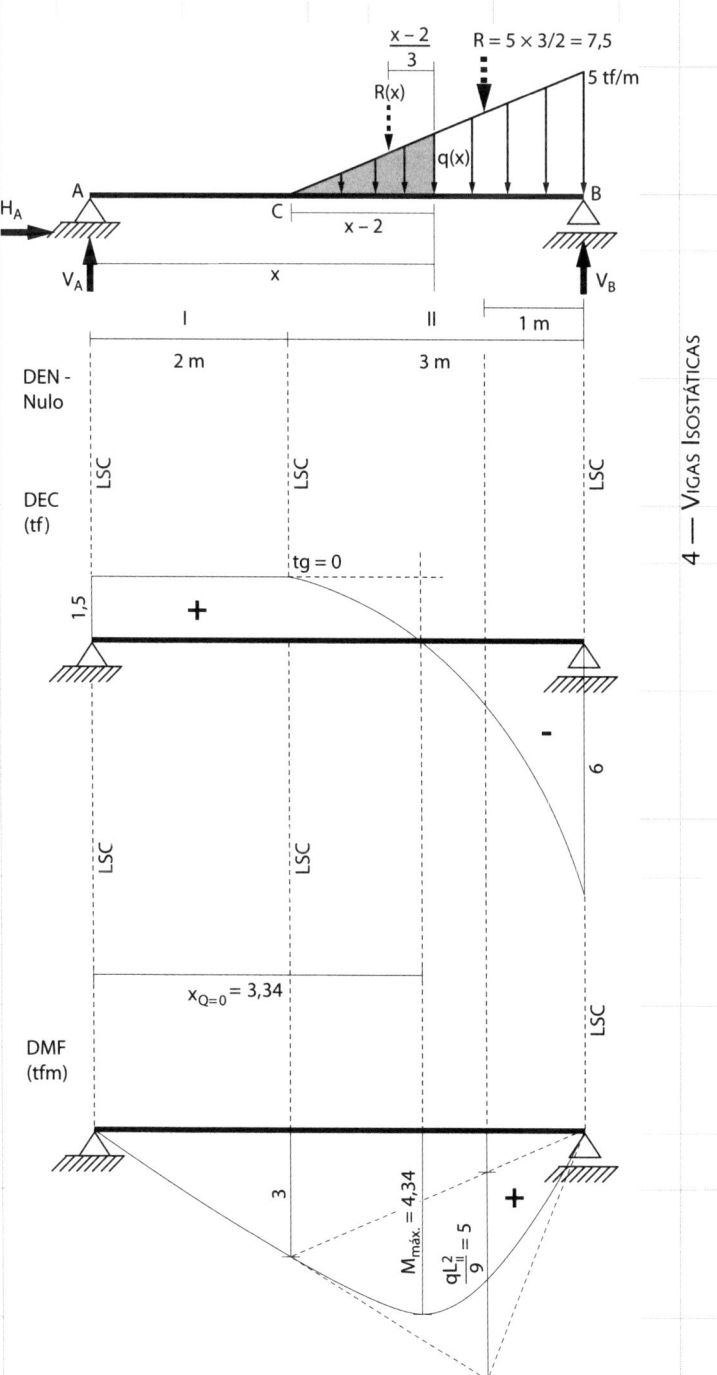

Fig. 4.8 Viga biapoiada com carregamento triangular parcial

Exercício 4.9

Traçar os diagramas dos esforços internos da viga biapoiada da Fig. 4.9. Determine as funções *N(x)*, *M(x)* e *Q(x)* que expressam os ESI.

1. Cálculos auxiliares

$$\alpha = \text{arctg}\left(\frac{4}{3}\right) = 53{,}13° \begin{cases} \text{sen}\,\alpha = 0{,}8 \\ \cos\alpha = 0{,}6 \end{cases}$$

$P_X = P\cos\alpha = 60\text{kN}$

$P_Y = P\,\text{sen}\,\alpha = 80\text{kN}$

2. Reações de apoio

$\sum F_X = 0 \therefore -H_B + 60 = 0 \therefore H_B = 60\text{kN}$

$\sum F_y = 0 \therefore V_A - 80 - 40 \times 2 + V_B = 0 \therefore V_A + V_B = 160$

$\sum M_A = 0 \therefore -80 \times 1{,}5 - 80 \times 3 + 150 + 5V_B = 0 \therefore V_B = 42\text{kN} \therefore V_A = 118\text{kN}$

3. Seções-chave: *A*, *B*, *C*, *D* e *E*. Estas seções-chave, conforme indicadas na Fig. 4.9, delimitam os *Trechos I* a *IV*.

4. Esforços internos – funções e valores nas seções-chave:

Trecho I: 0 ≤ x ≤ 1,5

$N(x) = 0$

$M(x) = 118x$ (função linear) $\begin{cases} x = 0: & M = 0 \\ x = 1{,}5: & M = 177\text{kNm} \end{cases}$

$Q(x) = \dfrac{dM(x)}{dx} = 118$ (função constante) $\begin{cases} x = 0: & Q = 118\text{kN} \\ x = 1{,}5: & Q = 118\text{kN} \end{cases}$

Trecho II: 1,5 ≤ x ≤ 2,0

$N(x) = -60\text{kN}$

$M(x) = 118x - 80(x - 1{,}5) = 38x + 120$ $\begin{cases} x = 1{,}5: & M = 177\text{kNm} \\ x = 2{,}0: & M = 196\text{kNm} \end{cases}$

(função linear)

$Q(x) = \dfrac{dM(x)}{dx} = 38$ (função constante) $\begin{cases} x = 1{,}5: & Q = 38\text{kN} \\ x = 2{,}0: & Q = 38\text{kN} \end{cases}$

Trecho III: 2 ≤ x ≤ 4

$N(x) = -60\text{kN}$

$M(x) = 118x - 80(x - 1{,}5) - \dfrac{40(x-2)^2}{2}$ $\begin{cases} x = 2: & M = 196\text{kNm} \\ x = 4: & M = 192\text{kNm} \end{cases}$

(função do segundo grau)

$Q(x) = \dfrac{dM(x)}{dx} = -40x + 118$ $\begin{cases} x = 2: & Q = 38\text{kN} \\ x = 4: & Q = -42\text{kN} \end{cases}$

(função linear)

Momento máximo:

Ocorre onde o esforço cortante é nulo.

$\dfrac{38+42}{2} = \dfrac{38}{x^*} \therefore x^* = 0{,}95 \Rightarrow M_{\text{máx}}(\text{para } x = 2{,}95) = 118 \times 2{,}95 - 80(2{,}95 - 1{,}5) - \dfrac{40(2{,}95-2)^2}{2} = 214$

Trecho IV: $4 \leq x \leq 5$

$N(x) = -60\text{kN}$

$M(x) = 42(5 - x) + 150$ (função linear) $\begin{cases} x = 4: & M = 192\text{kNm} \\ x = 5: & M = 150\text{kNm} \end{cases}$

$Q(x) = \dfrac{dM(x)}{dx} = -42$ (função constante) $\begin{cases} x = 4: & Q = -42\text{kN} \\ x = 5: & Q = -42\text{kN} \end{cases}$

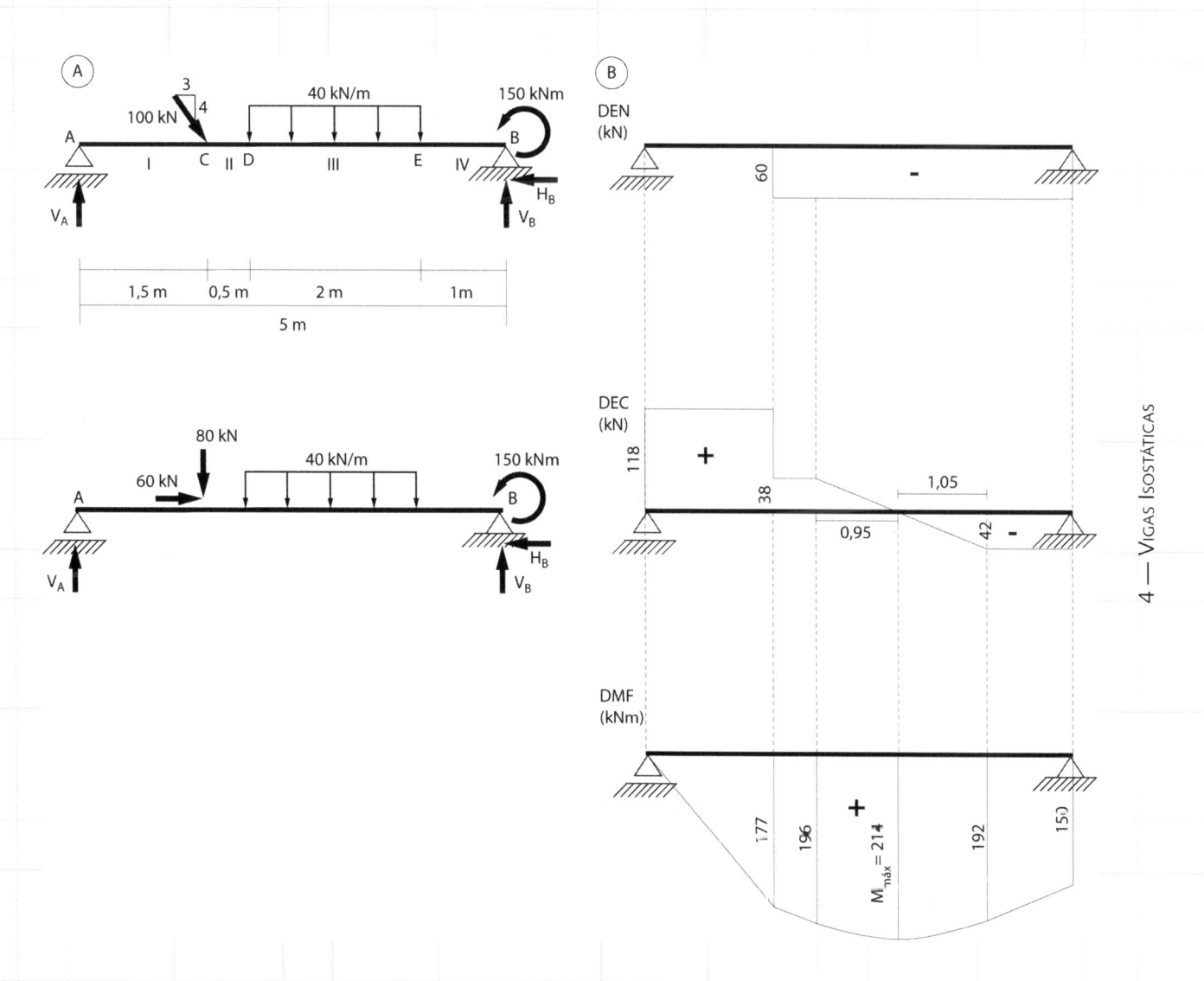

Fig. 4.9 Viga biapoiada. A) Exercício proposto;
B) Diagramas dos ESI

4.2 Aspectos Relevantes para o Traçado dos Diagramas

O Quadro 4.1 reúne algumas das observações mais importantes a serem verificadas quanto ao traçado dos diagramas dos esforços internos. O traçado cuidadoso e em escala permitirá, de forma natural, a obtenção dos aspectos relevantes dos diagramas, os quais devem ser sempre graficamente evidenciados.

QUADRO 4.1 Aspectos importantes do traçado das linhas de estado dos ESI

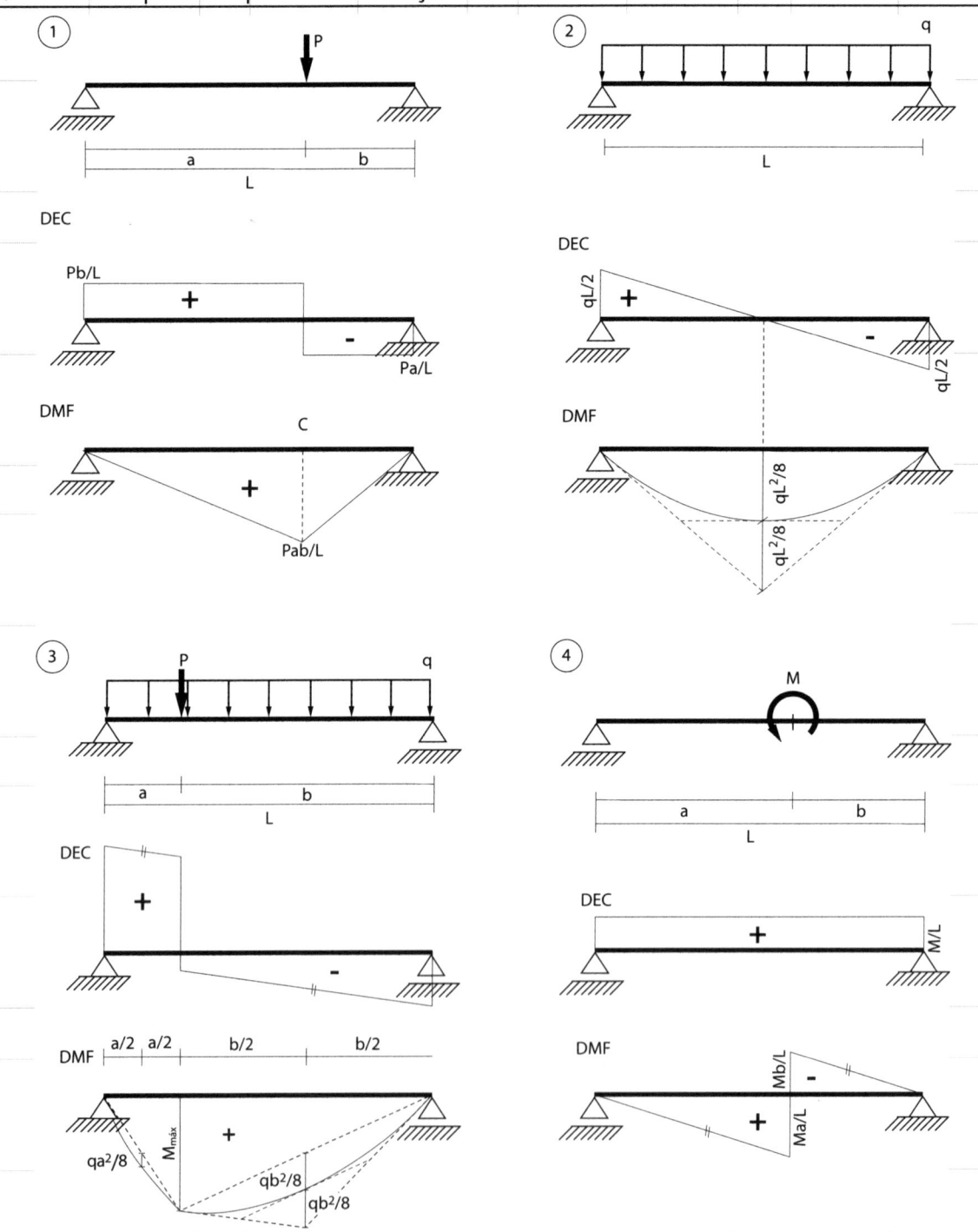

Se o carregamento transversal distribuído é nulo ao longo de um segmento então o *Cortante* é constante e o *Momento Fletor* varia linearmente (des.1 e 4).

Quando o carregamento distribuído é uniforme, o *Cortante* varia linearmente e o *Momento Fletor* varia segundo uma parábola do segundo grau (des.2 e 3).

A variação do *Cortante* está associada à variação do carregamento transversal (des. 1, 2, 3 e 4).

Os diagramas de *Momentos Fletores* indicam sempre o lado tracionado da barra (des. 1, 2, 3 e 4).

O *Momento Fletor* cresce quando o *Cortante* é positivo e decresce quando negativo (des.1, 2 e 3).

Nas seções onde o *Momento Fletor* atinge valores máximos ou mínimos o *Cortante* se anula (a derivada do *Momento Fletor* é o *Cortante* (des. 1, 2 e 3).

QUADRO 4.1 Aspectos importantes do traçado das linhas de estado dos ESI (Continuação)

Uma *Força Concentrada* provoca uma descontinuidade no diagrama de *Cortantes* e uma mudança brusca da tangente no diagrama de *Momento Fletor* (des. 1 e 3).

Um *Momento* concentrado provoca uma descontinuidade no diagrama de *Momentos Fletores* (des. 4).

Como a flexão é causada pelo *Momento Fletor*, se este é nulo ao longo de um segmento então este segmento permanece reto.

Imaginar a deformada da barra ajuda na verificação do diagrama de *Momentos Fletores* (des. 1, 2, 3 e 4).

4.3 Princípio da Superposição

Se uma estrutura (ou um corpo), numa análise elástica linear, estiver submetida a mais de uma carga ou casos de carregamento, então os esforços internos em qualquer seção, as reações de apoios, os deslocamentos, enfim todos os efeitos que surgem devidos aos carregamentos, podem ser calculados como a soma dos resultados encontrados para cada caso de carregamento. Esta lei, conhecida como *Princípio da Superposição*, tem ampla aplicação na Análise Estrutural e facilita a análise computacional de estruturas submetidas a condições de carregamento complexas. O exercício a seguir serve para exemplificar o *Princípio da Superposição*.

Exercício 4.10

Traçar os diagramas e determinar as funções que expressam os esforços internos para a viga biapoiada representada na Fig. 4.10, seguindo os passos sugeridos a seguir:

- Inicialmente o exercício deve ser resolvido para a força concentrada P.
- Em seguida, somente para o carregamento uniformemente distribuído q.
- Posteriormente, resolver para a atuação simultânea da força concentrada P e distribuída q (carregamento combinado).
- Finalmente, utilizando o Princípio da Superposição, isto é efetuando a soma dos resultados obtidos em cada caso isoladamente (itens a e b), comparar com os resultados obtidos para o carregamento combinado $P + q$ (Figs 4.10 e 4.11).

a] Carga concentrada P:
   1. Reações de apoio

$$H_A = 0; V_A = \frac{Pb}{L} = 10\text{tf}; \text{ e } V_B = \frac{Pa}{L} = 3\text{tf}$$

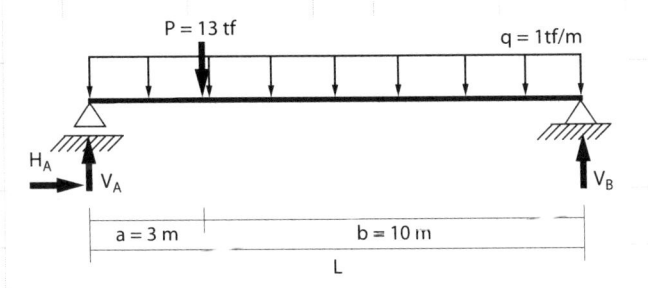

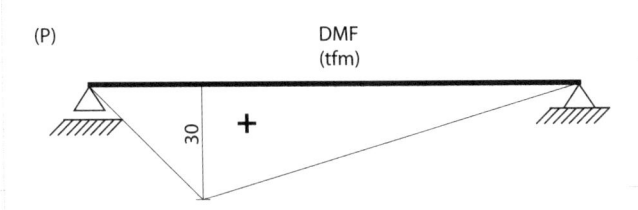

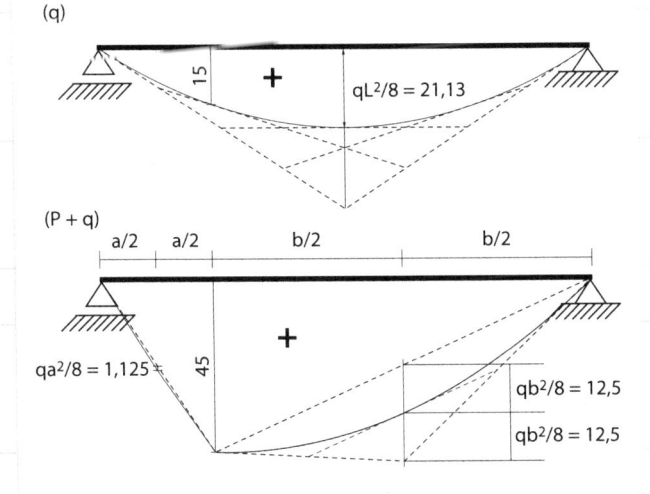

Fig. 4.10 Princípio da superposição (diagramas dos momentos fletores)

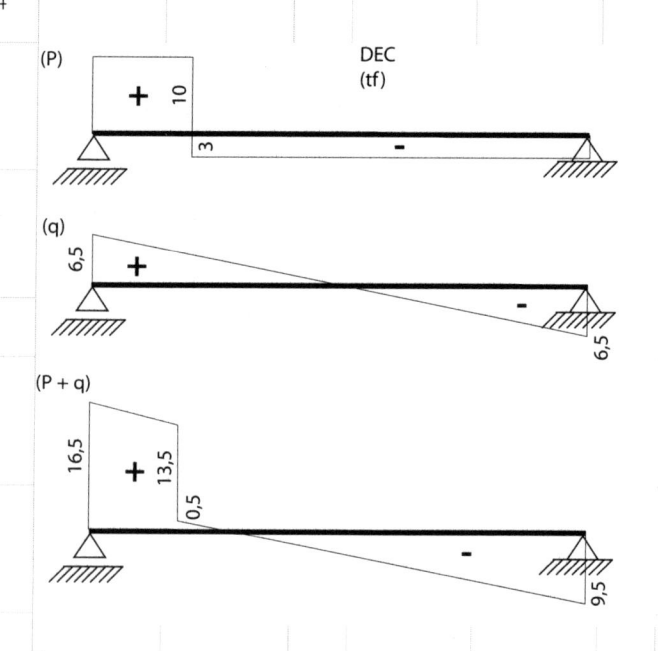

Fig. 4.11 Princípio da superposição (diagramas dos esforços cortantes)

2. Esforços internos – funções e valores nas seções-chave:

Trecho I: $0 \leq x \leq 3$

$M(x) = 10x$
(função linear)
$\begin{cases} x=0: & M=0 \\ x=3: & M=30\text{tfm} \end{cases}$

$Q(x) = \dfrac{dM(x)}{dx} = 10$
(função constante)
$\begin{cases} x=0: & Q=10\text{tf} \\ x=3: & Q^e=10\text{tf} \end{cases}$

Trecho II: $3 \leq x \leq 13$

$M(x) = -3x + 39$
(função linear)
$\begin{cases} x=3: & M=30\text{tfm} \\ x=13: & M=0 \end{cases}$

$Q(x) = \dfrac{dM(x)}{dx} = -3$
(função constante)
$\begin{cases} x=3: & Q^d=-3\text{tf} \\ x=13: & Q=-3\text{tf} \end{cases}$

b] Carga distribuída q:

1. Reações de apoio

$$H_A = 0; V_A = \dfrac{qL}{2} = 6{,}5\text{tf}; \text{ e } V_B = 6{,}5\text{tf}$$

2. Esforços internos – funções e valores nas seções-chave:

Trechos I e II: $0 \leq x \leq 13$

$M(x) = -0{,}5x^2 + 6{,}5x$
(função do segundo grau)
$\begin{cases} x=0: & M=0 \\ x=3: & M=15\text{tfm} \\ x=13: & M=0 \end{cases}$

$Q(x) = \dfrac{dM(x)}{dx} = -x + 6{,}5$
(função linear)
$\begin{cases} x=0: & Q=6{,}5\text{tf} \\ x=3: & Q=3{,}5\text{tf} \\ x=13: & Q=-6{,}5\text{tf} \end{cases}$

Momento máximo:

Uma função do segundo grau atinge um máximo ou um mínimo quando a sua derivada é nula, assim sendo obtém-se:

$M(x)_{máx} \Rightarrow Q(x) = \dfrac{dM(x)}{dx} = 0$

Posição em que $Q(x) = 0$:

$-x + 6{,}5 = 0 \therefore x = 6{,}5\text{m}$

Em $x = 6{,}5\text{m}$: $M_{máx} = \dfrac{1{,}13^2}{8} = 21{,}1\text{tfm}$

c] Carga total (P+q):
   1. Reações de apoio
   $H_A = 0; V_A = 10 + 6,5 = 16,5tf;$ e $V_B = 3 + 6,5 = 9,5tf$
   2. Esforços internos – funções e valores nas seções-chave:

Trecho I: $0 \leq x \leq 3$

$M(x) = -0,5x^2 + 16,5x$ (função do segundo grau) $\begin{cases} x=0: & M=0 \\ x=3: & M=45tfm \end{cases}$

$Q(x) = \dfrac{dM(x)}{dx} = -x + 16,5$ (função linear) $\begin{cases} x=0: & Q=16,5tf \\ x=3: & Q^e = 13,5tf \end{cases}$

Trecho II: $3 \leq x \leq 13$

$M(x) = -0,5x^2 + 3,5x + 39$ (função do segundo grau) $\begin{cases} x=3: & M=45tfm \\ x=13: & M=0 \end{cases}$

$Q(x) = \dfrac{dM(x)}{dx} = -x + 3,5$ (função linear) $\begin{cases} x=3: & Q^d = 0,5tf \\ x=13: & Q = -9,5tf \end{cases}$

4.4 Vigas Engastadas e Livres

Estas vigas são também referenciadas na literatura como vigas em balanço. Suas condições de apoio ficam evidentes através da sua própria denominação, isto é, engastada em uma das extremidades (três reações) e livre na outra extremidade (nenhuma reação de apoio).

A seguir encontram-se resolvidos alguns exercícios ilustrativos.

Exercício 4.11

Para a viga em balanço da Fig. 4.12, determinar as funções que expressam os esforços internos e traçar suas linhas de estado.

1. Cálculos auxiliares

$\alpha = \text{arctg}\left(\dfrac{3}{4}\right) = 36,9° \begin{cases} \text{sen}\,\alpha = 0,6 \\ \cos\alpha = 0,8 \end{cases}$

$P_X = P\cos\alpha = 80kN$
$P_Y = P\,\text{sen}\,\alpha = 60kN$

2. Reações de apoio

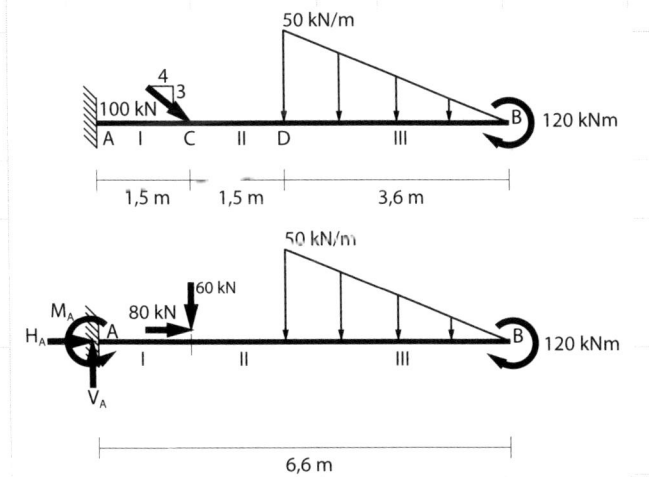

$\sum F_X = 0 \therefore H_A + 80 = 0 \therefore H_A = -80kN$

$\sum F_y = 0 \therefore V_A - 60 - \dfrac{50 \times 3,6}{2} = 0 \therefore V_A = 150kN$

$\sum M_A = 0 \therefore M_A - 60 \times 1,5 - 90 \times 4,2 - 120 = 0 \therefore M_A = 588kNm$

Fig. 4.12 Viga engastada e livre ou viga em balanço

3. Seções-chave: A, B, C e D. Estas seções-chave, conforme indicadas na Fig. 4.12, delimitam os *trechos* I, II e III.
4. Funções dos esforços internos e valores nas seções-chave:

Trecho I: $0 \leq x \leq 1,5$

$N(x) = +80\text{kN}$ (função constante)

$M(x) = -558 + 150x$ (função linear) $\begin{cases} x=0: & M=-588\text{kNm} \\ x=1,5: & M=-363\text{kNm} \end{cases}$

$Q(x) = \dfrac{dM(x)}{dx} = 150$ (função constante) $\begin{cases} x=0: & Q=150\text{kN} \\ x=1,5: & Q=150\text{kN} \end{cases}$

Trecho II: $1,5 \leq x \leq 3,0$

$N(x) = 0$

$M(x) = -588 + 150x - 60(x-1,5) = -498 + 90x$ $\begin{cases} x=1,5: & M=-363\text{kNm} \\ x=3,0: & M=-228\text{kNm} \end{cases}$
(função linear)

$Q(x) = \dfrac{dM(x)}{dx} = 90$ (função constante) $\begin{cases} x=1,5: & Q=90\text{kN} \\ x=3,0: & Q=90\text{kN} \end{cases}$

Trecho III: $3 \leq x \leq 6,6$

$N(x) = 0$

$M(x) = -498 + 90x - \dfrac{25}{3,6}\left(4,6 - \dfrac{x}{3}\right)(x-3)^2$ (função do terceiro grau)

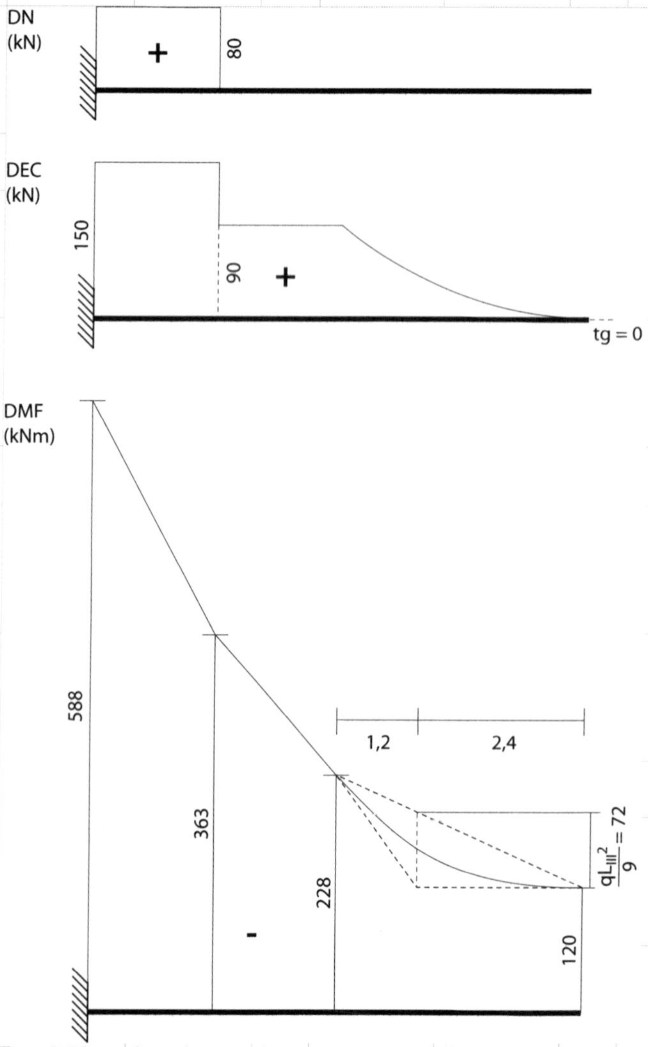

Embora seja recomendável o traçado da parábola do terceiro grau por procedimento gráfico (Fig. 4.13), este pode ser feito obtendo-se os valores numéricos em pontos igualmente espaçados no intervalo:

$\begin{cases} x=3: & M=-228\text{kNm} \\ x=4,2: & M=-152\text{kNm} \\ x=5,4: & M=-124\text{kNm} \\ x=6,6: & M=-120\text{kNm} \end{cases}$

$Q(x) = \dfrac{dM(x)}{dx} = 6,94\,x^2 - 91,67x + 302,5$

(função do segundo grau) $\begin{cases} x=3: & Q=90\text{kN} \\ x=4,2: & Q=39,9\text{kN} \\ x=5,4: & Q=9,85\text{kN} \\ x=6,6: & Q=0 \end{cases}$

Observar

- O coeficiente angular da tangente ao diagrama de momentos fletores no ponto B é zero, pois o cortante é nulo nesta seção (não há força concentrada).
- O coeficiente angular da tangente ao diagrama de cortantes na seção B ($x = 6,6$) é zero, pois o valor do carregamento transversal distribuído nesta seção é nulo.

Fig. 4.13 Linhas de Estado ou Diagramas dos ESI

Exercício 4.12

Para a viga em balanço da Fig. 4.14, representativa de um muro de arrimo, traçar os diagramas dos esforços internos.

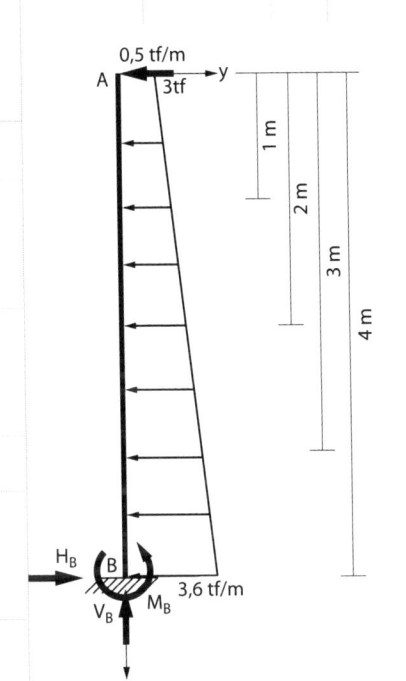

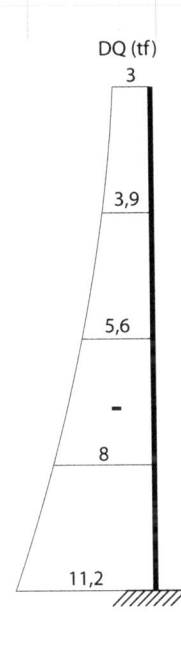

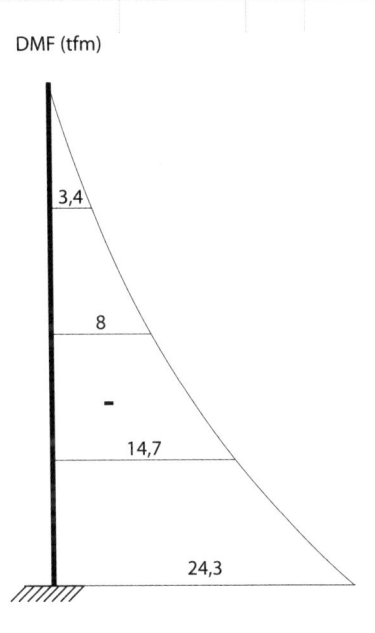

Fig. 4.14 Viga em balanço típica de dimensionamento de muro de arrimo

1. Reações de apoio

$\sum F_x = 0 \therefore V_B = 0$

$\sum F_y = 0 \therefore H_B - 3 - (0,5 + 3,6)\dfrac{4}{2} = 0 \therefore H_B = 11,2\text{kN}$

$\sum M_B = 0 \therefore M_B + 3 \times 4 + 0,5 \times 4 \times 2 + 3,1 \times \dfrac{4}{2} \times \dfrac{4}{3} = 0 \therefore M_B = -24,3\text{kNm}$

2. Seções-chave: A e B (*trecho* I).
3. Esforços internos – funções e valores nas seções-chave:

   Trecho I: $0 \leq x \leq 4$

$N(x) = 0$

$M(x) = -\dfrac{3,1}{24}x^3 - 0,25x^2 - 3x$
(função terceiro grau)

$\begin{cases} x=0: \quad M=0; \quad x=1: \quad M=-3,4\text{tfm}; \quad x=2: \quad M=-8\text{tfm}; \\ x=3: \quad M=-14,7\text{tfm}; \quad x=4: \quad M=-24,3\text{tfm}; \end{cases}$

$Q(x) = \dfrac{dM(x)}{dx} = -\dfrac{3,1}{8}x^2 - 0,5x - 3$
(função segundo grau)

$\begin{cases} x=0: \quad Q=-3\text{tf}; \quad x=1: \quad Q=-3,9\text{tf}; \quad x=2: \quad Q=-5,6\text{tf}; \\ x=3: \quad Q=-8\text{tf}; \quad x=4: \quad Q=-11,2\text{tf} \end{cases}$

Observar:

- Nas vigas em balanço é prescindível a determinação das reações de apoio para o cálculo dos esforços internos.

- O coeficiente angular da tangente ao diagrama de momentos fletores na seção A é diferente de zero, sendo igual a –3 que é o valor do cortante na seção.
- O coeficiente angular da tangente ao diagrama de cortantes nas seção A (x = 0) é diferente de zero, sendo igual a 0,5, valor do carregamento transversal distribuído nesta seção.

Exercício 4.13

Traçar os diagramas de esforços internos da viga em balanço da Fig. 4.15. Determine as funções que representam estes esforços. Utilize o processo gráfico para traçar o D.M.F.

1. Cálculos auxiliares

$$\alpha = \text{arctg}\left(\frac{3}{2}\right) = 56{,}31° \begin{cases} \text{sen}\,\alpha = 0{,}832 \\ \cos\alpha = 0{,}555 \end{cases}$$

$P_X = P\cos\alpha = 444N$

$P_Y = P\,\text{sen}\,\alpha = 666N$

2. Reações de apoio

$\sum F_X = 0 \therefore H_A - 444 = 0 \therefore H_A = 444N$

$\sum F_y = 0 \therefore V_A - 666 - 200 \times 20 = 0$

$\sum M_A = 0 \therefore M_A - 666 \times 20 - 200 \times 20 \times 10 = 0$

3. Seções-chave: A e B (trecho I).

4. Esforços internos – funções e valores nas seções-chave:

Trecho I: $0 \le x \le 20$

$N(x) = -444N$

$M(x) = -53313 + 4666x - 100x^2$

(função segundo grau)

$\begin{cases} x = 0: & M = -53313\,Nm \\ x = 20: & M = 0 \end{cases}$

$Q(x) = \dfrac{dM(x)}{dx} = -200x + 4666$

(função linear)

$\begin{cases} x = 0: & Q = 4666N \\ x = 20: & Q = 666N \end{cases}$

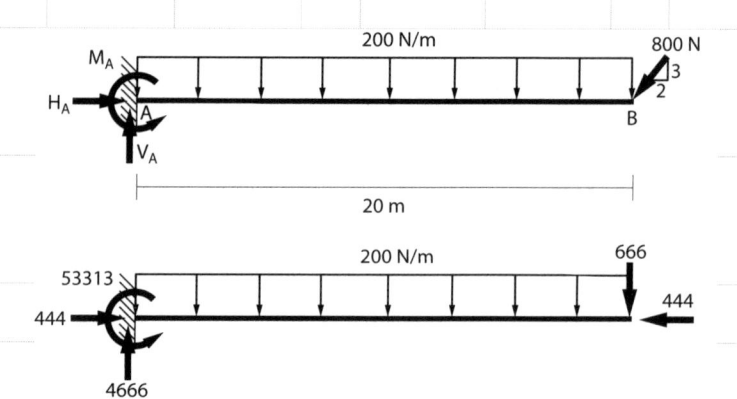

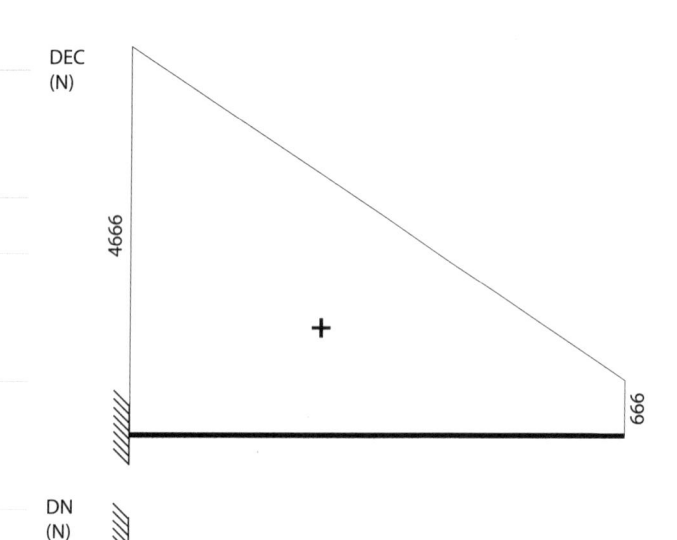

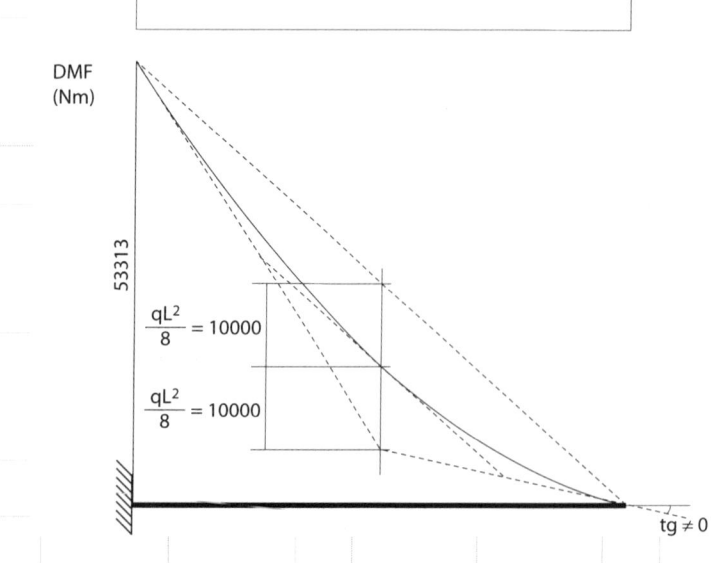

Fig. 4.15 Viga em balanço

4.5 Vigas Biapoiadas com Balanços

A viga biapoiada dotada de balanço representada na Fig. 4.16A é constituída por dois elementos: AB e BC. Na Fig. 4.16B encontram-se indicados, isoladamente, os elementos que compõem a estrutura e os apoios em A e B.

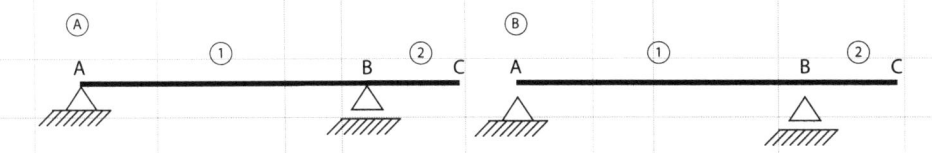

Fig. 4.16 Diferenciação entre nó e apoio

Reparar a diferença entre *apoio* e *nó* que une os elementos:
- O apoio em B é do primeiro gênero, o qual permite a translação na horizontal e a rotação, impedindo somente a translação na vertical, surgindo portanto a reação de apoio V_B.
- O nó que liga os elementos 1 e 2 é um nó rígido, isto é, capaz de transmitir todos os esforços internos (N, Q e M).

Importante lembrar que o traçado dos diagramas dos ESI, após a determinação das reações de apoio, dá-se da mesma forma estudada anteriormente, uma vez que as forças reativas nada mais são do que forças concentradas.

Exercício 4.14

Traçar os diagramas dos esforços solicitantes internos da viga biapoiada com balanços indicada na Fig. 4.17.

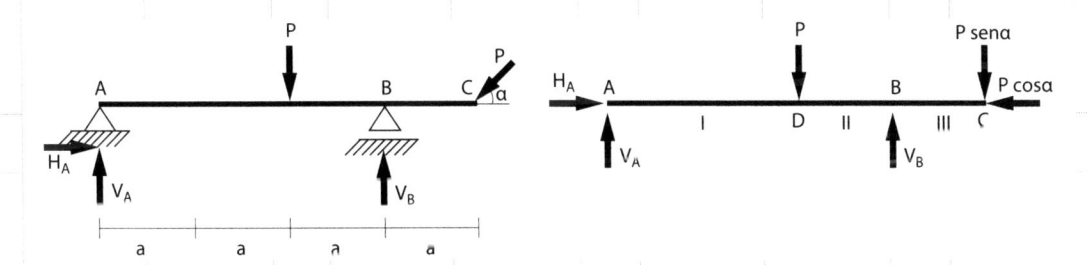

Fig. 4.17 Viga biapoiada dotada de balanço à direita

1. Cálculos auxiliares

$$\alpha \Rightarrow \begin{cases} \operatorname{sen}\alpha \\ \cos\alpha \end{cases}$$

$P_X = P\cos\alpha$

$P_Y = P\operatorname{sen}\alpha$

2. Reações de apoio

$\sum F_X = 0 \therefore H_A = P\cos\alpha$

$\sum F_y = 0 \therefore V_A - P + V_B - P\operatorname{sen}\alpha = 0$

$$\sum M_A = 0 \therefore -2Pa - 4Pa\,\text{sen}\,\alpha + 3aV_B = 0$$

$$V_B = \frac{P}{3}(2 + 4\text{sen}\,\alpha) \qquad V_A = \frac{P}{3}(1 - \text{sen}\,\alpha)$$

3. Seções-chave: *A*, *B*, *C* e *D* (*trechos* I, II e III).
4. Esforços internos – *diagramas*:

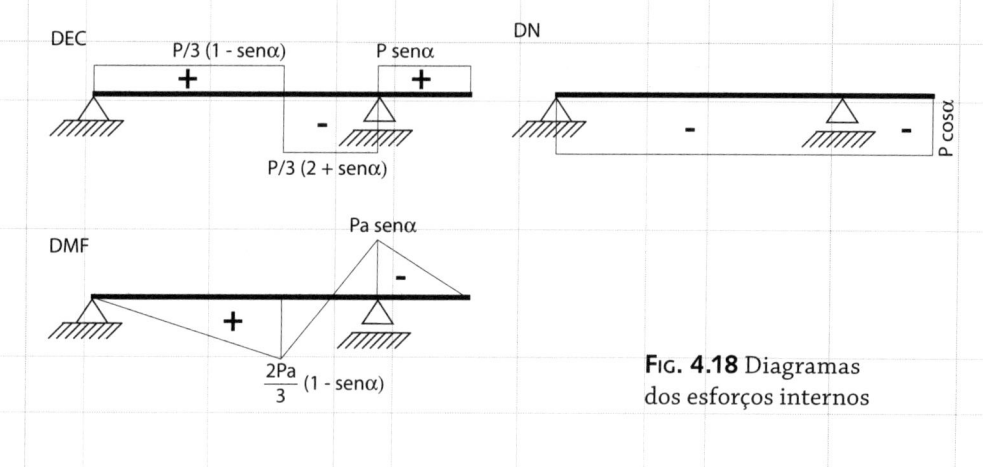

Fig. 4.18 Diagramas dos esforços internos

Exercício 4.15

Obter os diagramas dos esforços internos da viga biapoiada dotada de balanços, indicada na Fig. 4.19.

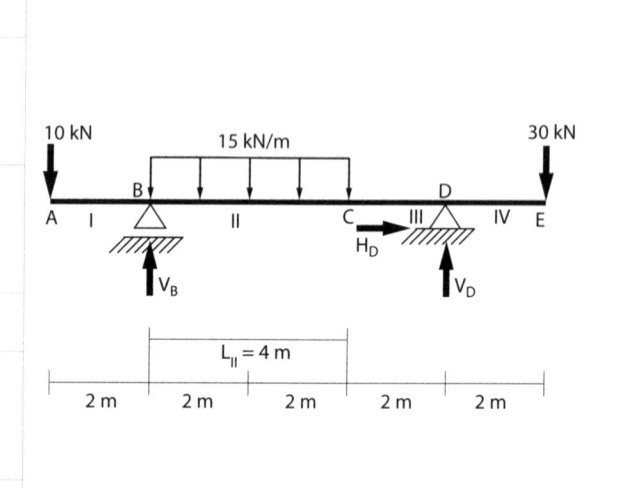

Fig. 4.19 Viga biapoiada dotada de balanços e diagramas dos esforços internos

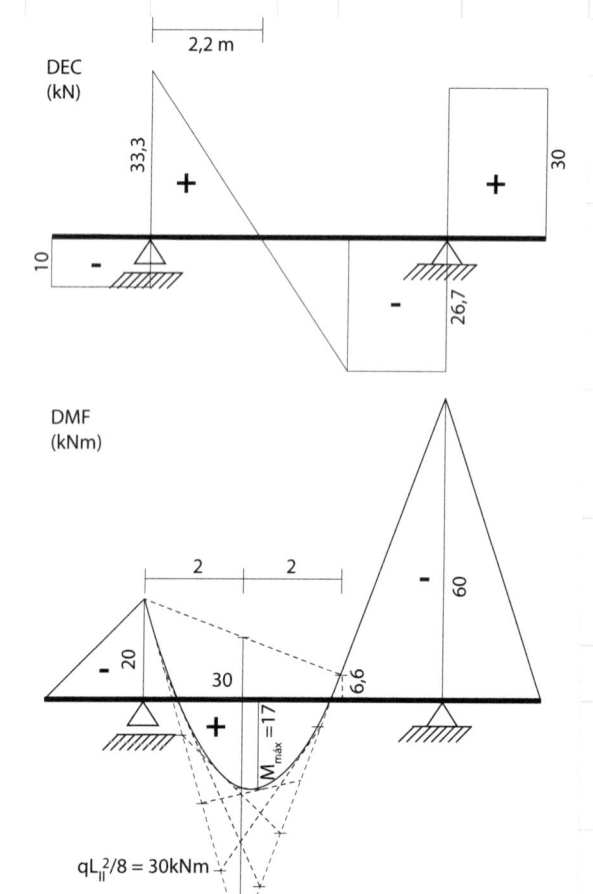

1. Reações de apoio

$\sum F_X = 0 \therefore H_D = 0$

$\sum F_y = 0 \therefore V_B - 10 - 60 + V_D - 30 = 0 \therefore V_B + V_D = 100$

$\sum M_B = 0 \therefore 20 - 120 - 240 + 6V_D = 0 \therefore V_D = 56,7\text{kN} \therefore V_B = 43,3\text{kN}$

2. Seções-chave: A, B, C, D e E: trechos I, II, III e IV.
3. Esforços internos – Para o traçado dos diagramas (Fig. 4.19) determinar os ESI nas seções-chave: atenção às descontinuidades.
4. Distância de B à posição de momento fletor máximo:

No trecho II: $M(x) = -7,5x^2 + 33,3x - 20$

$Q(x) = -15x + 33,3$

$M_{máx.} \Rightarrow Q(x) = 0 \Rightarrow x = 2,2\text{m} \Rightarrow M_{máx.} = 17\text{ kNm}$

Exercício 4.16

Obter os diagramas dos esforços internos da viga biapoiada dotada de balanços, indicada na Fig. 4.20.

1. Cálculos auxiliares:

$\alpha = \text{arctg}\left(\dfrac{4}{3}\right) = 53,13° \begin{cases} \text{sen}\,\alpha = 0,8 \\ \cos\alpha = 0,6 \end{cases}$

$P_X = P\cos\alpha = 6$ tf e

$P_Y = P\,\text{sen}\,\alpha = 8$ tf

2. Reações de apoio

$H_E = 6\text{tf} \quad V_B = 31,55\text{tf} \quad V_E = 29,45\text{tf}$

3. Seções-chave: A, B, C, D, E e F (trechos I, II, III, IV e V).
4. Esforços internos – Traçado das linhas de estado (Fig. 4.20) através dos valores nas seções-chave.

4.6 Vigas Gerber

As vigas Gerber recebem este nome em homenagem a Heinrich Gerber (1832-1912). Conforme representação simplificada na Fig. 4.21, estas vigas surgiram por duas razões:

- **Estruturais**: permitir deformações, evitando o surgimento de esforços internos devidos a recalques diferenciais nos apoios.
- **Construtivas**: permitir o lançamento de vigas pré-moldadas em vãos sobre leitos de rio ou de difícil acesso.

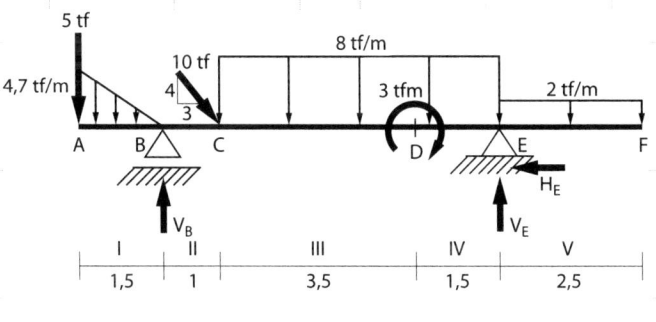

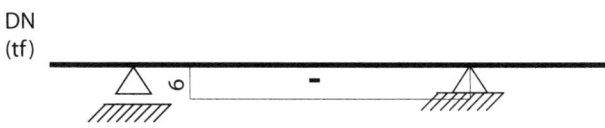

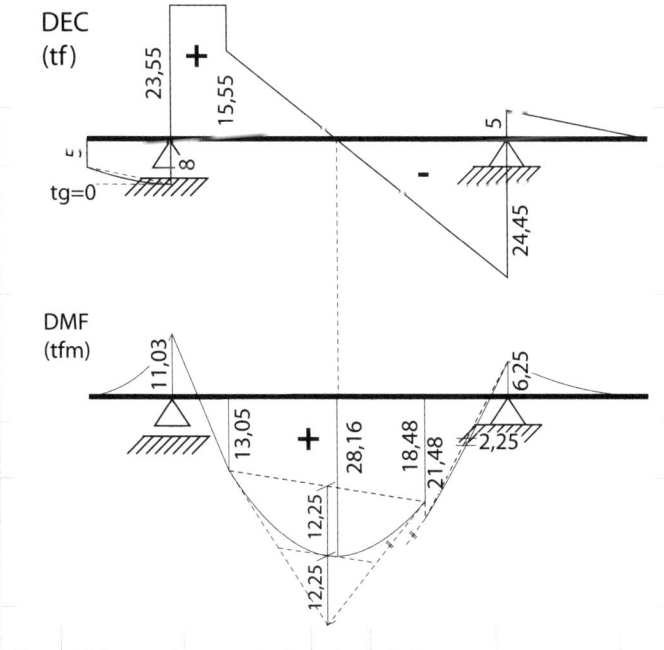

Fig. 4.20 Viga biapoiada dotada de balanços e respectivas linhas de estado

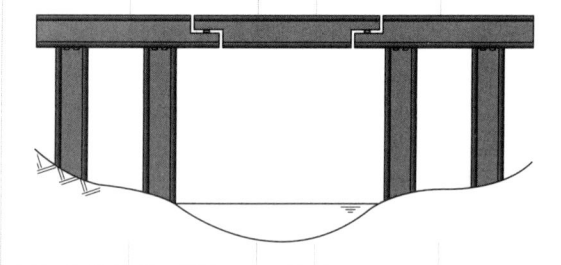

Fig. 4.21 Viga Gerber

Os dentes Gerber nada mais são do que rótulas ($M_{rot} = 0$) convenientemente introduzidas na estrutura de forma a, mantendo a sua *estabilidade*, torná-la *isostática*. As vigas Gerber podem, portanto, ser consideradas como uma associação de vigas simples (biapoiadas, biapoiadas com balanços ou engastadas e livres): umas com estabilidade própria (**CEP**) e outras sem estabilidade própria (**SEP**). Importante ressaltar que as partes identificadas como **SEP** são também estavéis, entretanto a estabilidade delas depende da estabilidade das vigas sobre as quais se apoiam.

As vigas Gerber, por serem associações de vigas isostáticas simples, podem ser calculadas estabelecendo o equilíbrio de cada uma de suas partes, resolvendo inicialmente as vigas simples que não têm estabilidade própria (**SEP**). A determinação das forças reativas das vigas **SEP** permite (pelo princípio da ação e reação) a aplicação da ação destas sobre as vigas simples com estabilidade própria (**CEP**). Alguns exemplos são dados na Fig. 4.22.

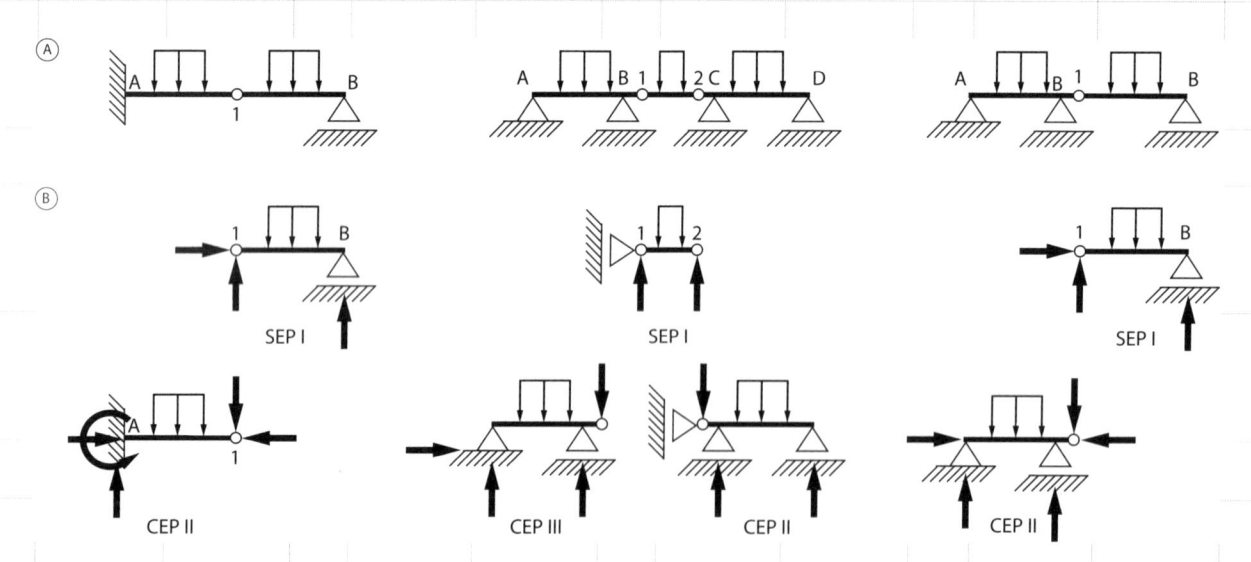

Fig. 4.22 A) Exemplos de vigas Gerber; B) Identificação das vigas simples associadas, classificação em SEP e CEP e sequência de cálculo

Visando a solução mais econômica de uma viga Gerber, as posições das rótulas devem ser convenientemente escolhidas, conforme ilustrado na Fig. 4.23.

4.6.1 Equações de Condição

As vigas Gerber podem também ser consideradas como exemplos de estruturas hiperestáticas que tornam-se isostáticas devido à introdução de liberações de vínculos internos: no caso rótulas (dentes Gerber) que liberam as rotações.

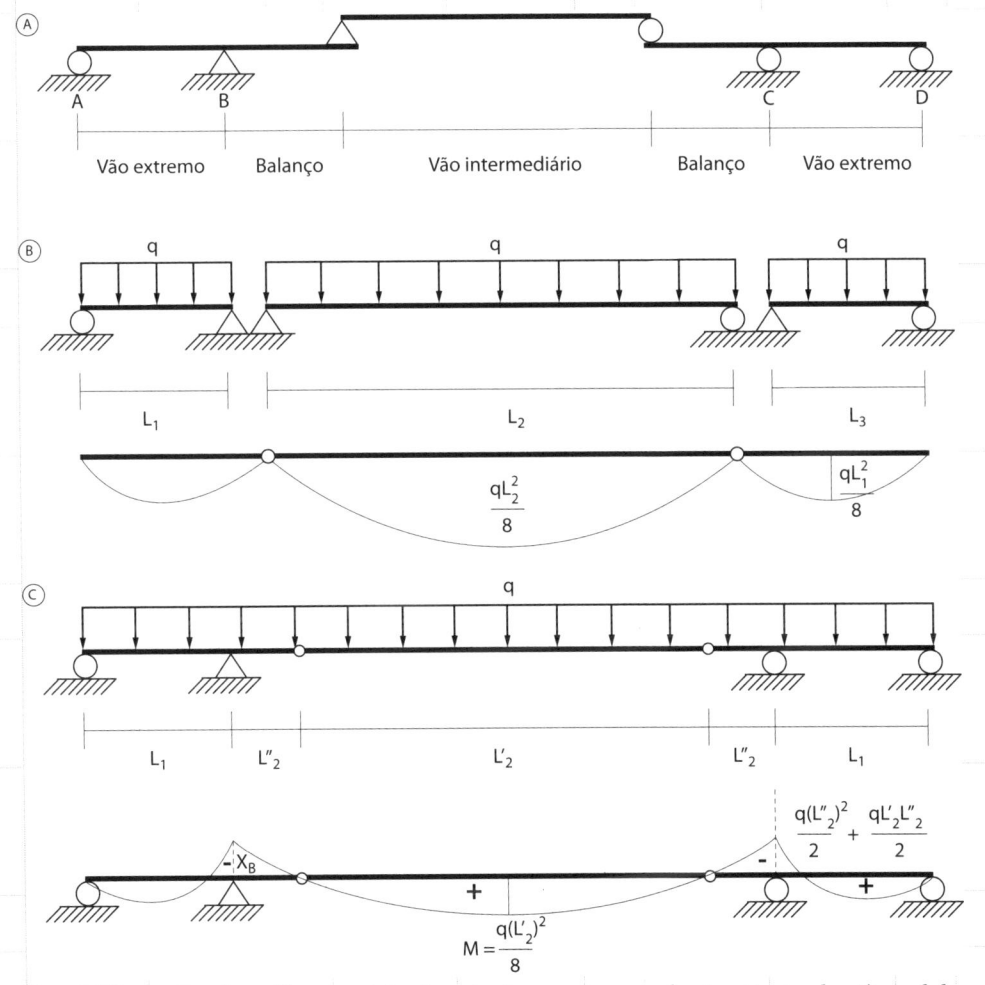

Fig. 4.23 Escolha da melhor posição das rótulas para uma solução otimizada: A) modelo genérico; B) solução limite como três vigas biapoiadas; C) solução otimizada ($|X_B|=M$)

Contanto que a estabilidade da estrutura seja mantida, a liberação de vínculos em estruturas hiperestáticas permite a consideração das *equações de condição* associadas aos vínculos liberados. A incapacidade de transmissão de momentos associada a uma rótula conduz à seguinte equação de condição:

$$M_{rot} = 0$$

Seja a viga contínua de três vãos representada na Fig. 4.24, onde tem-se:

- Número de reações de apoio (incógnitas): $r = 5$
- Número de equações de equilíbrio: $n_e = 3$

A introdução das rótulas 1 e 2 (Fig. 4.25) permite a obtenção de duas equações de condição:

- Número de equações de condição: $n_c = 2$

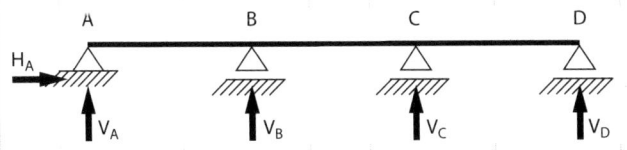

Fig. 4.24 Viga contínua com três vãos: estrutura hiperestática

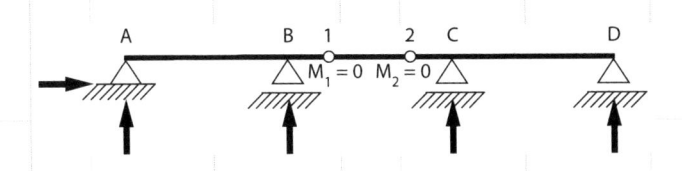

Fig. 4.25 Viga Gerber: estrutura isostática

A estrutura pode ser resolvida uma vez que o número de equações disponíveis:

$$n = n_e + n_c = 5$$

é igual ao número de incógnitas a determinar (r = 5).

Observar:

As equações do equilíbrio estático se aplicam à toda a estrutura, uma vez que estão associadas ao equilíbrio global desta ($\sum M = 0$). Lembrar que o somatório dos momentos pode estar referido a qualquer ponto, dentro ou fora da estrutura. Por outro lado, as equações de condição estabelecem que o momento fletor (esforço interno) é nulo em uma determinada seção S ($\sum M_S = 0$) aplicando-se, portanto, somente à parte da estrutura (forças à esquerda ou à direita de S). Reparar que $\sum M_S = 0$ e $M_S = 0$ são equações distintas.

4.6.2 Solução por meio das Equações de Condição
Exercício 4.17

Resolver a viga Gerber da Fig. 4.26

1. Reações de apoio

   - Equações de equilíbrio:

   (1) $\sum F_X = 0 \therefore H_A - 5 = 0 \therefore H_A = 5\,tf$

   (2) $\sum F_y = 0 \therefore V_A - 10 + V_B - 25 - 20 + V_C - 20 + V_D = 0 \therefore V_A + V_B + V_C + V_D = 75$

   (3) $\sum M_A = 0 \therefore -10\times10 + 20V_B - 25\times25 - 20\times30 + 40V_C - 20\times50 + 60V_D = 0$

   - Equações de condição:

   (4) $M_1 = 0 \therefore +25V_A - 10\times15 + 5V_B = 0 \therefore V_B = 30 - 5V_A$

   A obtenção da próxima equação com as mesmas incógnitas V_A e V_B facilita sobremaneira a resolução do sistema de equações. Considerando as forças à esquerda da rótula 2 vem (lembrando que na rótula 1 tem-se $M_1 = 0$ e a resultante $R_1 = V_A + V_B - 10 - 25$):

   (5) $M_2 = 0 \therefore (V_A + V_B - 10 - 25)\times10 - 20\times5 = 0 \therefore V_A = 45 - V_B$

   $V_B = 48{,}75\,tf \therefore V_A = -3{,}75\,tf \therefore V_D = 7{,}5\,tf \therefore V_C = 22{,}5\,tf$

2. Seções-chave: A, E, B, 1, 2, C, F e D. Estas seções-chave, conforme indicadas na Fig. 4.26, delimitam os *trechos* I a VII.

3. Esforços internos: Conhecendo-se as reações de apoio, o traçado dos diagramas (Fig. 4.27) pode ser facilmente obtido marcando-se, em escala, os valores dos esforços internos nas seções-chave, tendo a devida atenção com as descontinuidades. Em seguida, os pontos

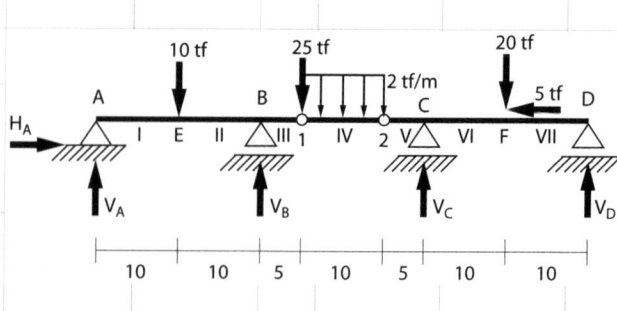

Fig. 4.26 Viga Gerber

4. assim obtidos são interligados segundo a representação gráfica das funções válidas em cada trecho. A determinação das funções não foi solicitada no exercício, e a sua obtenção seria perda de tempo. Lembrar que as rótulas nem sempre são seções-chave, como no presente caso (força concentrada além de início e final de carregamento distribuído), e que os diagramas (Fig. 4.27) têm que confirmar os momentos fletores nulos nas rótulas.

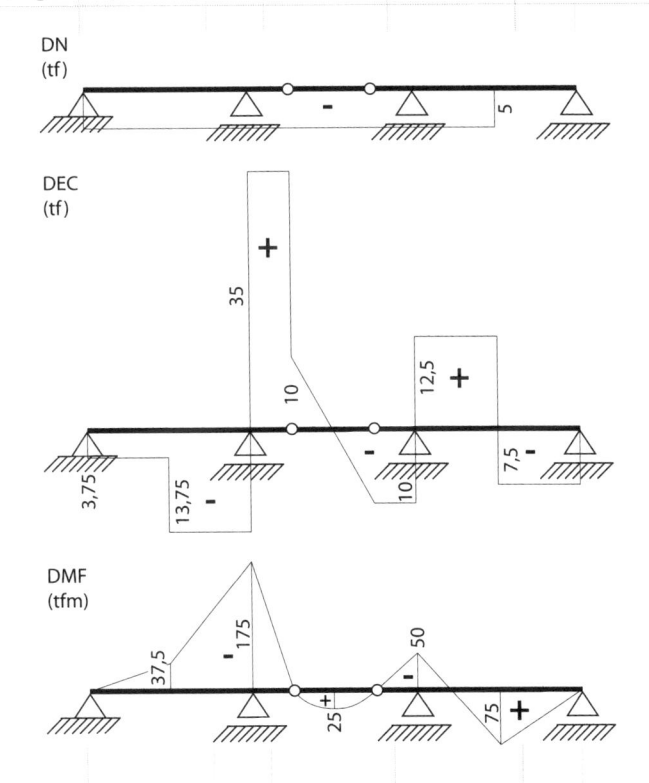

Fig. 4.27 Linhas de estado da Viga Gerber

4.7 Vigas Inclinadas

É didaticamente conveniente que as vigas inclinadas fechem o estudo de vigas e antecedam o estudo dos pórticos planos. Nas vigas inclinadas surge, em geral, a necessidade de se trabalhar com dois sistemas de eixos referenciais: um *global* (para a determinação das reações de apoio) e um *local* (para a determinação dos esforços solicitantes internos). No estudo das vigas inclinadas é de fundamental importância que se observe:

- A direção da viga inclinada, expressa pelo ângulo α que a viga faz com a horizontal.
- As orientações dos apoios e das respectivas forças reativas.
- As direções dos carregamentos aplicados.
- A forma de representação do carregamento distribuído:
  - ao longo das projeções horizontais L_h e/ou verticais L_v ou
  - ao longo do comprimento inclinado L da viga.

Observar que o sistema local pode ser utilizado para a determinação das reações de apoio, mas os esforços solicitantes internos são, obrigatoriamente, referidos aos sistemas locais.

4.7.1 Carregamentos distribuídos ao longo das projeções

Horizontal (L_H):

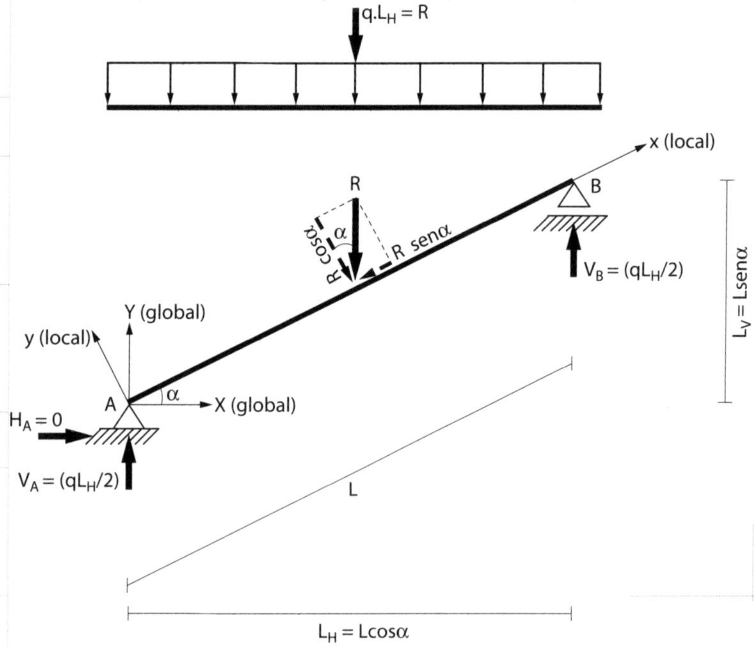

Fig. 4.28 Viga inclinada com carregamento vertical distribuído q ao longo da projeção horizontal L_H

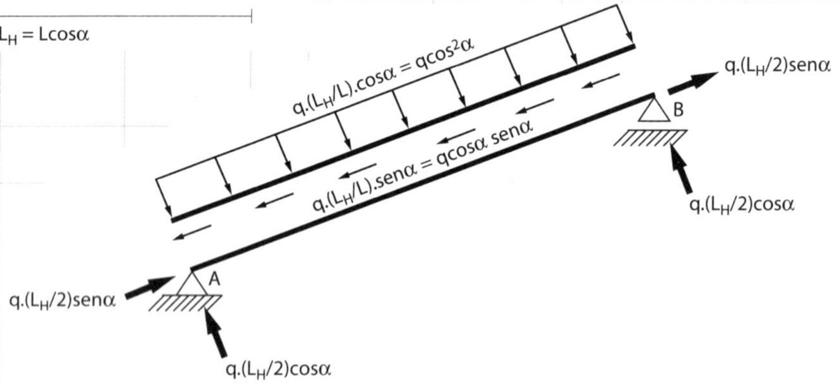

Fig. 4.29 Carregamento distribuído referido ao sistema local. Duas componentes: uma na direção do eixo (direção *x-local*) e outra na direção perpendicular ao eixo (direção *y-local*)

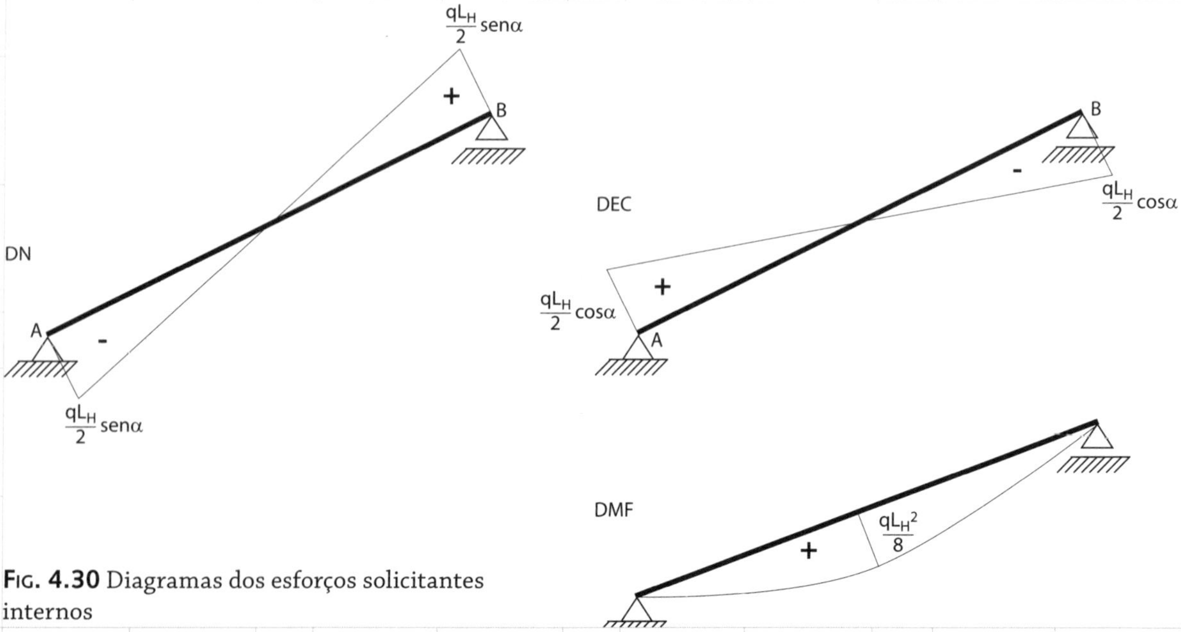

Fig. 4.30 Diagramas dos esforços solicitantes internos

Vertical (L_V):

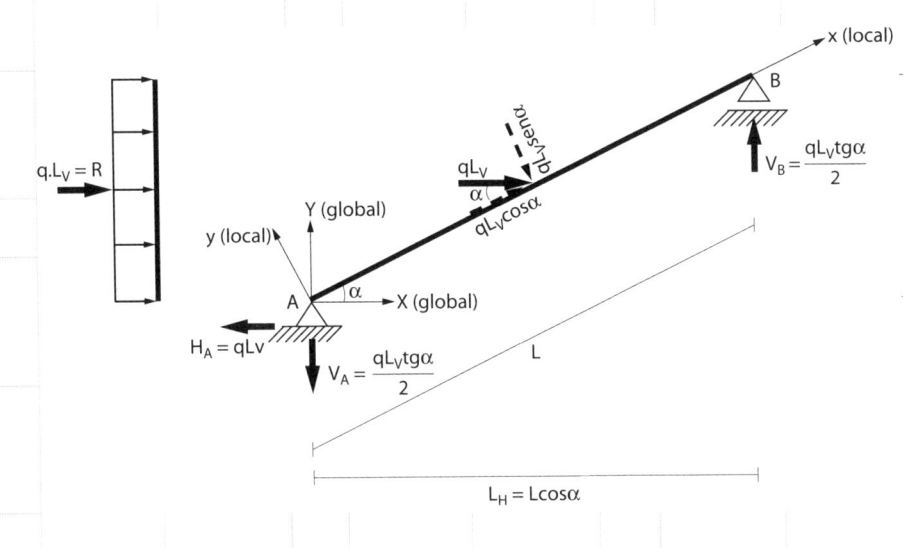

Fig. 4.31 Viga inclinada com carregamento horizontal distribuído q ao longo da projeção vertical L_V

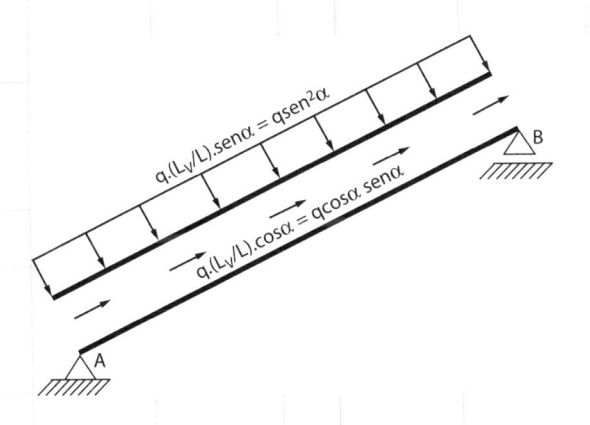

Fig. 4.32 Carregamento distribuído referido ao sistema local. Duas componentes: uma na direção do eixo (direção *x-local*) e outra na direção perpendicular ao eixo (direção *y-local*)

4.7.2 Carregamentos distribuídos ao longo da viga inclinada

O carregamento distribuído ao longo da viga inclinada pode ser apresentado com direções diferentes. Em geral, o carregamento distribuído é aplicado na direção vertical, correspondente à ação da gravidade, ou aplicado perpendicular ao eixo da viga.

O exemplo a seguir (Fig. 4.33) analisa uma viga inclinada submetida a carregamento vertical distribuído ao longo de todo o comprimento inclinado L da viga. Na Fig. 4.34 esse carregamento é decomposto no sistema local para calcular as relações de apoio e traçar os diagramas de ESI.

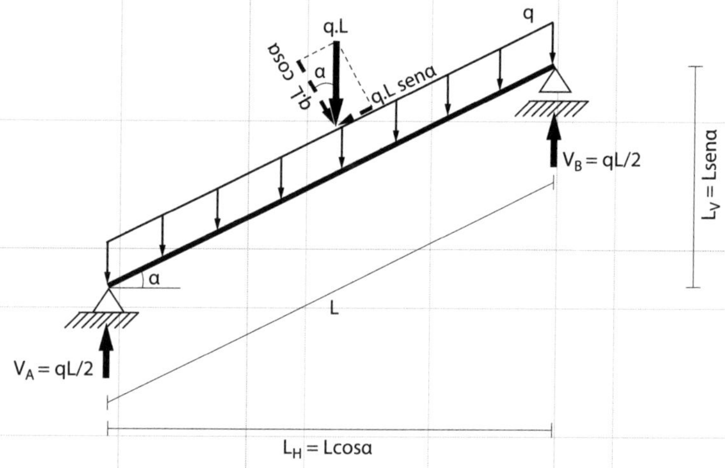

Fig. 4.33 Viga inclinada com carregamento vertical distribuído ao longo do comprimento inclinado L da viga

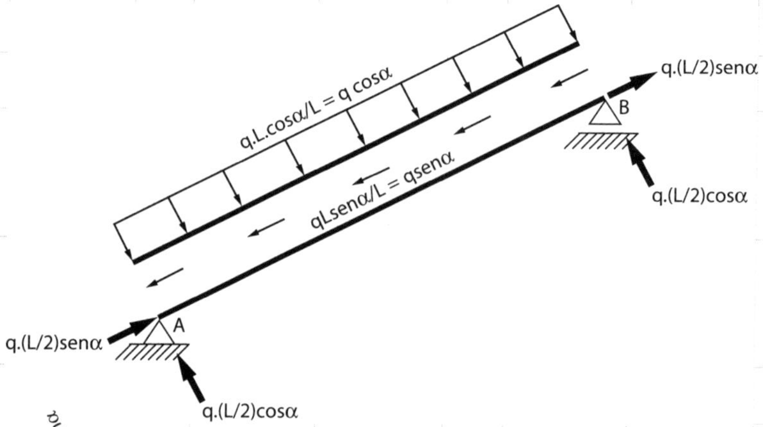

Fig. 4.34 Carregamento distribuído referido ao sistema local. Duas componentes: uma na direção do eixo (direção *x-local*) e outra na direção perpendicular ao eixo (direção *y-local*)

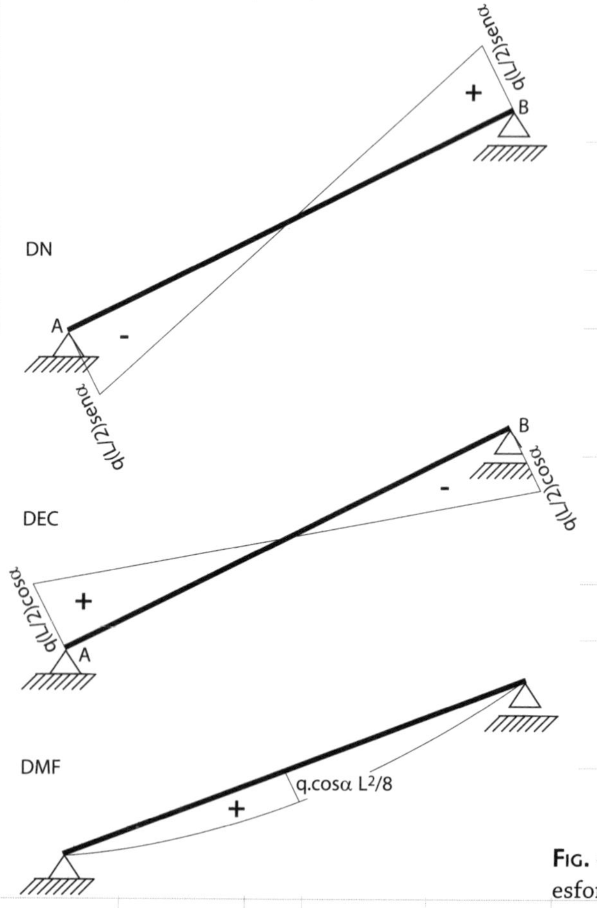

Fig. 4.35 Diagramas dos esforços solicitantes internos

Pórticos ou Quadros Isostáticos Planos

Os pórticos planos são estruturas formadas por elementos (ou barras) cujos eixos, com orientações arbitrárias, pertencem todos a um único plano (plano da estrutura). O carregamento atuante pertence também ao plano da estrutura. Os nós que interconectam os elementos dos pórticos podem ser rígidos ou articulados. Nas Figs. 5.1 e 5.2, as linhas tracejadas indicam os eixos das barras na situação indeformada e as linhas cheias na situação deformada, sendo α o ângulo de rotação.

Nos nós *rígidos* há transmissão de momentos entre as barras. Na Fig. 5.1 são apresentados exemplos de nós rígidos com: A) 2 barras e B) 3 barras. Conforme ilustrado, os nós rígidos das estruturas deformadas apresentam rotação absoluta sendo, porém nula a rotação relativa entre os elementos conectados. Na estrutura indeformada, os ângulos entre os elementos, que neste exemplo são de 90°, permanecem os mesmos após a aplicação do carregamento e a consequente deformação da estrutura.

Nos nós *articulados* não há transmissão de momentos entre as barras. Conforme ilustrado na Fig. 5.2A, os nós articulados permitem a rotação relativa entre os elementos conectados. O momento fletor na rótula (Fig. 5.2B) é sempre nulo.

Os pórticos são classificados em *simples* e *compostos*.

- Pórticos ou Quadros Simples

    Os pórticos simples, conforme exemplificado na Fig. 5.3, podem ser:

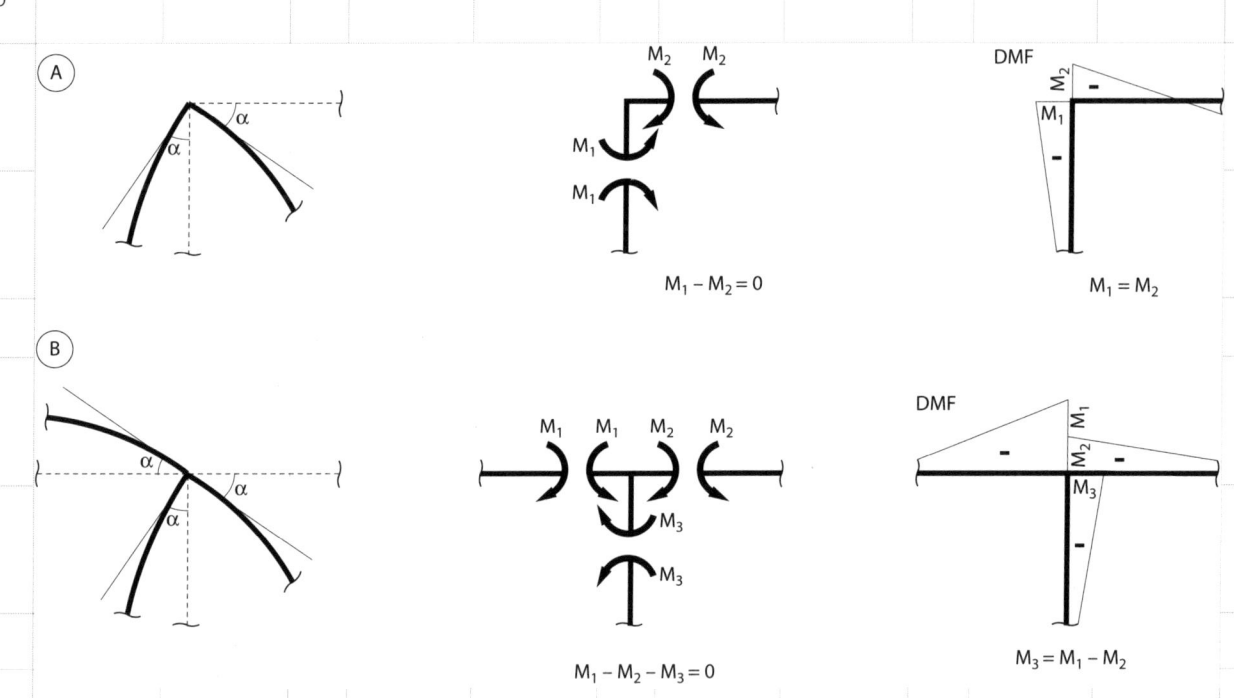

Fig. 5.1 Nós rígidos interconectando: A) duas barras; B) três barras

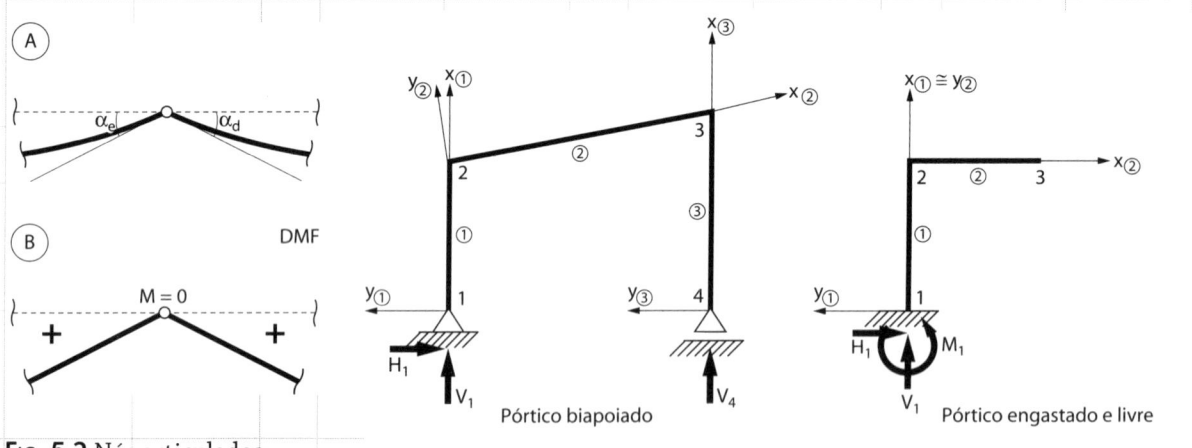

Fig. 5.2 Nós articulados: A) deformada. B) diagrama de momento fletor

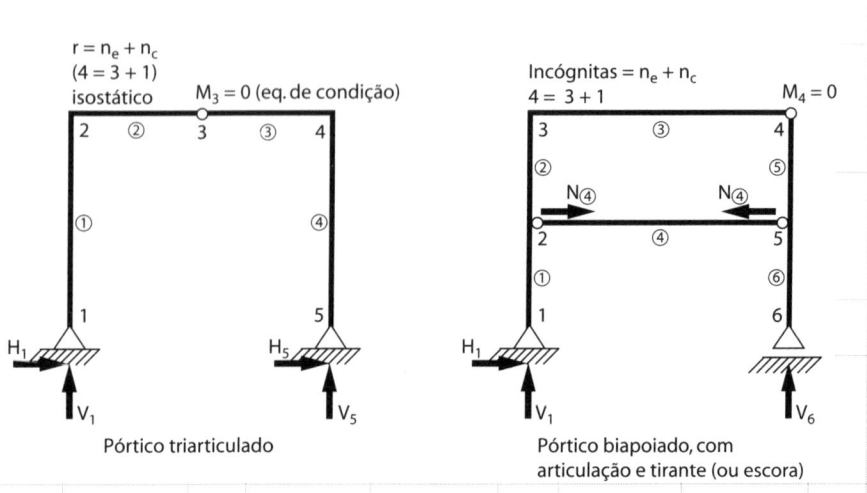

Fig. 5.3 Pórticos ou quadros simples

- Biapoiado
- Engastado e livre
- Triarticulado
- Biapoiado com articulação e tirante (ou escora)
● Pórticos Compostos
  São formados pela associação de dois ou mais pórticos simples. Vigas simples também podem se associar a pórticos simples para formar pórticos compostos.

5.1 Eixos Globais e Eixos Locais

Em estruturas formadas por elementos com orientações diversas é necessário fazer distinção entre o eixo global da estrutura e os eixos locais dos elementos.

5.1.1 Eixos Globais

Para determinar as reações de apoio em estruturas formadas por elementos com orientações diversas é necessário definir um *sistema referencial global*.

Conforme representado na Fig. 5.4, os eixos globais são indicados pelas letras maiúsculas X, Y e Z. Ao longo deste curso os eixos globais serão sempre escolhidos de tal forma que as coordenadas X, Y e Z sejam sempre positivas.

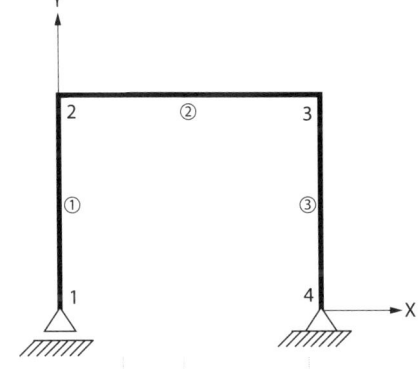

Fig. 5.4 Eixos globais: X, Y e Z

5.1.2 Eixos Locais

Para determinar os esforços solicitantes internos, é necessário que se defina, para cada elemento que compõe a estrutura, um *sistema referencial local*.

Conforme indicado na Fig. 5.5, os eixos locais são representados pelas letras minúsculas x, y e z. Os eixos locais são obtidos fazendo coincidir os eixos x com os eixos dos elementos, sendo as origens posicionadas nos nós iniciais destes. A imposição desta única condição, no entanto, permite a escolha de diferentes sistemas locais. Objetivando uma uniformidade, as seguintes regras (válidas para os *pórticos planos*) serão estabelecidas:

● As direções e os sentidos dos eixos z-locais devem ser os mesmos do eixo Z-global.
● Os sentidos dos eixos x-locais serão tais que a fibra inferior do elemento esteja sempre voltada para o interior do pórtico, conforme ilustrado pelas linhas tracejadas na Fig. 5.5.

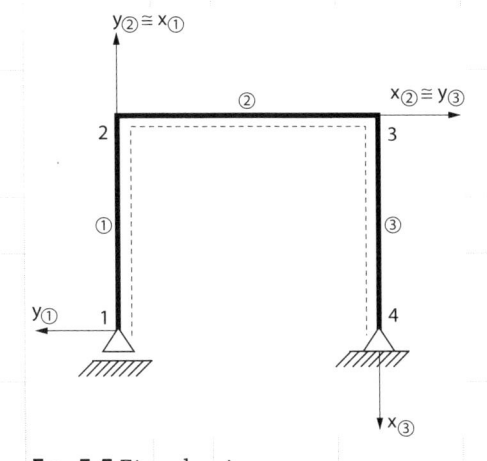

Fig. 5.5 Eixos locais: x, y e z

A primeira destas regras é utilizada sempre. A segunda será adotada, em particular, no presente curso.

5.2 Elementos dos Pórticos Planos

Cada elemento ou barra que compõe as estruturas reticulares tem o seu eixo local que, assim como o elemento, é definido pelos nós inicial e final de cada um destes elementos. A análise dos ESI em cada elemento de um *pórtico plano* é feita utilizando o eixo local do elemento e a teoria de viga já estudada.

5.3 Pórticos Simples

O estudo dos pórticos planos será feito através da resolução de exercícios.

5.3.1 Pórtico Biapoiado
Exercício 5.1

Resolver (determinar as reações de apoio e traçar as linhas de estado) o pórtico biapoiado da Fig. 5.6.

Após a seleção de um *sistema referencial global* determinam-se as forças reativas:

(1) $\sum F_x = 0 \therefore H_4 = 12\text{tf}$

(2) $\sum F_Y = 0 \therefore V_1 + V_4 = 30$

(3) $\sum M_1 = 0 \therefore -12 \times 2 - 5 \times 6 \times 3 + 6V_4 = 0 \therefore V_4 = 19\text{tf} \therefore V_1 = 11\text{tf}$

Em seguida, para a obtenção dos diagramas dos esforços internos é necessário que os valores destes esforços internos (N, Q e M no caso dos pórticos planos) sejam determinados em todas as *seções-chave*, sempre em relação aos eixos locais da barra onde se localiza a seção. Na Fig. 5.7 encontram-se indicados os eixos locais das barras ①, ② e ③ e todas as *seções-chave* do pórtico plano em análise: 1, A^e, A^d, $2^①$ (seção 2 da barra ①), $2^②$, $3^②$, $3^③$ e 4. A partir dos valores dos ESI convenien-

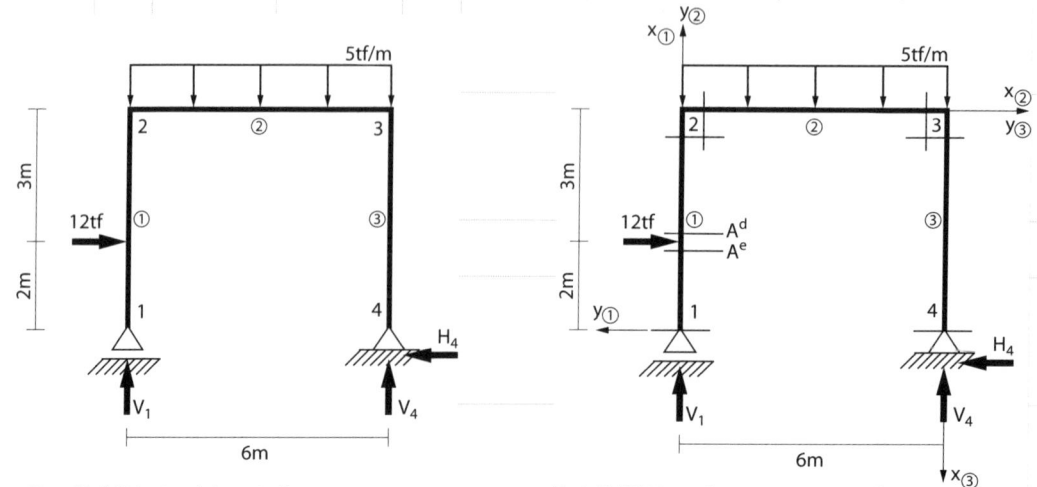

Fig. 5.6 Pórtico biapoiado

Fig. 5.7 Eixos locais e seções-chave

temente marcados, em escala, nas seções-chave (observando-se todas as descontinuidades) o traçado dos diagramas pode ser facilmente completado. Por exemplo, o DMF para carregamento uniformemente distribuído entre duas seções-chave pode ser obtido pendurando-se, a partir da linha construtiva tracejada, a parábola, utilizando-se o valor $\dfrac{qL^2}{8}$ onde L é a distância entre as duas *seções-chave* em questão.

Finalmente, resta a determinação de $M_{máx}$, visando a sua marcação no diagrama (lembrar que os valores máximos e mínimos devem ser devidamente evidenciados nos diagramas). Qualquer elemento (ou parte da estrutura) pode ser isolado, aplicando-se todas as forças, externas e internas, que nele atuam. As forças internas aplicadas são as que surgem nas seções de corte necessárias para se isolar o elemento (ou parte da estrutura), conforme ilustrado na Fig. 5.8. A esta técnica dá-se o nome de *subestruturação*. Cada uma das barras isoladas deve estar em equilíbrio e as funções que expressam os esforços internos são obtidas exatamente como anteriormente estudadas para as vigas.

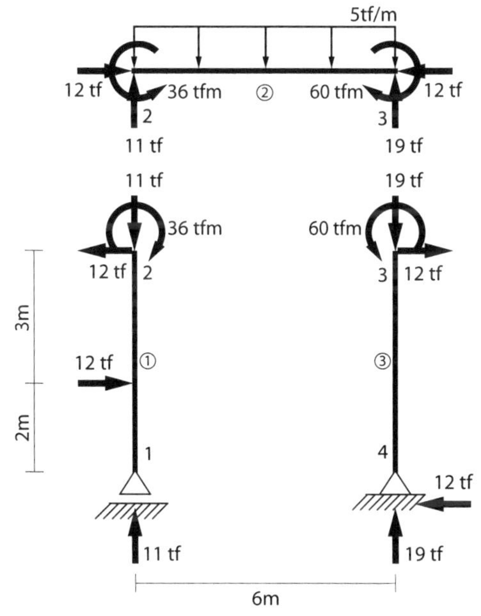

Utilizando-se a técnica da subestruturação e isolando-se, por exemplo, a barra 2, conforme ilustra a Fig. 5.8, as funções que expressam os momentos fletores M e os esforços cortantes Q podem ser determinadas para o eixo local indicado na Fig. 5.7.

Fig. 5.8 Subestruturação

Barra 2:
Trecho I: $0 \leq x \leq 6$

$$M(x) = -\dfrac{5}{2}x^2 + 11x - 36$$

$$Q(x) = \dfrac{dM(x)}{dx} = -5x + 11$$

Momento máximo:

$$M(x)_{máx.} \Rightarrow Q(x) = \dfrac{dM(x)}{dx} = 0$$

Posição em que $Q(x) = 0$: $x = 2,2$ m

$M_{máx.} = -23,9 \text{ tfm}$

Valor auxiliar: $\dfrac{qL^2}{8} = 22,5$

Os diagramas dos ESI obtidos encontram-se na Fig. 5.9.

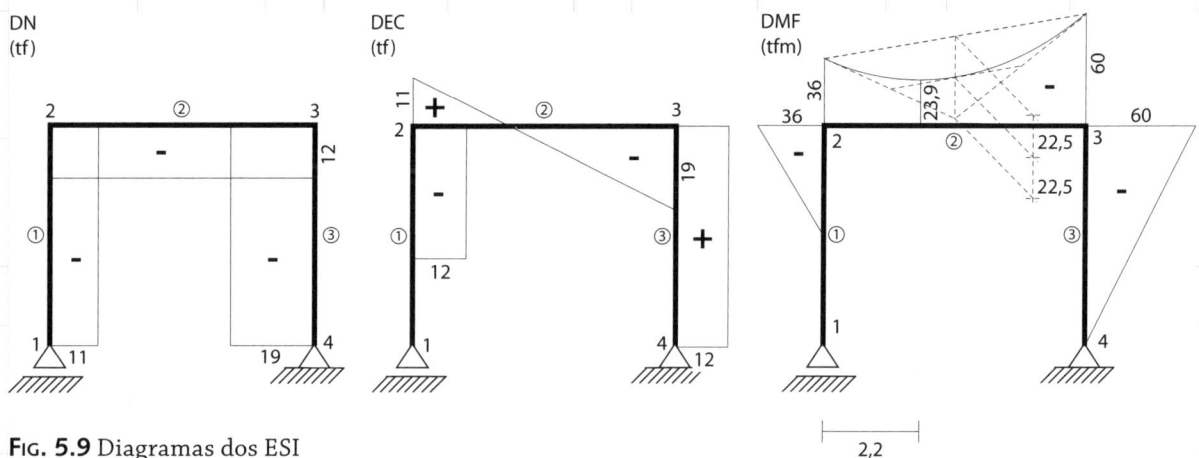

Fig. 5.9 Diagramas dos ESI

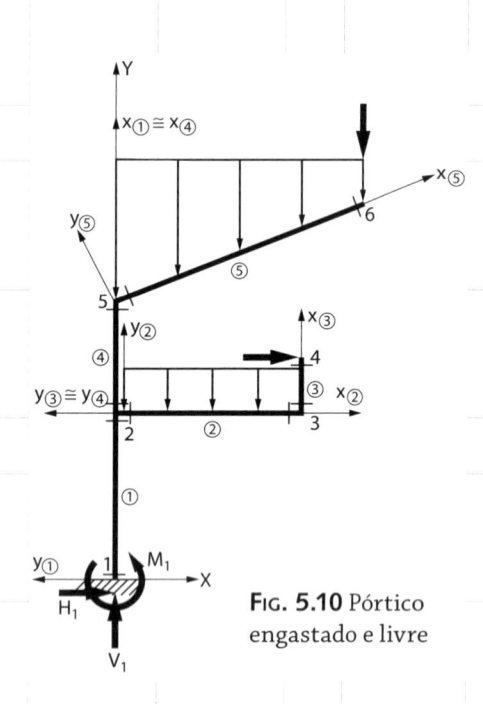

5.3.2 Pórtico Engastado e Livre

Os quadros ou pórticos engastados e livres podem ser analisados de forma semelhante aos balanços (ou vigas engastadas e livres). O seu cálculo é bastante simples. A Fig. 5.10 exemplifica um modelo associado a uma possível estrutura de um estádio.

Para a determinação das forças reativas (prescindível para o traçado dos ESI) o eixo global selecionado tem origem no nó 1. As 3 incógnitas H_1, V_1 e M_1 podem ser facilmente determinadas pelas 3 equações de equilíbrio.

Conforme evidenciado na Fig. 5.10, para a determinação dos ESI e o traçado dos diagramas, os eixos locais das barras têm que ser definidos e as seções-chave têm que ser identificadas: 1, $2^①$, $2^②$, $2^④$, $3^②$, $3^③$, 4, $5^④$, $5^⑤$, 6.

No restante do texto, o superescrito representará o número da barra e não terá o círculo envolvente.

Fig. 5.10 Pórtico engastado e livre

5.3.3 Pórtico Triarticulado

O pórtico ou quadro triarticulado (Fig. 5.11) é um exemplo de estrutura externamente hiperestática que se torna isostática devido à liberação de um vínculo interno, neste caso a rotação na rótula interna. A introdução desta rótula interna conduz à *equação de condição*:

$$M_{rot} = 0$$

As três equações do equilíbrio estático acrescidas da equação de condição permitem a determinação das reações de apoio da estrutura, uma vez que o número de incógnitas (externas) r é igual ao número de equações disponíveis:

$$r = n_e + n_c$$

onde: n_e – é o número de equações de equilíbrio

n_c – é o número de equações de condição

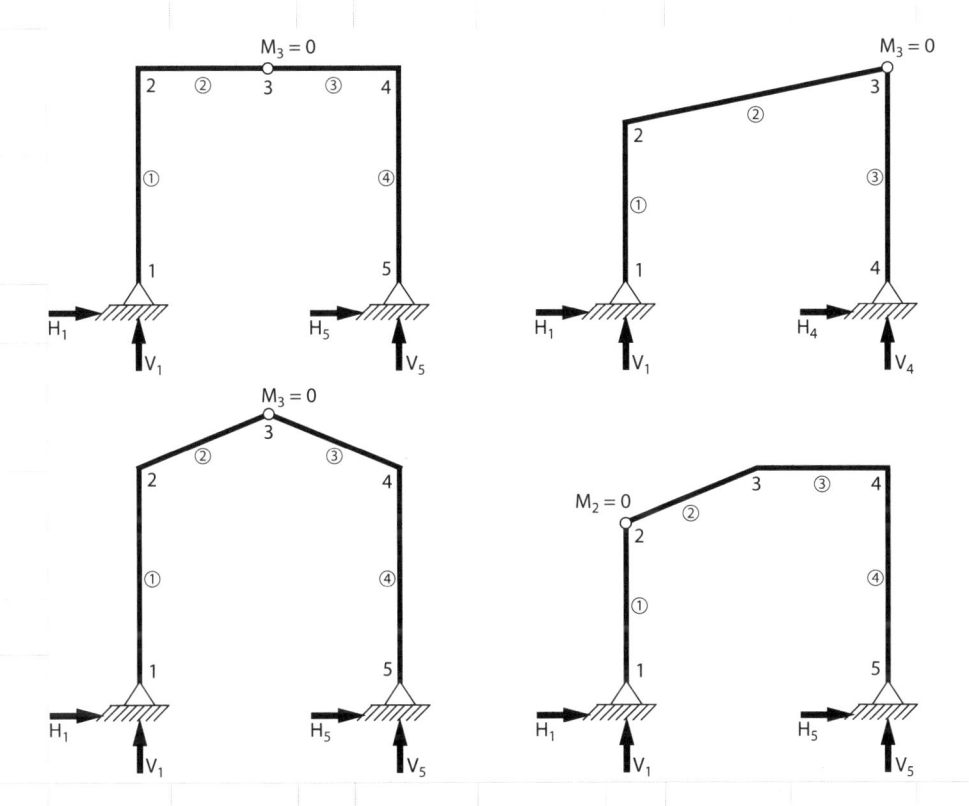

FIG. 5.11 Exemplos de pórticos triarticulados

Instabilidade geométrica

O alinhamento das rótulas de um pórtico triarticulado (duas nos apoios e uma interna) provoca a instabilidade da estrutura. Este tipo de instabilidade, denominada geométrica, é exemplificada na Fig. 5.12. Ao se tentar analisar uma estrutura instável, e portanto *fisicamente impossível*, o modelo matemático conduzirá necessariamente à conclusão de que a solução é *matematicamente impossível*.

Tendo em mente que $M_2 = 0$, a estrutura da Fig. 5.12 permite antecipar que as resultantes R_1 e R_3, das forças reativas nos apoios 1 e 3 respectivamente, têm as suas linhas de ação no alinhamento das três rótulas. Definindo esta linha como o eixo global X, o equilíbrio em Y fornece a seguinte equação:

$$P \cos\alpha = 0$$

que é *matematicamente impossível*.

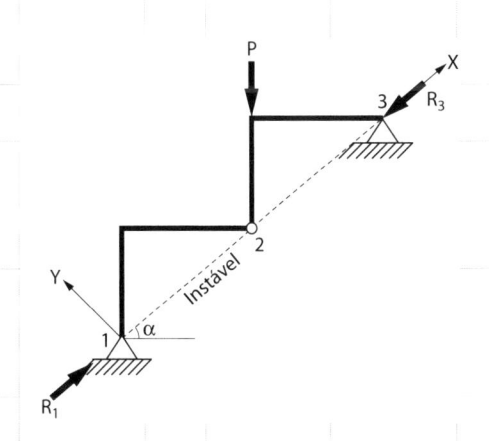

FIG. 5.12 Instabilidade geométrica nos pórticos triarticulados

Exercício 5.2

Determinar as reações de apoio e traçar os diagramas dos esforços internos do pórtico triarticulado da Fig. 5.13.

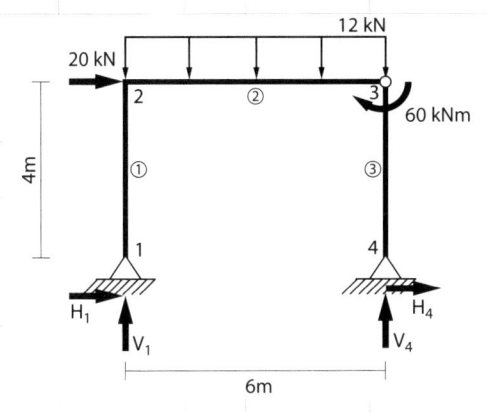

FIG. 5.13 Pórtico triarticulado

- Reações de apoio:

(1) $\sum F_x = 0 \therefore H_1 + H_4 + 20 = 0 \therefore H_1 + H_4 = -20$

(2) $\sum F_Y = 0 \therefore V_1 - 12 \times 6 + V_4 = 0 \therefore V_1 + V_4 = 72$

(3) $\sum M_1 = 0 \therefore -20 \times 4 - \dfrac{12 \times 6^2}{2} - 60 + 6V_4 = 0 \therefore V_4 = 59{,}3\,kN \therefore V_1 = 12{,}7\,kN$

(4) $M_3 = 0 \quad \therefore \quad 4H_4 - 60 = 0 \therefore H_4 = 15\,kN \therefore H_1 = -35\,kN$

- Momentos nas seções-chave 1, 2^e, 2^d, 3^e e 3^d, 4 e $M_{máx}$:

$$M_1 = M_4 = M_3^e = 0$$
$$M_2^e = M_2^d = 140\ kNm$$
$$M_3^d = 60\ kNm$$
$$M^2(x) = -6x^2 + 12{,}7x + 140$$
$$Q^2(x) = -12x + 12{,}7 \quad Q^2(x) = 0 \rightarrow \quad x = 1{,}06\,m \rightarrow$$
$$M^2{}_{máx} = 146{,}7\,kNm$$

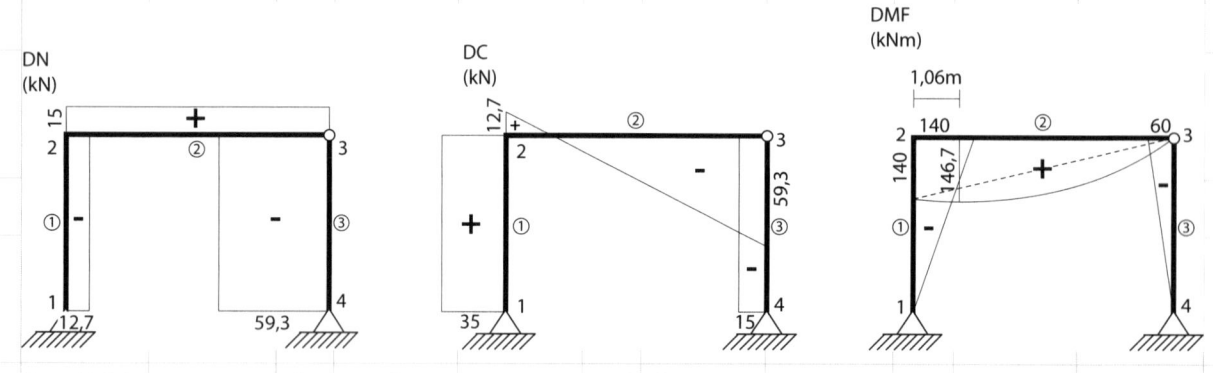

FIG. 5.14 Diagramas dos ESI do pórtico triarticulado

5.3.4 Pórtico Biapoiado com Articulação e Tirante (ou Escora)
Exercício 5.3

Resolver o pórtico simples da Fig. 5.15. Reparar que as incógnitas deste problema são quatro: três externas, reações de apoio H_1, V_1 e V_2, e uma interna, o esforço normal N^3, constante ao longo da barra biarticulada 3. Se N^3 for um esforço normal de tração a barra 3 será um *tirante*, se for de compressão será uma *escora*.

- Reações de apoio e esforço normal N^3 na barra 3:

Número de incógnitas: quatro

Número de equações: $n = n_e + n_c = 4$

Utilizando o Sistema Global:

(1) $\quad \sum F_x = 0 \therefore H_1 + 3 = 0 \quad \therefore \quad H_1 = -3\,tf$

(2) $\quad \sum F_Y = 0 \therefore V_1 - 8 + V_2 = 0 \therefore V_1 + V_2 = 8$

(3) $\sum M_1 = 0 \therefore -16 + 5 - 12 + 4V_2 = 0 \therefore V_2 = 5{,}75\text{tf} \therefore V_1 = 2{,}25\text{tf}$
(4) $M_6 = 0 \quad -3N^3 + 6 + 5 = 0 \quad N^3 = 3{,}7\text{tf}$
Normal de tração: tirante

A Equação (4) (equação de condição) foi obtida considerando o sistema de forças à direita do nó 6. Importante observar que para a determinação do momento fletor no nó 6 é necessária a substituição da barra 3 pela sua ação sobre os nós 3 e 4. Esta ação, representada pela força normal $N_{(3)}$, deve ser sempre arbitrada como de tração (força saindo dos nós). O sinal positivo, obtido da resolução do sistema de equações, simplesmente confirma que o normal é de tração conforme arbitrado, sendo, no entanto, este o sinal da convenção. Importante enfatizar que o único esforço interno que surge numa barra rotulada nos nós inicial e final (barra birrotulada), sem carregamento transversal, é o normal N.

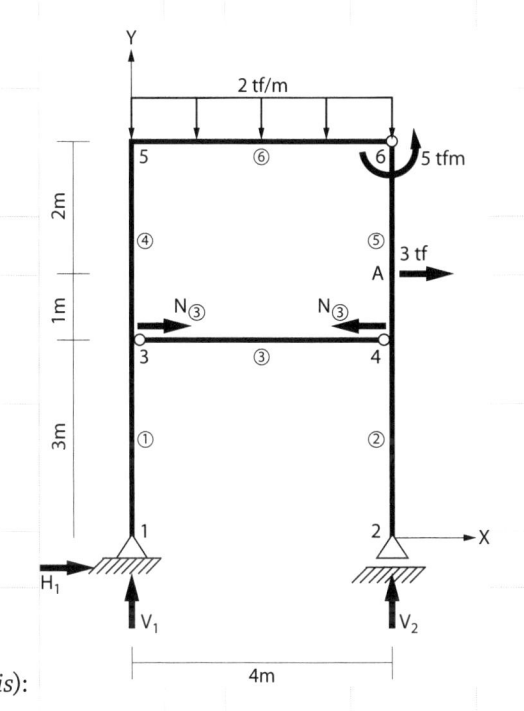

FIG. 5.15 Pórtico biapoiado dotado de articulação e tirante (ou escora)

- Esforços internos nas seções-chave 1, 2, 3^1, 3^3, 3^4, 5^4, 5^6, 6^6 e 6^5, 4^2, 4^3, 4^5 e $M^6_{\text{máx}}$ (utilizando os *Sistemas Locais*):

$N_1 = -2{,}25\text{tf}$ $Q_1 = 3\text{tf}$ $M_1 = 0$
$N_2 = -5{,}75\text{tf}$ $Q_2 = 0$ $M_2 = 0$
$N_3^1 = -2{,}25\text{tf}$ $N_3^3 = 3{,}7\text{tf}$ $N_3^4 = -2{,}25\text{tf}$
$Q_3^1 = 3{,}0\text{tf}$ $Q_3^3 = 0$ $Q_3^4 = -0{,}7\text{tf}$
$M_3^1 = 9{,}0\text{tfm}$ $M_3^3 = 0$ $M_3^4 = 9{,}0\text{tfm}$
$N_4^2 = -5{,}75\text{tf}$ $N_4^3 = 3{,}7\text{tf}$ $N_4^5 = -5{,}75\text{tf}$
$Q_4^2 = 0$ $Q_4^3 = 0$ $Q_4^5 = 3{,}7\text{tf}$
$M_4^2 = M_4^3 = M_4^5 = 0$
$N_5^4 = -2{,}25\text{tf}$ $N_5^6 = -0{,}7\text{tf}$
$Q_5^4 = -0{,}7\text{tf}$ $Q_5^6 = 2{,}25\text{tf}$
$M_5^4 = M^6 = 7\text{tfm}$
$N_6^6 = -0{,}7\text{tf}$ $N_6^{5^e} = -5{,}75\text{tf}$
$Q_6^6 = -5{,}75\text{tf}$ $Q_6^5 = 0{,}7\text{tf}$
$M_6^6 = 0$ $M_6^{5^e} = 0$ $M_6^{5^d} = -5\text{tfm}$
$Q_A^e = 0{,}7\text{tf}$ $Q_A^d = 3{,}7\text{tf}$

Observando os valores dos cortantes nos nós inicial e final da barra 6 verifica-se uma inversão de sinal. Isto significa que o cortante está se anulando entre estas duas seções-chave, e por conseguinte a posição e o valor de $M_{\text{máx}}$ devem ser determinados. Para o cálculo de $M^6_{\text{máx}}$, utilizando a técnica de *subestruturação*, a barra 6 deve ser isolada do resto da estrutura. Os ESI nos nós inicial 5 e final 6 da barra 6, anteriormente determinados, devem ser indicados, assim como o carregamento que ocorre ao longo da barra, conforme representado na Fig. 5.16. Considerando o *sistema local* da barra 6, as funções dos ESI podem ser escritas:

$N^6(x) = -0,7$

$M^6(x) = -x^2 + 2,25x + 7$

$Q^6(x) = -2x + 2,25$

e o momento máximo obtido

$Q(x) = 0 \Rightarrow x = 1,125\text{m} \Rightarrow M_{máx} = 8,3\,\text{tfm}$

- Traçado dos diagramas:

Conhecendo-se os valores dos ESI nas seções-chave, conforme calculados, os traçados dos diagramas dos esforços N, Q e M na estrutura podem ser facilmente obtidos e encontram-se indicados na Fig. 5.17.

Fig. 5.16 Subestruturação aplicada à barra 6

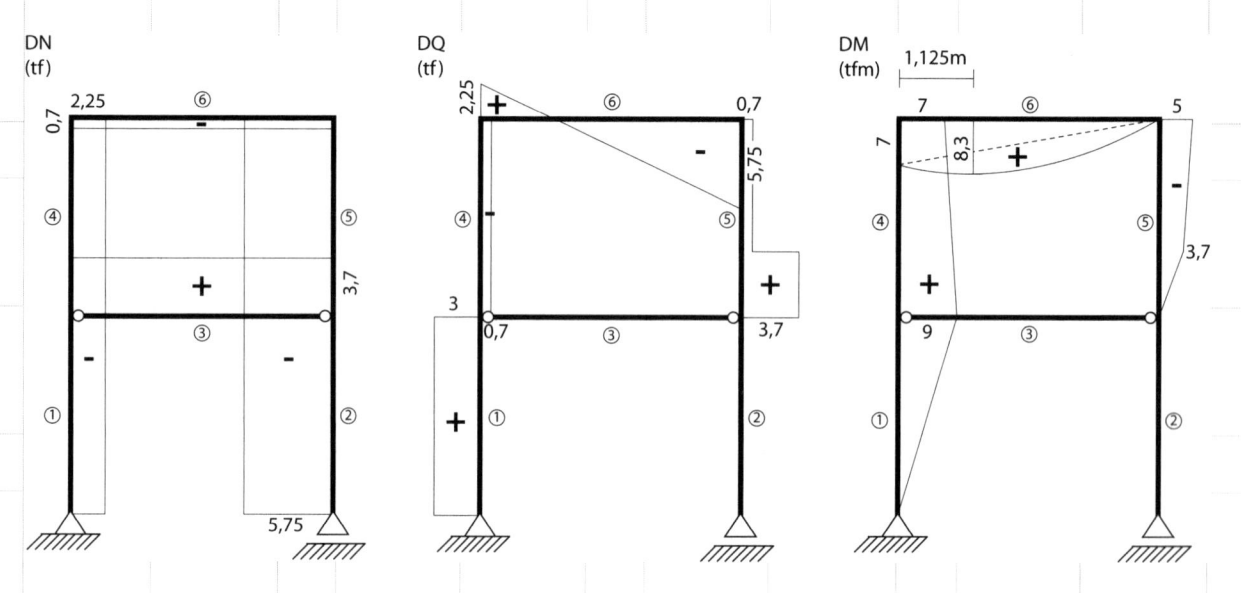

Fig. 5.17 Diagramas dos ESI do pórtico biapoiado dotado de articulação e tirante

5.4 Pórticos ou Quadros com Barras Curvas

Nos pórticos simples podem ocorrer elementos ou barras com eixos curvos, conforme ilustrado na Fig. 5.18. A ocorrência de elementos curvos nos pórticos em nada altera a sua análise a não ser pelo fato dos sistemas locais das barras curvas terem, nas seções em análise, os eixos x tangentes e os eixos y perpendiculares aos eixos das barras.

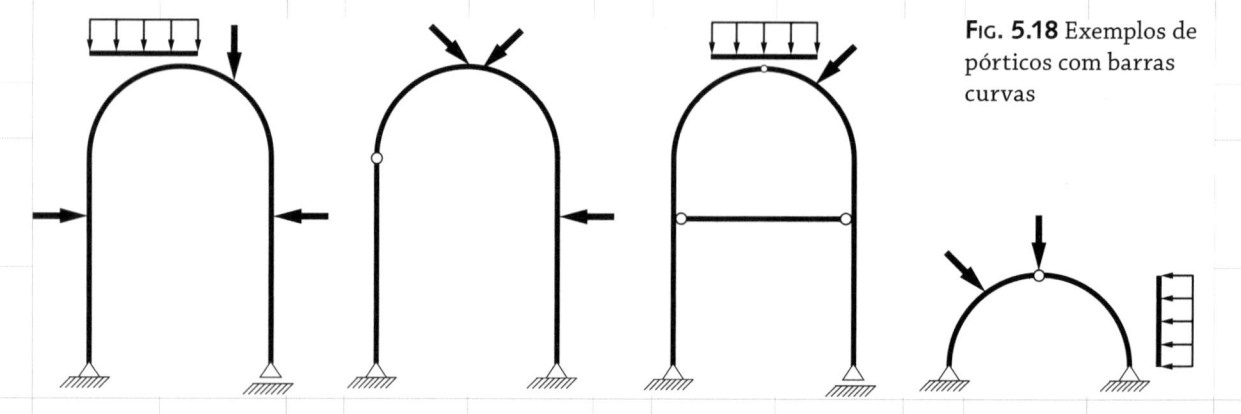

Fig. 5.18 Exemplos de pórticos com barras curvas

5.4.1 Eixos curvos

Este estudo terá início com exemplos simples de vigas curvas biapoiadas.

Semicírculo de raio R:

Para a viga biapoiada definida por um semicírculo de raio R e submetida a uma força concentrada *P*, conforme indicada na Fig. 5.19A, determinar os esforços internos em uma seção genérica *S*. A seção S é definida, em coordenadas polares, pelo raio R e pelo ângulo θ formado com a horizontal. A determinação dos ESI, em qualquer seção de uma barra de eixo curvo, fica bastante simplificada seguindo o seguinte procedimento:

a] Determinar a ação das forças, à esquerda ou à direita de *S*, usando um sistema conveniente, em geral o global *X-Y-Z*, conforme indicado na Fig. 5.19B, obtendo-se:
- na direção *Y*, a força: P/2
- na direção *Z* o momento:

$$M_S = \frac{P}{2}R(1-\cos\theta)$$

b] A determinação desta ação referida ao sistema local *x-y-z*, fornecerá os esforços internos na seção *S*. Como os eixos *Z global* e *z local* têm a mesma orientação, o momento fletor permanece o mesmo ($M = M_S$). A convenção de sinais dos ESI deve ser respeitada.

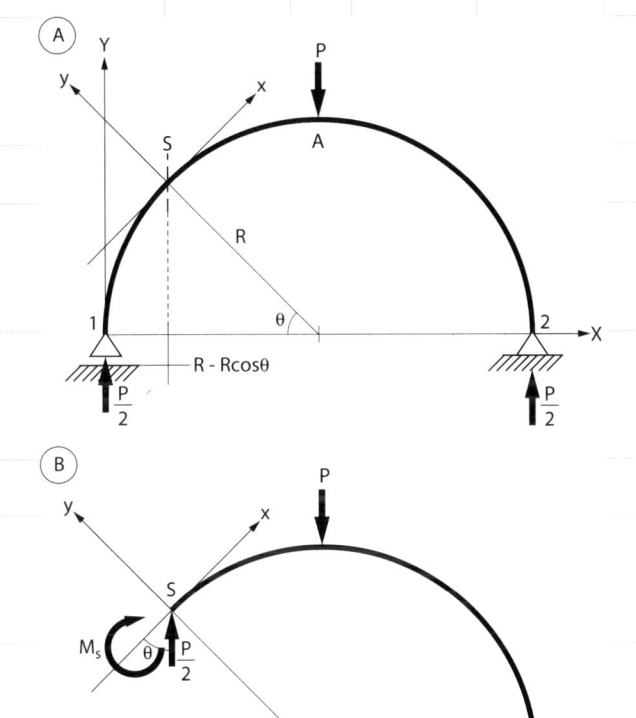

Fig. 5.19 Viga biapoiada: A) exercício proposto; B) ação, em S, referida ao sistema global X-Y-Z, considerando as forças à esquerda

Nas barras de eixo curvo, para uma seção *S* qualquer no trecho 1A (Fig. 5.19) tem-se:

$$N_S = -\frac{P}{2}\cos\theta$$

$$Q_S = \frac{P}{2}\sen\theta$$

$$M_S = \frac{PR}{2}(1-\cos\theta)$$

Os diagramas dos ESI, marcados a partir do eixo curvo da barra, podem ser observados na Fig. 5.20.

Observar:

Numa estrutura plana simétrica com carregamento simétrico os diagramas dos momentos fletores e dos esforços normais são simétricos e o dos esforços cortantes é antissimétrico.

O traçado dos diagramas dos esforços internos em barras curvas fica bastante simplificado se seus valores forem marcados a partir de uma linha reta (reta 1-2 ligando os extremos da barra na Fig. 5.19A). O diagrama de momentos fletores, obtido anteriormente, se marcado a partir da reta 1-2 seria convenientemente representado por uma função linear do valor (R-Rcosθ). Isto corresponde a uma mudança de eixos do sistema local onde x e y são tangentes e normais em cada ponto, correspondente às coordenadas polares R-θ, para um eixo x'-y', com origem em 1, sendo x' horizontal e obtido como (Fig. 5.21):

$$x' = R(1 - \cos\theta)$$

Eixo da barra curva definido por uma função qualquer f(x):

Seja, por exemplo, a obtenção do DMF de uma barra curva definida por uma função qualquer $y = f(x)$ e submetida a uma força concentrada unitária no nó 2. Considerando-se que

$$M = -1 \cdot y$$

o seu traçado a partir da reta 1-2 é imediato sendo este delimitado pelo próprio eixo da barra, conforme ilustrado na Fig. 5.22.

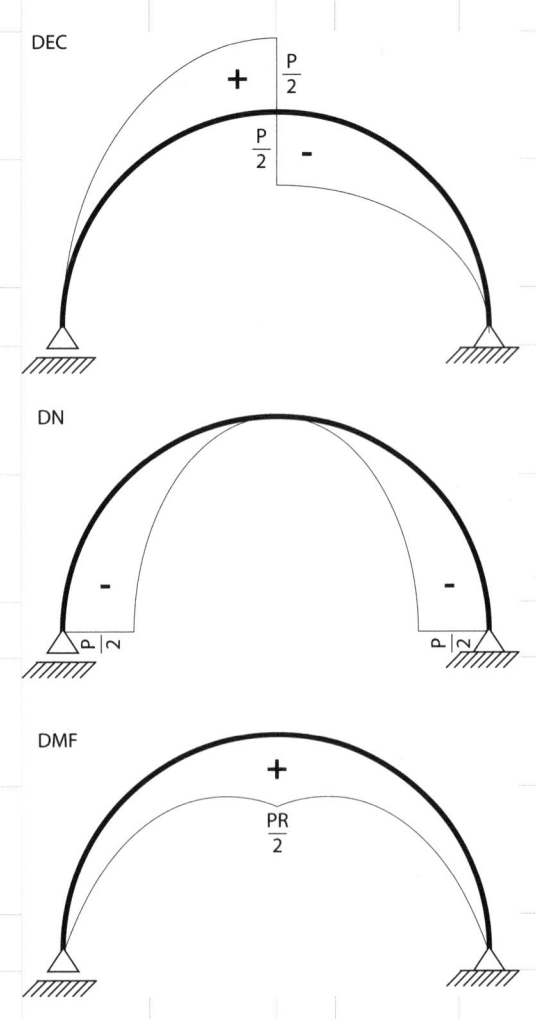

Fig. 5.20 Diagramas dos ESI de vigas curvas

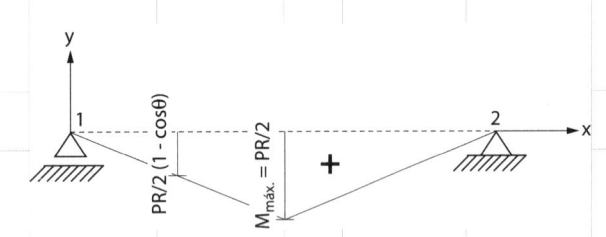

Fig. 5.21 Diagrama de Momentos Fletores em vigas curvas com o auxílio da reta de substituição

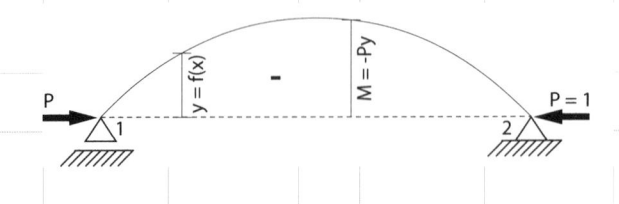

Fig. 5.22 Diagrama de Momentos Fletores em vigas curvas com o auxílio da reta de substituição 1-2

A determinação dos esforços internos em uma barra curva fica bastante simplificado quando decompõem-se os carregamentos em:
- cargas verticais e momentos
- cargas horizontais

sendo os valores totais obtidos através da superposição, conforme ilustrado na Fig. 5.23.

Exercício 5.4
Arco Triarticulado:

Determinar os diagramas dos esforços internos do arco triarticulado da Fig. 5.24 cuja equação, utilizando o sistema referencial cartesiano x-y com origem em 1, é

$$y = \frac{24}{20^2} x (20-x)$$

- Reações de apoio (*Sistema Global*):
(1) $\quad \sum F_x = 0 \therefore H_1 = -H_2$
(2) $\quad \sum F_x = 0 \therefore H_1 = -H_2$
(3) $\quad \sum F_Y = 0 \therefore V_1 + V_2 = 34$
(4) $\quad \sum M_1 = 0 \therefore V_2 = 15,2 \text{tf} \therefore V_1 = 18,8 \text{tf}$

$\quad M_A = 0 \therefore H_1 = 14,7 \text{tf} \quad H_2 = -14,7 \text{tf}$

- Seções-chave: 1, 2, B e C.
- Funções dos esforços internos (*Sistema Global*):

  Sendo:

  CV – cargas verticais e momentos

  CH – cargas horizontais

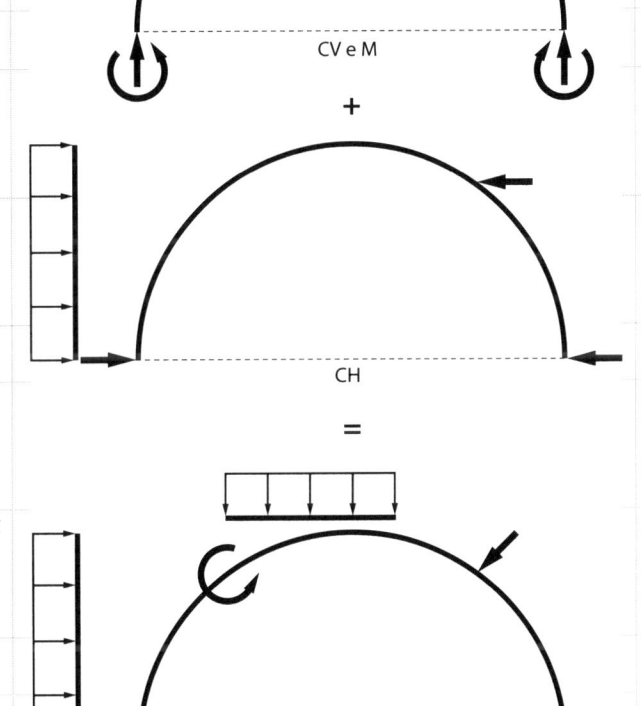

Fig. 5.23 Superposição das Cargas Verticais e Momentos e Cargas Horizontais.

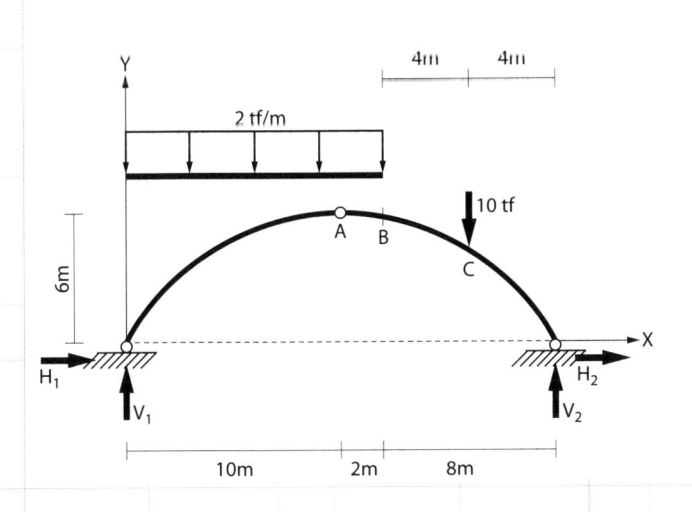

Fig. 5.24 Pórtico curvo triarticulado

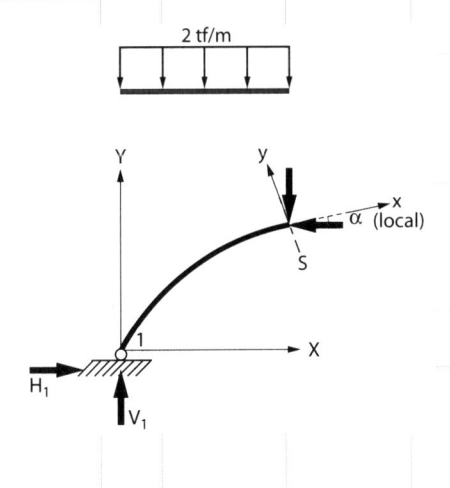

Fig. 5.25 Seção genérica S do pórtico curvo triarticulado

$0 \leq x \leq 12$:

$$M(x) = \begin{cases} \text{C.V.:} & V_1 x - \dfrac{2x^2}{2} \\ \text{C.H.:} & -H_1 y = \left(\dfrac{24}{20^2} x^2 - \dfrac{24}{20} x\right) H_1 \end{cases}$$

$$M(x) = \left(\dfrac{24}{20^2} H_1 - 1\right) x^2 - \left(\dfrac{12}{10} H_1 - V_1\right) x$$

$$M(x) = -0{,}12 x^2 + 1{,}20 x \rightarrow M_1 = 0 \quad M_A = 0 \quad M_B = -2{,}88 \text{ tfm}$$

$$Q(x) = \begin{cases} \text{C.V.:} & (V_1 - 2x)\cos\alpha \\ \text{C.H.:} & -H_1 \sin\alpha \end{cases} = -(2\cos\alpha)x + 18{,}8 \cos\alpha - 14{,}7 \sin\alpha$$

Em 1: $x = 0$ e $\alpha = \arctan \dfrac{24}{20} = 50{,}2° \begin{cases} \sin\alpha = 0{,}77 \\ \cos\alpha = 0{,}64 \end{cases} \therefore Q_1 = 0{,}77 \text{ tf}$

Em A: $x = 10$ e $\tan\alpha = 0 \quad \alpha = 0° \begin{cases} \sin\alpha = 0 \\ \cos\alpha = 1 \end{cases} \therefore Q_A = -1{,}2 \text{ tf}$

Em B: $x = 12$ e $\tan\alpha = -0{,}24 \quad \alpha = -13{,}5° \begin{cases} \sin\alpha = -0{,}23 \\ \cos\alpha = 0{,}97 \end{cases} \therefore Q_B = -1{,}63 \text{ tf}$

$$N(x) = \begin{cases} \text{C.V.:} & -(V_1 - 2x)\sin\alpha \\ \text{C.H.:} & -H_1 \cos\alpha \end{cases} = (2\sin\alpha)x - 18{,}8 \sin\alpha - 14{,}7 \cos\alpha$$

Em 1: $x = 0$ e $\alpha = \arctan \dfrac{24}{20} = 50{,}2° \begin{cases} \sin\alpha = 0{,}77 \\ \cos\alpha = 0{,}64 \end{cases} \therefore N_1 = -23{,}83 \text{ tf}$

Em A: $x = 10$ e $\tan\alpha = 0 \quad \alpha = 0° \begin{cases} \sin\alpha = 0 \\ \cos\alpha = 1 \end{cases} \therefore N_A = -14{,}7 \text{ tf}$

Em B: $x = 12$ e $\tan\alpha = -0{,}24 \quad \alpha = -13{,}5° \begin{cases} \sin\alpha = -0{,}23 \\ \cos\alpha = 0{,}97 \end{cases} \therefore N_B = -15{,}48 \text{ tf}$

$12 \leq x \leq 16$:

$$M(x) = \begin{cases} \text{C.V.:} & V_1 x - 2 \times 12 (x - 6) \\ \text{C.H.:} & -H_1 y = \left(\dfrac{24}{20^2} x^2 - \dfrac{24}{20} x\right) H_1 \end{cases} =$$

$$M(x) = \dfrac{24}{20^2} H_1 x^2 - \left(\dfrac{12}{10} H_1 - V_1 + 24\right) x + 144$$

$$M(x) = 0{,}88 x^2 - 22{,}8 x + 144$$

$$Q(x) = \begin{cases} \text{C.V.:} & (V_1 - 24)\cos\alpha \\ \text{C.H.:} & -H_1 \sin\alpha \end{cases} = -5{,}2 \cos\alpha - 14{,}7 \sin\alpha$$

$$N(x) = \begin{cases} \text{C.V.:} & -(V_1 - 24)\sin\alpha \\ \text{C.H.:} & -H_1 \cos\alpha \end{cases} = 5{,}2 \sin\alpha - 14{,}7 \cos\alpha$$

Em B: $x = 12$ e $\tan\alpha = -0{,}24 \quad \alpha = -13{,}5° \begin{cases} \sin\alpha = -0{,}23 \\ \cos\alpha = 0{,}97 \end{cases}$

$N_B = -15{,}48\,tf \qquad Q_B = -1{,}63\,tf \qquad M_B = -2{,}88\,tfm$

Em C: $\quad x = 16 \quad e \quad tg\alpha = -0{,}72 \quad \alpha = -35{,}8°\begin{Bmatrix} sen\alpha = -0{,}58 \\ cos\alpha = 0{,}81 \end{Bmatrix}$

$N_C = -14{,}94\,tf \qquad Q_C^e = 4{,}35\,tf \qquad M_C = 4{,}48\,tfm$

$16 \leq x \leq 20$

$$M(x) = \begin{cases} C.V.: & V_1 x - 2 \times 12(x-6) - 10(x-16) \\ ou & V_2(20-x) \\ C.H.: & -H_1 y = \left(\dfrac{24}{20^2}x^2 - \dfrac{24}{20}x\right)H_1 \\ ou & H_2 y \end{cases} =$$

$$M(x) = \dfrac{24}{20^2}H_1 x^2 - \left(\dfrac{12}{10}H_1 - V_1 + 10 + 24\right)x + (144 + 160)$$

$$M(x) = 0{,}88\,x^2 - 32{,}8\,x + 304$$

$$Q(x) = \begin{cases} C.V.: & -(V_1 - 24 - 10)cos\alpha \\ C.H.: & -H_1\,sen\alpha \end{cases} = -15{,}2\,cos\alpha - 14{,}7\,sen\alpha$$

$$N(x) = \begin{cases} C.V.: & -(V_1 - 24 - 10)sen\alpha \\ C.H.: & -H_1\,cos\alpha \end{cases} = 15{,}2\,sen\alpha - 14{,}7\,cos\alpha$$

Em C: $\quad x = 16 \quad e \quad tg\alpha = -0{,}72 \quad \alpha = -35{,}8°\begin{Bmatrix} sen\alpha = -0{,}58 \\ cos\alpha = 0{,}81 \end{Bmatrix}$

$N_C^d = -20{,}78\,tf \qquad Q_C^d = -3{,}77\,tf \qquad M_C = 4{,}48\,tfm$

Em 2: $\quad x = 20 \quad e \quad tg\alpha = -1{,}20 \quad \alpha = -50{,}1°\begin{Bmatrix} sen\alpha = -0{,}77 \\ cos\alpha = 0{,}64 \end{Bmatrix}$

$N_2 = -21{,}07\,tf \qquad Q_2 = 1{,}54\,tf \qquad M_2 = 0$

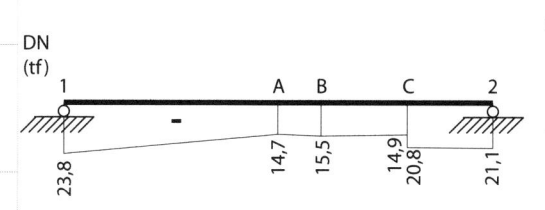

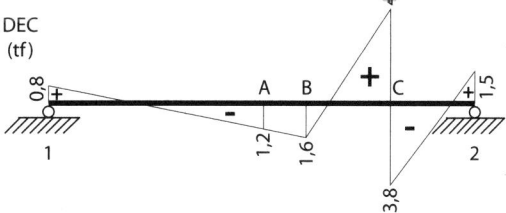

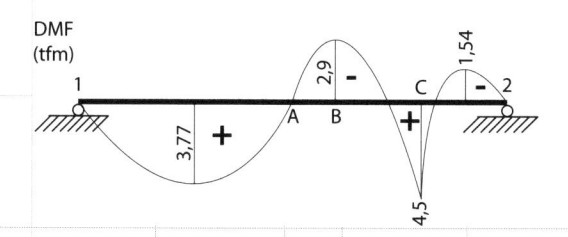

Fig. 5.26 Diagramas dos ESI do pórtico curvo triarticulado utilizando a reta de substituição

5.5 Pórticos ou Quadros Compostos (Estruturas Compostas)

Os pórticos podem ser considerados como uma associação de pórticos simples uns com estabilidade própria e outros cuja estabilidade depende dos pórticos que os suportam (analogia com as vigas Gerber no caso das vigas).

Para resolução dos pórticos compostos deve-se:

1. identificar os pórticos simples associados;
2. verificar os que têm estabilidade própria e os que não têm estabilidade própria;
3. resolver inicialmente os pórticos cuja estabilidade depende de outros pórticos a fim de determinar as ações daqueles sobre estes últimos;
4. o conhecimento de tais ações permite a resolução dos pórticos com estabilidade própria.

Fig. 5.27 Pórticos ou quadros compostos

6

TRELIÇAS ISOSTÁTICAS

As treliças são estruturas compostas de barras ou elementos retos, com orientações quaisquer, interligados por nós rotulados ou articulados. Podem ser estruturas planas, quando todas as barras e as forças aplicadas pertencem a um mesmo plano, conforme ilustrado na Fig. 6.1, ou espaciais, conforme ilustrado na Fig. 6.2C.

Para efeito de cálculo consideram-se satisfeitas as seguintes condições:

- Os elementos são interconectados por nós perfeitamente articulados, isto é, rotação relativa liberada.
- Os eixos dos elementos são retos e coincidentes com os eixos que conectam os nós em suas extremidades, isto é, não há excentricidade das barras em relação aos nós.

A Fig. 6.2 fornece alguns exemplos de estruturas treliçadas. As Figs. 6.3A e B mostram a estrutura de uma ponte em treliça e o esquema estrutural adotado, respectivamente. Na Fig. 6.3C encontram-se representados detalhes típicos de nós (ligações) de treliças em aço: soldadas e aparafusadas.

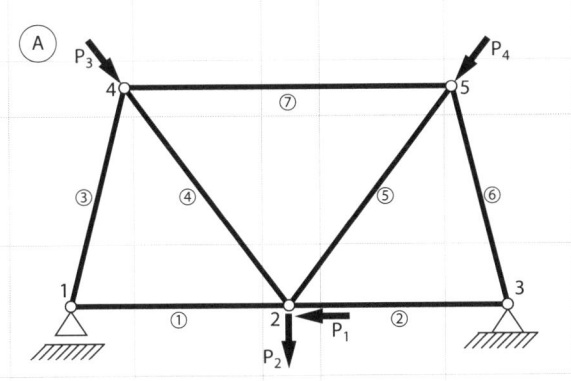

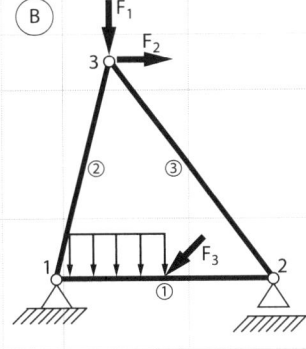

FIG. 6.1 Treliças: A) com cargas aplicadas somente nos nós (*treliça ideal*); B) com cargas aplicadas também fora dos nós

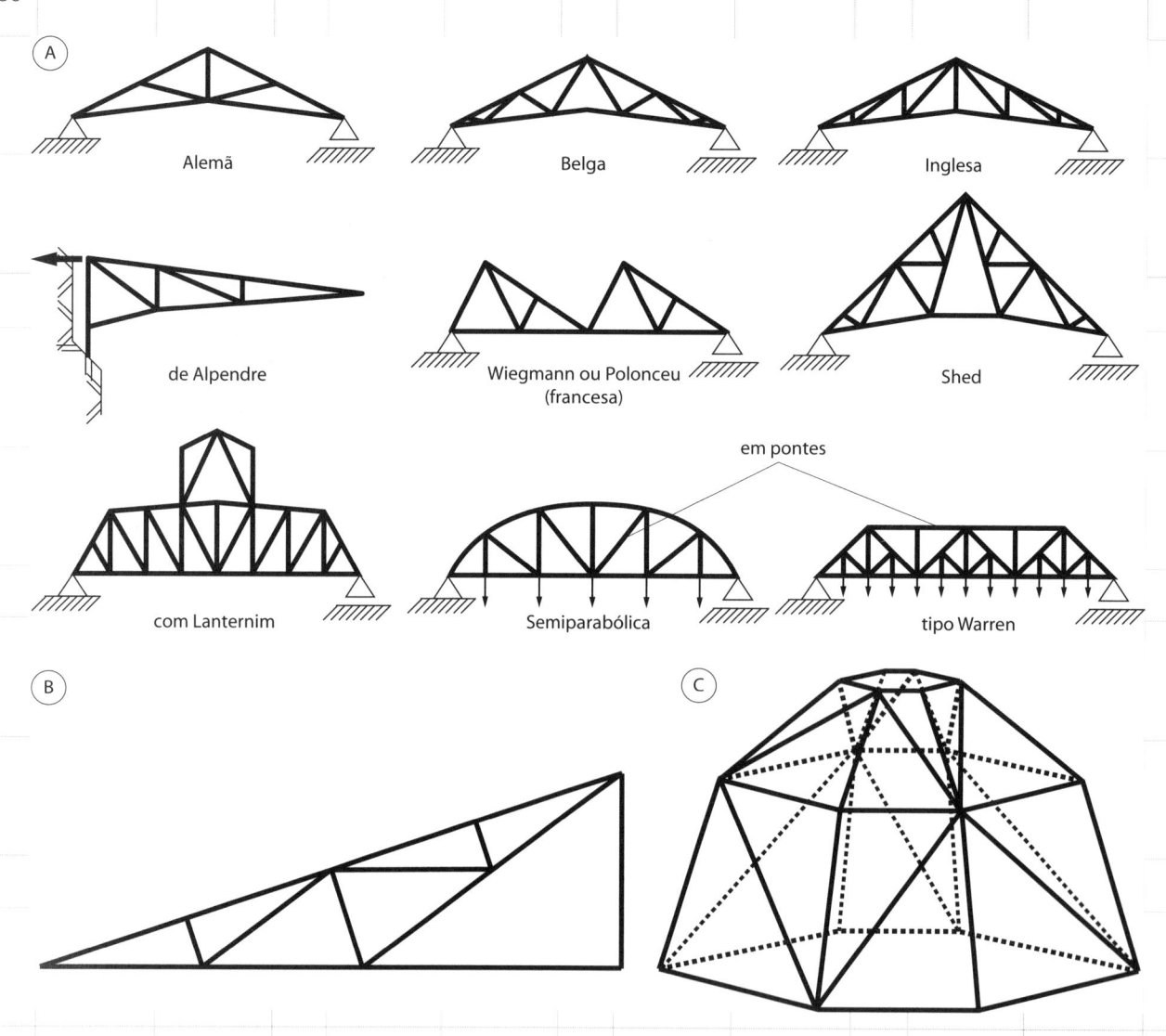

Fig. 6.2 Exemplos de treliças: A) tipos e usos variados; B) típica de telhado; C) espacial

Quanto à forma de aplicação das cargas, conforme ilustrado na Fig. 6.1, as treliças dividem-se em:
- com cargas aplicadas somente nos nós (*treliça ideal*);
- com cargas aplicadas também fora dos nós.

Nas treliças ideais (submetidas somente a cargas nodais) atuam em todos os seus elementos somente esforços normais, que podem ser de tração (+) ou de compressão (-).

Na análise de uma estrutura o objetivo é determinar os esforços internos nos seus elementos. No caso das treliças isto significa:
- Nas treliças ideais:
  - *determinar os esforços normais N em todas as barras*.
- Nas treliças com cargas fora dos nós:
  - *determinar os esforços normais N em todas as barras*, por meio da resolução da treliça ideal equivalente e

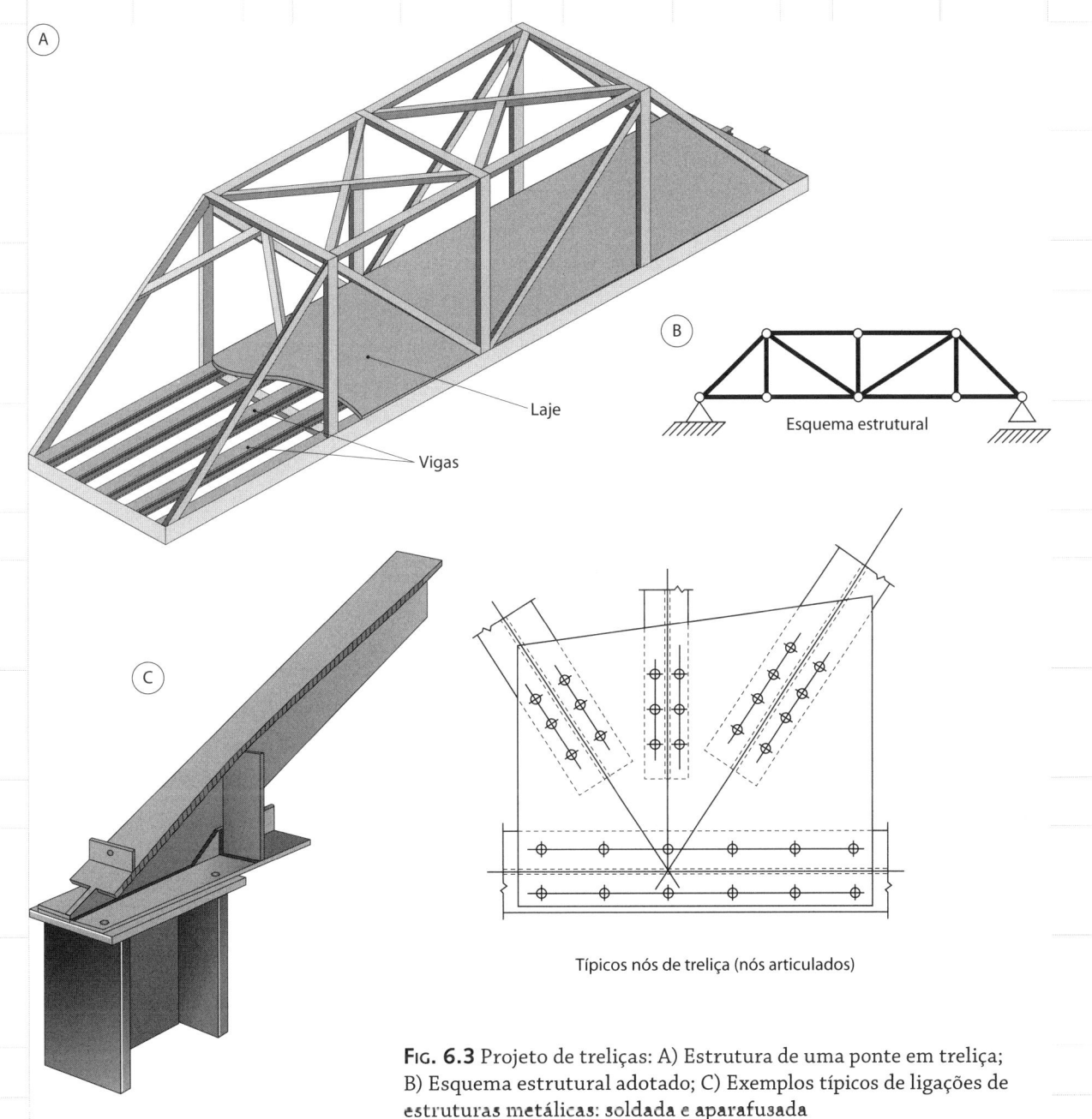

Fig. 6.3 Projeto de treliças: A) Estrutura de uma ponte em treliça; B) Esquema estrutural adotado; C) Exemplos típicos de ligações de estruturas metálicas: soldada e aparafusada

- *para as barras carregadas é também necessário determinar os diagramas dos esforços: normais N (quando houver carregamento axial) e cortantes Q e momentos fletores M (quando houver carregamento transversal).*

Quanto à lei de formação as treliças podem ser:
- simples, compostas e complexas.

Quanto à estaticidade, as treliças, assim como qualquer outra estrutura, podem ser:
- hipostáticas, isostáticas e hiperestáticas.

6.1 Lei de Formação das Treliças Simples

A lei de formação básica das treliças simples encontra-se representada graficamente na Fig. 6.4, para o caso das treliças planas. Estabelece que: se a qualquer treliça básica isostática (sistema indeformável isostático) acrescenta-se um nó (duas equações) e interliga-se este nó a dois nós indeslocáveis entre si por meio de duas novas barras (duas incógnitas), a nova estrutura continua a ser uma treliça plana isostática simples. Este procedimento pode ser repetido várias vezes e segundo a imaginação do projetista. Os nós indeslocáveis podem ser nós de apoio ou os nós inicial e final de uma barra de treliça já existente.

Esta lei de formação pode ser estendida às treliças espaciais, considerando-se a interligação de um novo nó (três equações) a três nós, indeslocáveis entre si, através de três novas barras (três incógnitas).

Esta lei de formação é fundamental para a análise da estabilidade das treliças simples, como será estudada a seguir.

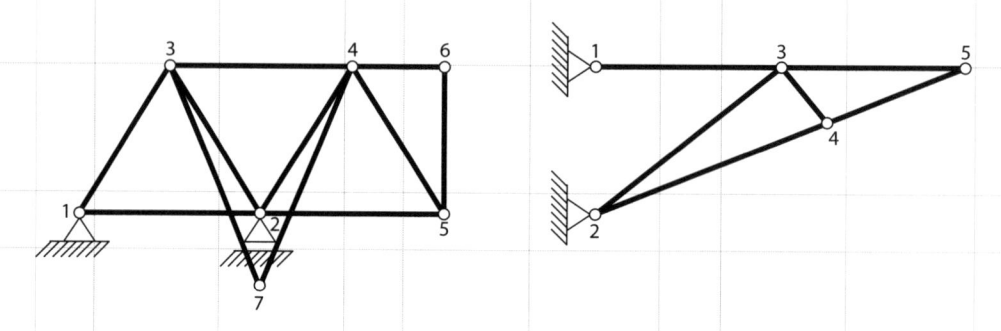

Fig. 6.4 Lei de formação das treliças planas simples

6.2 Métodos de Análise das Treliças

A resolução de uma treliça ideal consiste na determinação dos esforços normais N em todos os seus elementos. A análise das treliças pode ser feita estabelecendo-se o *equilíbrio*:

- **de parte da estrutura**: através do *Método das Seções* (ou *Método de Ritter*); ou
- **de seus nós**: através do *Método dos Nós*. O *Método de Cremona* é um método gráfico de equilíbrio dos nós.

Os métodos de análise das treliças baseiam-se nas seguintes hipóteses:

- seus nós são rotulados e
- as cargas são aplicadas nos nós.

Estas hipóteses conduzem ao conceito de *Treliça Ideal*, a qual é uma simplificação para efeito de cálculo. Na prática, os nós das treliças, de aço, madeira ou qualquer outro material, são aparafusados, soldados, ou rebitados (não mais empregados) não sendo, portanto, rótulas perfeitas. Em geral, pequenas cargas (peso próprio e outras) encontram-se também aplicadas ao longo de seus elementos. No entanto, para efeito de cálculo, as hipóteses acima conduzem a resultados suficientemente precisos. Na prática, todos os nós das treliças são projetados através de ligações, conforme ilustrado na Fig.6.3C, de forma que todos os eixos das barras que se conectam num nó sejam convergentes num único ponto. Para efeito de cálculo, as barras, submetidas somente a esforços normais N, formam um sistema de forças concorrentes em equilíbrio.

Após identificar a estabilidade e a estaticidade das treliças, inicia-se o aprendizado dos métodos de resolução com aplicações a treliças ideais simples.

6.3 Estaticidade e Estabilidade das Treliças

Os conceitos de estaticidade e estabilidade estão sempre associados. Uma estrutura só pode ser classificada como isostática ou hiperestática se for estável. A estaticidade estrutural é calculada comparando-se o número total de incógnitas com o número total de equações de equilíbrio disponíveis.

O número total de incógnitas, a serem determinadas na resolução de uma treliça é:

$$n_{inc} = r + b$$

sendo

r – o número de reações de apoio (incógnitas externas), e

b – o número de barras que compõem a treliça, que é igual ao número de esforços normais N (incógnitas internas).

Como cada nó de uma treliça, sobre o qual agem somente forças concentradas, deve estar em equilíbrio, sendo

n – o número de equações de equilíbrio disponíveis por nó, tendo-se, portanto

- para a treliça plana: $n = 2$
- para a treliça espacial: $n = 3$

e

j – o número de nós

o número total de equações disponíveis para a resolução de uma treliça pode ser calculado como

$$n_{eq} = n \cdot j$$

A Fig. 6.5 evidencia, por meio do cruzamento das barras internas de três modelos distintos, alguns aspectos importantes na representação gráfica dos nós e dos elementos que compõem as estruturas. Na Fig. 6.5A as duas barras internas estão sobrepostas, isto é, inexiste nó de ligação entre as barras 3 e 4. Nas Figs. 6.5B e C, as quatro barras internas (3, 4, 6 e 7) estão interconectadas no nó 3, o qual é articulado no modelo em B e rígido no modelo em C. Os modelos representados em A e B são de treliças planas, e o representado em C é de pórtico plano.

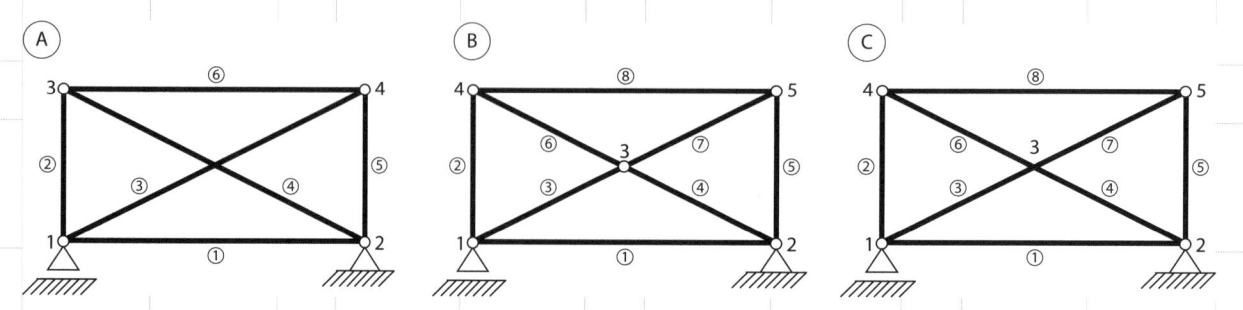

FIG. 6.5 Representação de barras e nós: A) barras 3 e 4 são superpostas; B) barras 3, 4, 6 e 7 são interconectadas no nó articulado 3; C) barras 3, 4, 6 e 7 são interconectadas no nó rígido 3

O Quadro 3.1 sintetiza a análise da estabilidade e da estaticidade das treliças I, II e III. Externamente as três são biapoiadas, apresentando portanto o mesmo número de incógnitas externas. Internamente, entretanto, as três são diferentes.

QUADRO 3.1 Estabilidade e estaticidade das treliças planas I, II e III

TRELIÇAS PLANAS		
Equações por nó: n = 2; Número de nós: j = 4; Número total de equações = n . j = 8		
Externamente – Incógnitas externas: r = 3		
Internamente – Incógnitas internas		
b = 4	b = 5	b = 6
Estaticidade Global = Estaticidade Externa + Estaticidade Interna		
r + b < 2j	r + b = 2j	r + b > 2j
3 + 4 < 8	3 + 5 = 8	3 + 6 > 8
instável hipostática	estável isostática	estável hiperestática

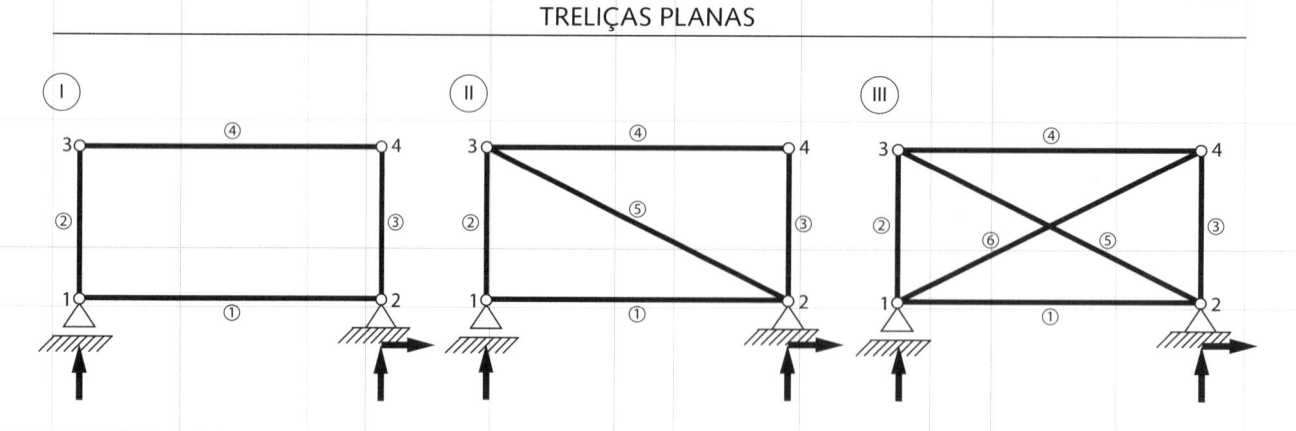

Na análise da *estabilidade* e da *estaticidade global* de uma treliça plana, um dos três casos seguintes pode ocorrer:

	ESTABILIDADE	ESTATICIDADE
r + b < 2j	é sempre instável	treliças hipostáticas
r + b = 2j	+ Estabilidade	treliças isostáticas
r + b > 2j	+ Estabilidade	treliças hiperestáticas

Atenção
Estaticidade e Estabilidade

As condições expressas por r + b = 2j e r + b > 2j são condições *necessárias mas não suficientes*, para que as treliças sejam classificadas como isostáticas e hiperestáticas, respectivamente. Em ambos os casos, a condição necessária da *estabilidade* tem que ser satisfeita.

A instabilidade das estruturas pode ser oriunda:
- de formas geométricas críticas, isto é, barras da treliça arranjadas de forma inadequada.
- de posicionamentos incorretos dos apoios, isto é, forças reativas formando sistemas de forças paralelas ou concorrentes.
- de instabilidade parcial em decorrência de trechos hiperestáticos e hipostáticos na estrutura.

Exemplos de treliças instáveis podem ser observados na Fig. 6.6. A instabilidade devido à forma crítica (Fig. 6.6A) nem sempre é de fácil identificação. A observação da regra básica de formação das treliças é fundamental para a estabilidade das treliças (Fig. 6.6A e C).

(A) Forma crítica	(B) Apoios incorretos	(C) Instabilidade parcial
r = 3 j = 6	r = 3 j = 5	r = 3 j = 10
b = 9	b = 8	b = 17
r + b = 2j	r + b = 2j	r + b = 2j
Instável hipostática	Instável hipostática	Instável hipostática

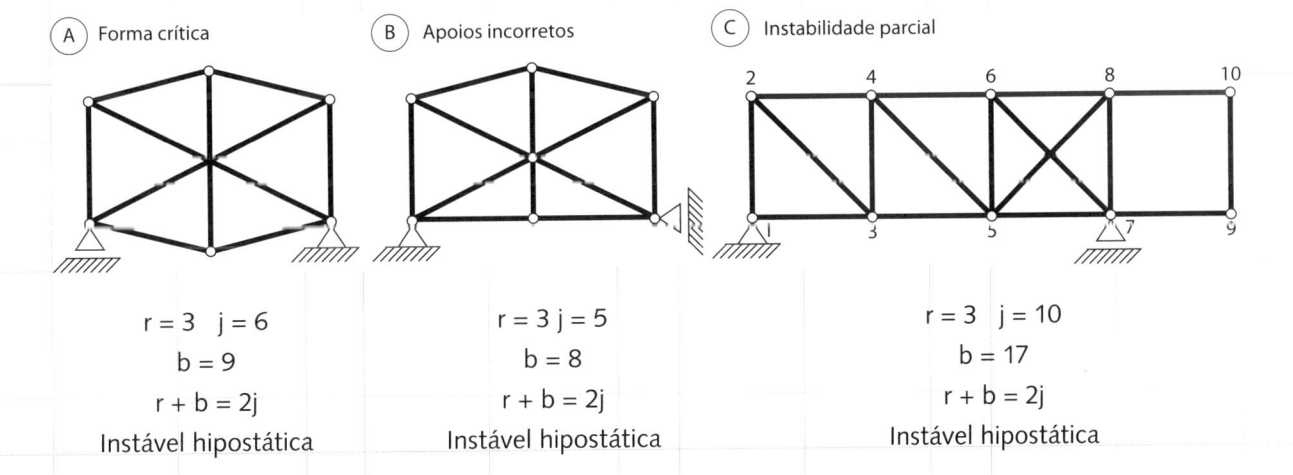

FIG. 6.6 Treliças instáveis

Exercício 6.1

Classifique as treliças representadas na Fig. 6.7 quanto à estabilidade e à estaticidade:

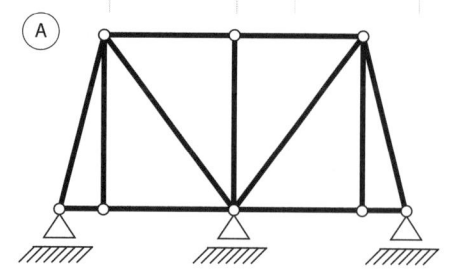

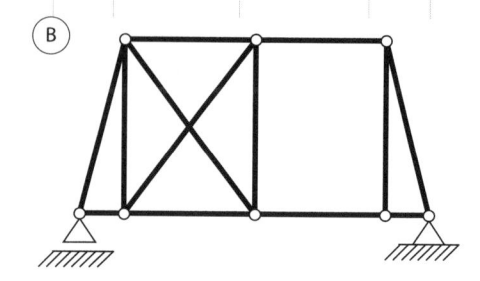

Fig. 6.7 Exercício de classificação de treliças quanto à estabilidade e à estaticidade

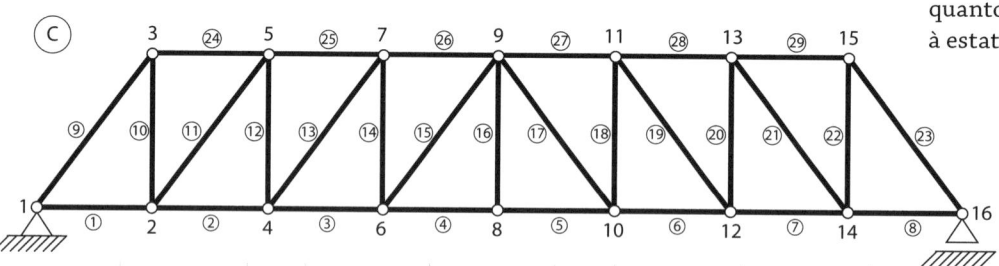

A) $b = 13$; $r = 3$; $j = 8$; $r + b = 16$ e $2j = 16 \Rightarrow r + b = 2j \Rightarrow$ estrutura instável $\Rightarrow$ hipostática

B) $b = 13$; $r = 3$; $j = 8$; $r + b = 16$ e $2j = 16 \Rightarrow r + b = 2j \Rightarrow$ estrutura instável $\Rightarrow$ hipostática

C) $b = 29$; $r = 3$; $j = 16$; $r + b = 32$ e $2j = 32 \Rightarrow r + b = 2j \Rightarrow$ estrutura estável $\Rightarrow$ isostática

6.4 Método dos Nós

Este método consiste em estabelecer o equilíbrio em todos os nós da estrutura baseando-se na premissa de que se a estrutura, como um todo, está em *equilíbrio*, todas as partes que a constituem, no presente caso os nós, devem estar também em equilíbrio.

Em um nó de treliça os membros que nele convergem introduzem somente forças concentradas, não produzindo momentos. Assim sendo, em cada nó, conforme ilustrado na Fig. 6.8, as duas equações de equilíbrio disponíveis são:

Fig. 6.8 Exemplo de isolamento de um nó

$$\sum Fx = 0$$
$$\sum Fy = 0$$

Por consequência, para determinar os esforços normais das barras que converjam no nó é necessário que não se tenha mais do que duas incógnitas por nó.

Na resolução das treliças através do método do equilíbrio dos nós deve-se:

- determinar as reações de apoio;
- iniciar a determinação dos esforços normais nas barras a partir de um nó que apresente duas forças desconhecidas (em geral, nós dos apoios);
- prosseguir estabelecendo o equilíbrio de outros nós onde todas as forças, a menos de duas, tenham sido anteriormente determinadas.

Observar:
- A determinação dos esforços normais em algumas barras exige o cálculo dos esforços em outras barras. O método dos nós apresenta o inconveniente de transmitir erros de um nó para os seguintes.
- Quando o objetivo é determinar os esforços normais em apenas alguns elementos recomenda-se utilizar o método das seções.

Os métodos dos nós e das seções podem, e devem, ser usados intercalados.

Exercício 6.2

Determinar os esforços normais N nas barras da treliça da Fig.6.9 utilizando somente o método dos nós (lembrar que a utilização somente deste método não é recomendável).

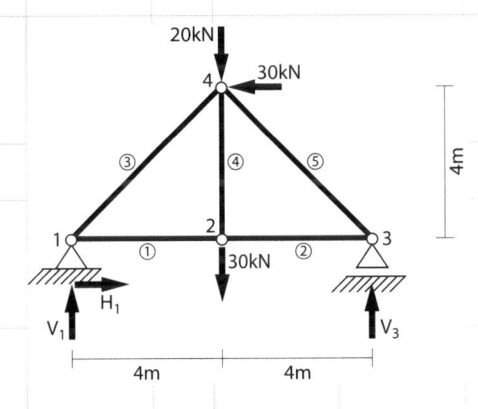

Fig. 6.9 Treliça ideal

- Reações de apoio:
(1) $\sum F_x = 0 \therefore H_1 - 30 = 0 \therefore H_1 = 30 \text{kN}$
(2) $\sum F_Y = 0 \therefore V_1 - 20 - 30 + V_3 = 0$
(3) $\sum M_1 = 0 \therefore -20 \times 4 + 30 \times 4 - 30 \times 4 + 8V_3 = 0 \therefore V_3 = 10 \text{kN} \therefore V_1 = 40 \text{kN}$

- Esforços normais nas barras (conforme esquemas representados na Fig. 6.10):

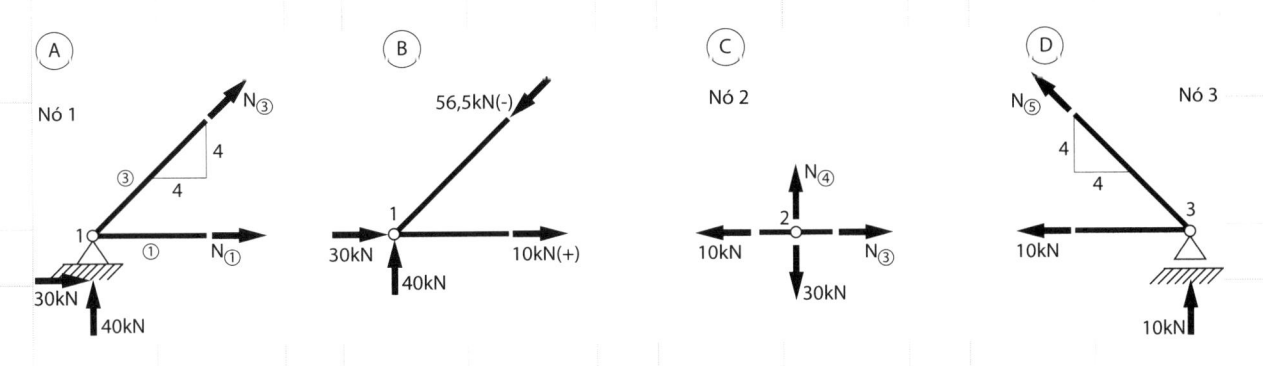

$$\alpha = 45° \therefore \text{sen}\,\alpha = \cos\alpha = \frac{\sqrt{2}}{2}$$

Fig. 6.10 Isolamento dos nós para resolução da treliça da Fig. 6.9. A) Nó 1 - arbitrando, para cálculo, sentidos positivos (tração); B) Nó 1 - sentidos corretos obtidos após o cálculo; C) Nó 2 - arbitrando, para cálculo, sentidos positivos (tração); D) Nó 3 - arbitrando, para cálculo de N_5, sentido positivo (tração)

Nó 1:

(1) $\sum F_x = 0 \therefore N_4 + 30 + N_3 \cos\alpha = 0$

(2) $\sum F_Y = 0 \therefore 40 + N_3 \operatorname{sen}\alpha = 0$

$N_3 = -56,6\,kN$ (sentido contrário – compressão)

$N_1 = 10\,kN$ (tração)

Nó 2:

(1) $\sum F_x = 0 \therefore -10 + N_2 = 0$

(2) $\sum F_Y = 0 \therefore N_4 - 30 = 0$

$N_2 = 10\,kN$ (sentido OK – tração)

$N_4 = 30\,kN$ (sentido OK – tração)

Nó 3:

(1) $\sum F_x = 0 \therefore -10 - N_5 \cos\alpha = 0$

(2) $\sum F_Y = 0 \therefore 10 + N_5 \operatorname{sen}\alpha = 0$ (desnecessária)

$N_5 = -14,3\,kN$ (sentido contrário – compressão)

Como os esforços normais são constantes ao longo das barras, o diagrama dos esforços normais nas treliças ideais deve ser fornecido conforme indicado na Fig.6.11.

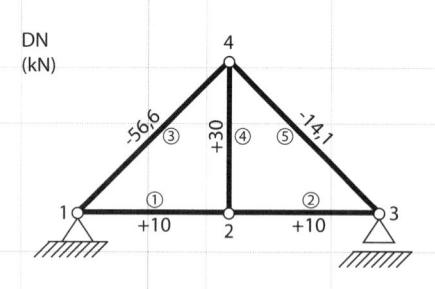

Fig. 6.11 Representação dos esforços normais em uma treliça ideal

6.5 Método de Maxwell-Cremona

O método de Maxwell-Cremona nada mais é do que um processo gráfico de resolução das treliças baseado no método do equilíbrio dos nós.

A representação gráfica de um sistema de forças em equilíbrio forma um polígono fechado. Observar que na grafostática as forças têm que ser representadas em escala.

Para que uma estrutura esteja em equilíbrio todas as suas partes devem também estar em *equilíbrio*. Assim sendo:

Um nó em equilíbrio → todos os nós em equilíbrio → a estrutura em equilíbrio

Os polígonos dos sistemas de forças concorrentes em equilíbrio, em cada nó do exercício anterior, são representados na Fig. 6.12.

Observar:
- O sentido de giro escolhido, horário no presente exercício, tem que ser respeitado.
- O traçado dos polígonos tem que iniciar sempre pelas forças conhecidas.
- O número de forças desconhecidas, por nó, não pode exceder dois.
- As forças têm que ser representadas em escala.

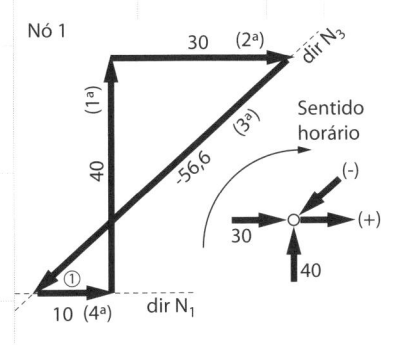

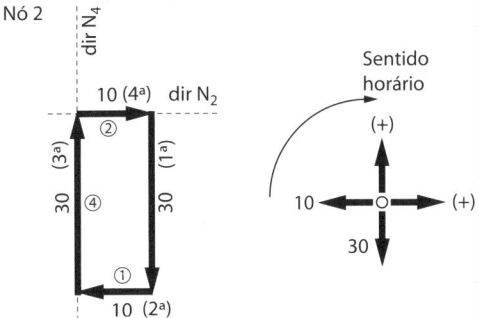

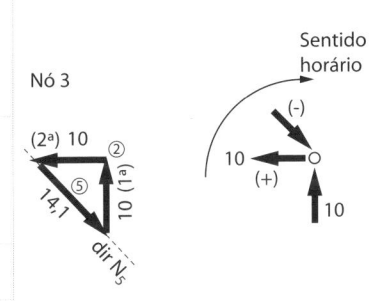

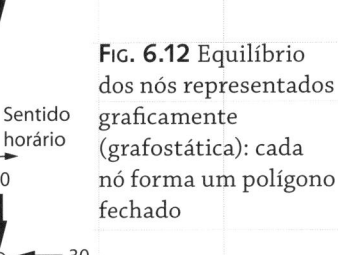

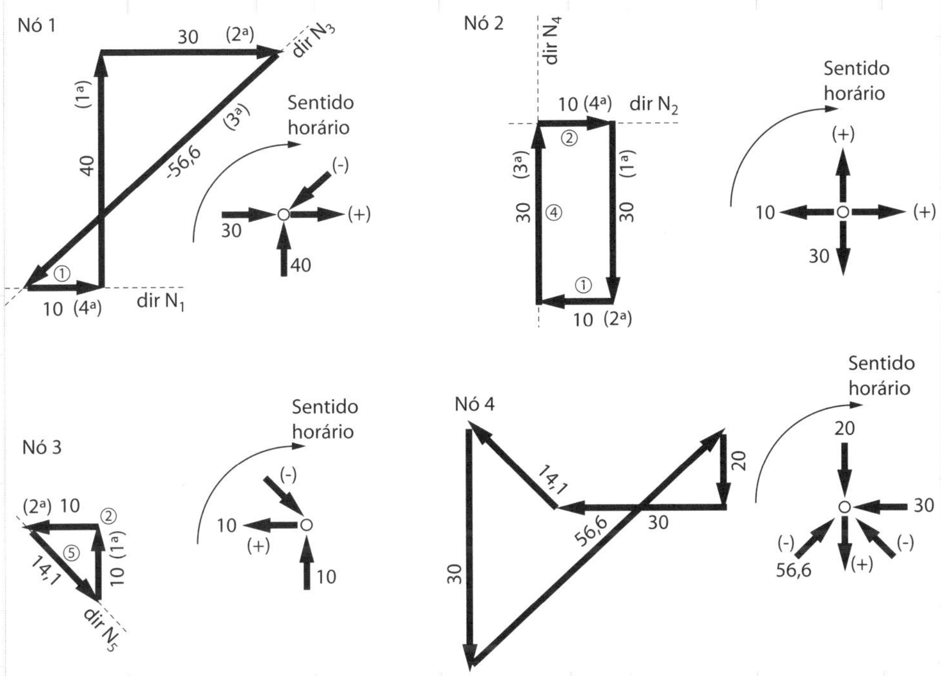

Fig. 6.12 Equilíbrio dos nós representados graficamente (grafostática): cada nó forma um polígono fechado

Se em cada nó tem-se um polígono fechado, o traçado do polígono de forças de toda a estrutura, também em equilíbrio, será fechado e dispensará repetições no traçado das forças.

Assim sendo, baseando-se no estudo gráfico do equilíbrio de cada nó da estrutura, o método de Maxwell-Cremona resolve a estrutura como um todo, reunindo os diversos polígonos de forças em um único desenho (Fig. 6.13B).

Na aplicação do método deve-se observar:

- A notação de Bow, conforme ilustrada na Fig. 6.13A, que consiste em identificar por meio de letras as regiões delimitadas pelas forças externas (ativas e reativas) e internas (normais N nas barras). Na Fig. 6.13 encontram-se indicadas 8 regiões, identificadas com letras de A a H.
- Iniciar o traçado por um nó no qual se tenha somente duas forças desconhecidas;
- Escolher um sentido de giro (horário ou anti-horário) que será mantido ao longo de todo o traçado;
- Iniciar sempre o traçado pelas forças conhecidas, observando as direções e os sentidos das forças, obedecendo sempre uma escala convenientemente escolhida;
- Identificar as forças pelas letras das regiões que ela delimita, obedecendo o sentido de giro adotado (exemplo ab se a força delimita as regiões A e B).

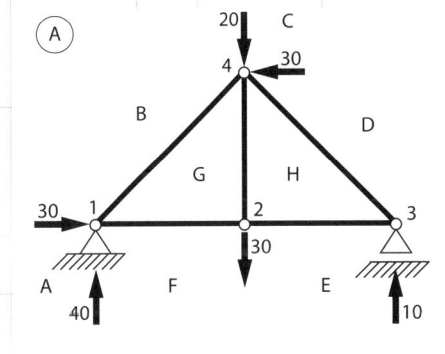

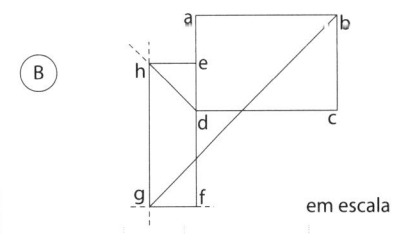

Fig. 6.13 Equilíbrio da estrutura representado graficamente, método de Maxwell-Cremona (grafostática): A) Notação de Bow; B) Forças normais nas barras, em escala

Na treliça do exercício anterior, adotando o sentido horário como positivo, inicia-se o traçado do polígono pelo apoio esquerdo. A força vertical de 40kN (Fig. 6.13A) será representada no polígono da Fig. 6.13B pela reta vertical *f-a*, pois delimita as regiões *F* e *A*. O sentido da força é debaixo (*f*) para cima (*a*). A partir do ponto *a* do polígono traça-se, em escala, a força seguinte do nó em questão: força *a-b* (horizontal e sentido da esquerda para a direita). A partir do ponto *b* traça--se a direção de *b-g* e a partir do ponto *f* (visando o fechamento do polígono de forças do nó 1) a direção de *g-f*. O traçado forma um polígono fechado, uma vez que o nó está em equilíbrio. O ponto *g* e os sentidos das forças *b-g* e *g-f*, incógnitas, são facilmente identificados, tendo o nó 1 como referência.

- O nó seguinte a ser analisado deve ter, sempre, **no máximo** duas incógnitas;
- Quando todos os nós forem estudados o polígono de forças da estrutura em equilíbrio será fechado e todas as forças em suas barras serão conhecidas.

Vantagem dos métodos gráficos:

Fornecem facilmente os esforços normais em todas as barras permitindo uma visão global da estrutura e visualizando o equilíbrio (polígono fechado).

Desvantagem:

A precisão depende do cuidado na elaboração gráfica.

Conclusão:

Com o advento e a ampla disponibilidade de equipamentos computacionais, esses métodos são pouco utilizados hoje em dia.

6.6 Método das Seções (Método de Ritter)

Seja a treliça representada na Fig. 6.14. Determinando-se inicialmente as reações de apoio:

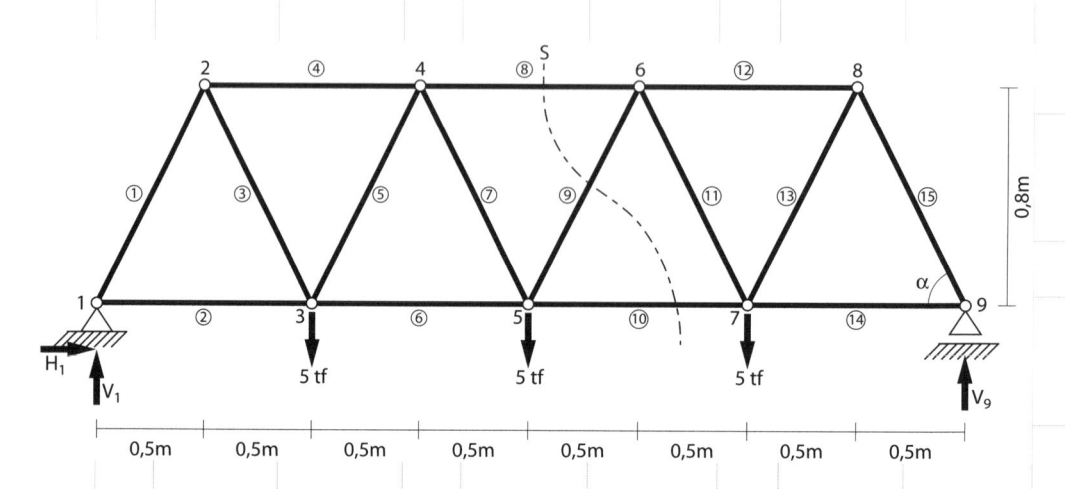

$$H_1 = 0, \quad V_1 = 7,5 \text{ tf} \quad \text{e} \quad V_9 = 7,5 \text{ tf}$$

Fig. 6.14 Resolução da treliça pelo método das seções: considerações para a escolha da seção de *Ritter S*

Escolhe-se a seguir uma seção **S – Seção de Ritter** – que intercepte três barras *não paralelas e nem concorrentes*. Sabe-se que as partes, à esquerda ou à direita de S, estão em *equilíbrio*. Isolando-se uma delas (*a mais simples*), o efeito da outra parte da treliça sobre a parte isolada é considerado introduzindo-se os esforços internos nas barras interceptadas na seção S. No caso das treliças as barras interceptadas estão somente submetidas a **esforços normais N**. Os esforços normais N nestas barras podem ser determinados através das três equações de *equilíbrio*.

Para a determinação dos esforços normais nas barras 8, 9 e 10 da treliça, considera-se a seção de Ritter indicada. Para o equilíbrio da parte a direita de S (a parte mais simples), conforme representada na Fig. 6.15, tem-se:

- Esforços normais nas barras 8, 9 e 10:

$$\alpha = \text{arctg}\ \frac{0,8}{0,5} = 58° \begin{cases} \text{sen}\,\alpha = 0,848 \\ \cos\alpha = 0,530 \end{cases}$$

$$\sum F_x = 0 \therefore -N_8 - N_9 \cos\alpha - N_{10} = 0$$

$$\sum F_Y = 0 \therefore 7,5 - 5 - N_9\,\text{sen}\,\alpha = 0$$

$$\therefore N_9 = 2,95\ \text{tf (sentido ok} \Rightarrow \text{tração)}$$

$$\sum M_5 = 0 \therefore +0,8\,N_8 - 5 \times 1 + 7,5 \times 2 = 0$$

$$\therefore N_8 = -12,5\ \text{tf (sentido contrário} \Rightarrow \text{compressão)}$$

$$\therefore N_{10} = +10,94\ \text{tf (sentido ok} \Rightarrow \text{tração)}$$

Os esforços normais nas barras 8, 9 e 10 são: $N_8 = -12,5$ tf, $N_9 = 2,95$ tf e $N_{10} = 10,94$ tf.

Propõe-se a resolução do exercício considerando o equilíbrio da parte à esquerda da seção S.

Observar:

- Arbitrando-se todos os esforços normais como de tração, os sinais obtidos das equações de equilíbrio conduzem a:
  sinal positivo (+) ⇒ *tração*
  sinal negativo (–) ⇒ *compressão*
  de acordo com a convenção de sinais dos esforços normais.
- O método das seções apresenta a vantagem de não transpor erros de uma parte da estrutura a outras, como ocorre com o método do equilíbrio dos nós.
- O método das seções é particularmente útil quando se deseja determinar os esforços normais em algumas barras.

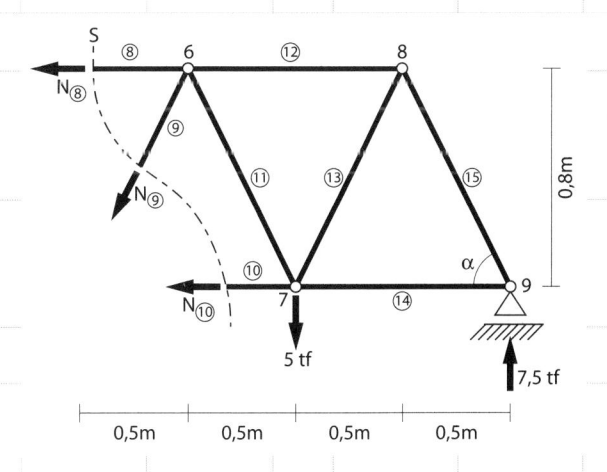

Fig. 6.15 Equilíbrio da parte à direita da seção de Ritter

- Tantas seções, quantas forem necessárias, devem ser consideradas quando se deseja determinar os esforços normais em todas as barras.
- Na resolução das treliças, o mais conveniente é utilizar dois métodos: das seções e dos nós. Recomenda-se, entretanto, dar preferência ao método das seções, utilizando o método dos nós somente para conclusões localizadas dos cálculos.

6.7 Observações Gerais sobre as Treliças

1. Observando-se o equilíbrio de cada nó (método dos nós), pode-se identificar, com facilidade, barras com esforços normais nulos, denominadas barras inativas. Por exemplo, conforme ilustrado na Fig. 6.16A, em nós sem forças aplicadas em que convergem três barras, sendo duas barras colineares, o esforço normal na barra não colinear é nulo.

2. No caso representado na Fig. 6.16B, em que os ângulos formados pelas barras são de 90°, mesmo que haja força aplicada ao nó, o esforço normal na barra não colinear é facilmente obtido, tendo em vista o equilíbrio na direção da barra não colinear. No caso representado na figura:

N_2 = +10kN (sentido OK $\Rightarrow$ tração)

3. A sensibilidade de como variam os esforços normais nos elementos de uma treliça (banzos e bielas) pode ser obtida através da analogia com as vigas (Fig. 6.17):

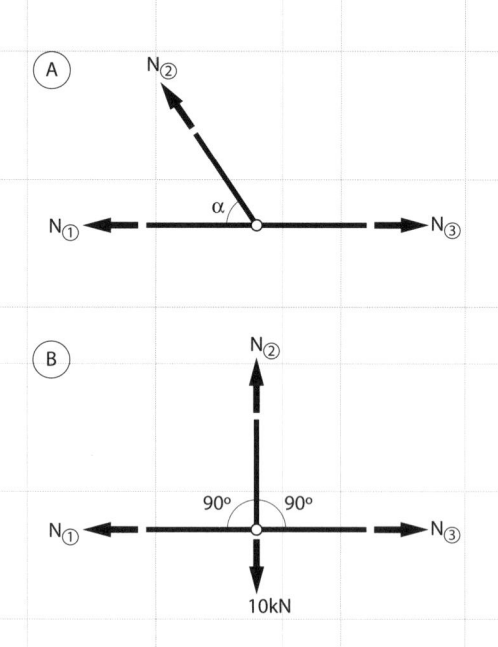

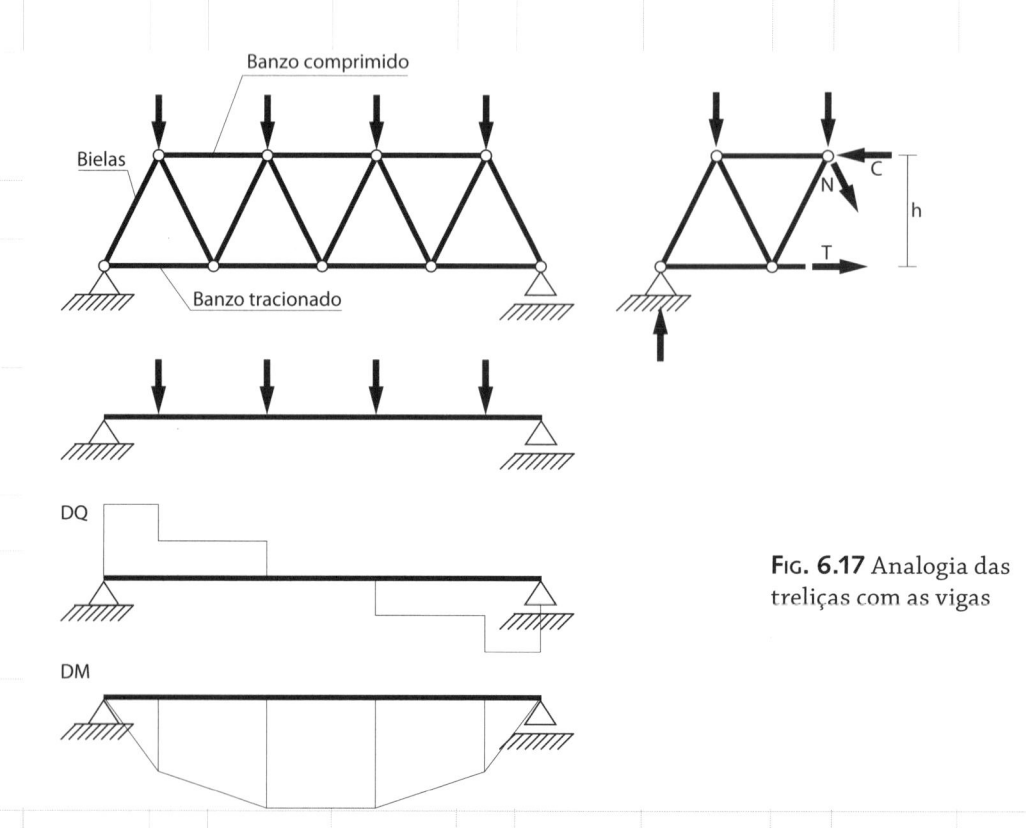

Fig. 6.16 Visualização do equilíbrio dos nós: A) N_2 = 0; B) N_2 = +10 kN

Fig. 6.17 Analogia das treliças com as vigas

- os banzos comprimido e tracionado formam binários (C e T) que absorvem os momentos fletores (M = T · h) acarretando, portanto, esforços normais crescentes em direção ao meio do vão, onde os momentos fletores nas vigas são maiores.
- as bielas (elementos verticais ou inclinados) absorvem, com as componentes verticais, os esforços cortantes acarretando portanto esforços normais crescentes em direção aos apoios, onde os esforços cortantes nas vigas são maiores. As componentes horizontais das bielas inclinadas participam no equilíbrio das forças na direção horizontal.

6.8 Treliças com Cargas fora dos Nós

As treliças com cargas fora dos nós são resolvidas superpondo-se a solução de uma *treliça ideal equivalente* com um *ajuste localizado* somente nas barras com carregamento, conforme ilustrado na Fig. 6.18. A *treliça ideal equivalente* é obtida determinando-se, para cada barra carregada, as forças nodais equivalentes ao carregamento aplicado na barra. Estas forças serão aplicadas nos nós iniciais e finais de cada barra que apresenta carregamento. Com a resolução da treliça ideal equivalente obtêm-se os esforços normais N, constantes em todas as barras. Nas barras sem carregamento, os esforços normais assim determinados constituem a resposta final. Porém, para as barras que contêm carregamento, são necessários ajustes localizados em cada barra carregada. Os esforços internos (diagramas de N, Q e M) que solicitam as barras carregadas são, então, determinados superpondo-se os esforços normais constantes – obtidos das soluções das *treliças ideais equivalentes* – com os esforços internos provenientes de um sistema de cargas constituído dos carregamentos aplicados ao longo das barras + as cargas nodais equivalentes com sentidos contrários às calculadas e aplicadas na *treliça ideal equivalente* (Fig. 6.18).

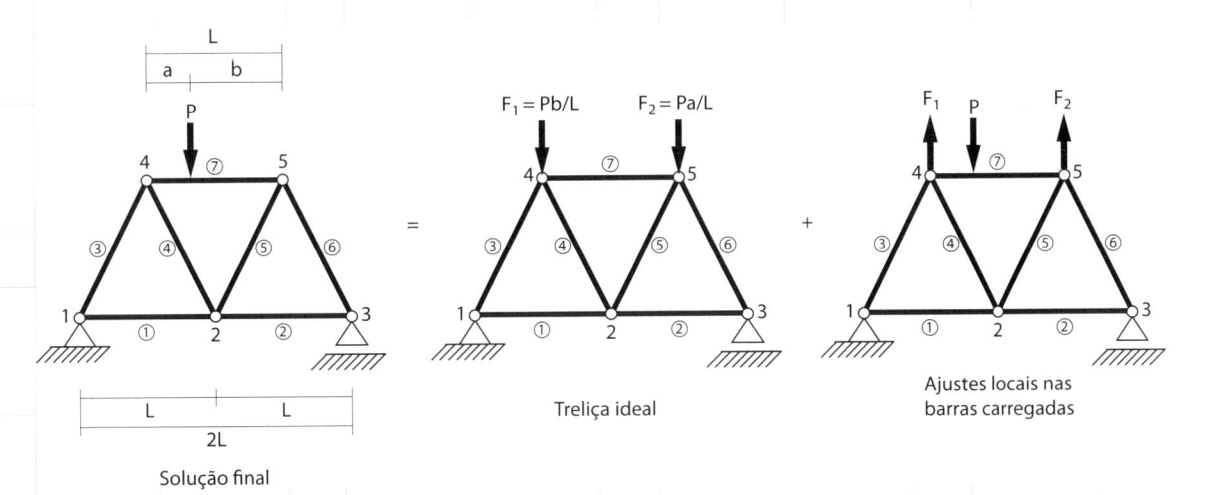

Fig. 6.18 Princípio da Superposição: Solução Final = Treliça ideal + Ajuste local nas barras com carregamentos

Para a barra 7 da treliça anterior, a Fig. 6.19 indica, esquematicamente, a determinação dos diagramas dos esforços internos N, Q e M. A Fig. 6.20 exemplifica a determinação e representação das cargas nodais equivalentes para alguns carregamentos típicos.

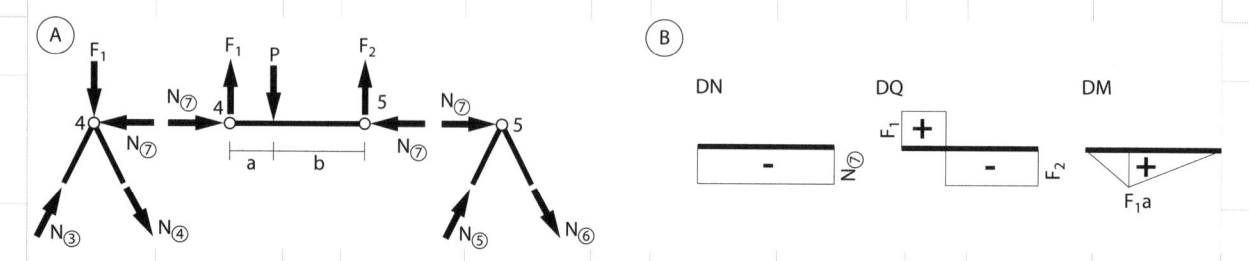

Fig. 6.19 Ajuste localizado na barra 7 carregada: A) Subestruturação; B) Diagramas dos ESI

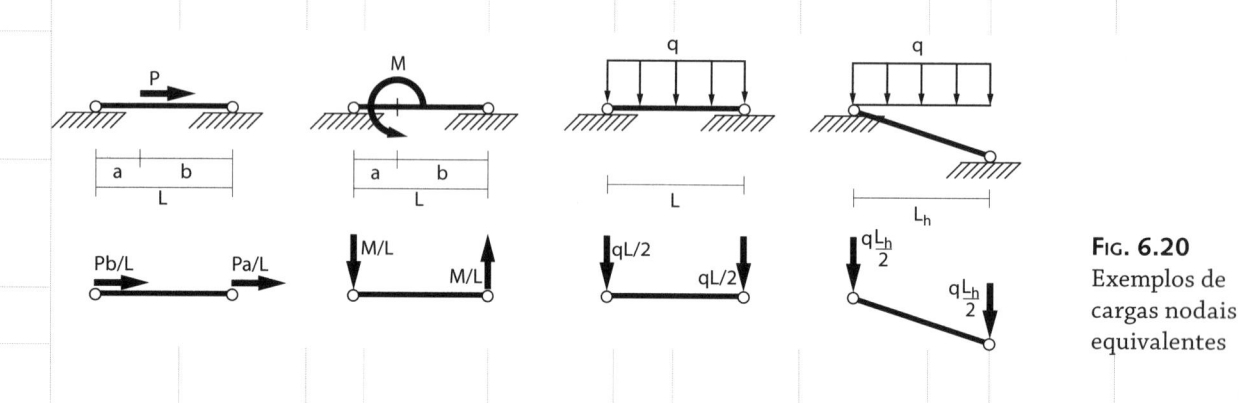

Fig. 6.20 Exemplos de cargas nodais equivalentes

Sumário dos Esforços Internos em Treliças com Cargas fora dos Nós

- **Barras Descarregadas**: estão submetidas somente a esforços normais N, constantes e obtidos na solução da *treliça ideal equivalente*.
- **Barras Carregadas**: os diagramas dos esforços normais (caso este apresente variação ao longo da barra), dos momentos fletores e dos esforços cortantes são obtidos através de ajustes localizados nestas barras. Caso N seja constante basta indicar o seu valor e sinal.

Exercício 6.3

Traçar os diagramas dos esforços solicitantes da treliça da Fig. 6.21A.
- Reações de apoio:
(1) $\sum F_x = 0 \therefore H_1 + H_2 = 0$
(2) $\sum F_Y = 0 \therefore V_2 - 5 - 5 - 2 = 0 \therefore V_2 = 12\text{tf}$
(3) $\sum M_1 = 0 \therefore -2H_2 - 2.2,5 - 5.2,5 - 5.5 = 0 \therefore H_2 = -21,25\text{tf} \therefore H_1 = 21,25\text{tf}$
- Esforços normais nas barras (conforme esquemas representados na Fig. 6.22):

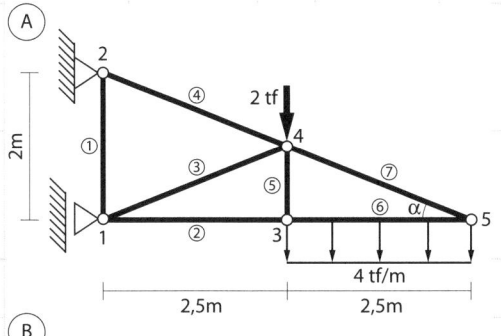

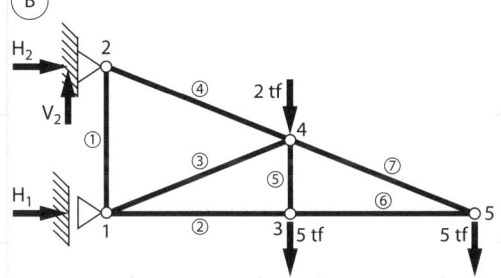

Fig. 6.21 A) Exemplo de treliça com cargas fora dos nós; B) Treliça ideal equivalente

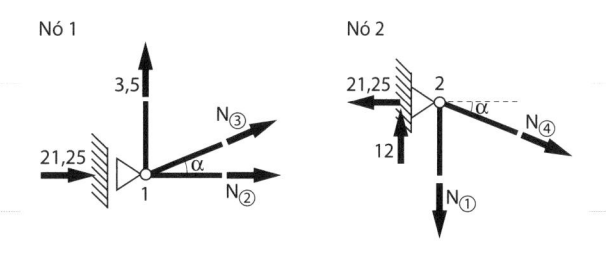

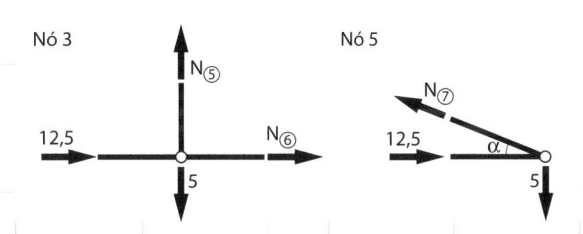

Fig. 6.22 Esquema de equilíbrio dos nós

$$\alpha = \text{arctg}\,\frac{1,0}{2,5} = 21,8° \quad \therefore \quad \begin{Bmatrix} \text{sen}\,\alpha = 0,371 \\ \cos\alpha = 0,929 \end{Bmatrix}$$

Nó 2:
(1) $\sum F_x = 0 \therefore -21,25 + N_4 \cos\alpha = 0$
(2) $\sum F_Y = 0 \therefore 12 - N_1 - N_4 \,\text{sen}\,\alpha = 0$
   $N_4 = +22,9$ tf (tração)
   $N_1 = +3,5$ tf (tração)

Nó 1:
(1) $\sum F_x = 0 \therefore 21,25 + N_2 + N_3 \cos\alpha = 0$
(2) $\sum F_Y = 0 \therefore 3,5 + N_3 \,\text{sen}\,\alpha = 0$
   $N_2 = -12,5$ tf (compressão)
   $N_3 = -9,4$ tf (compressão)

Nó 3:
(1) $\sum F_x = 0 \therefore 12,5 + N_6 = 0$
(2) $\sum F_Y = 0 \therefore N_5 - 5 = 0$
   $N_6 = -12,5$ tf (compressão)
   $N_5 = +5,0$ tf (tração)

Nó 5:
(1) $\sum F_x = 0 \therefore 12,5 - N_7 \cos\alpha = 0$
(2) $\sum F_Y = 0 \therefore -5 + N_7 \,\text{sen}\,\alpha = 0$ (desnecessária)
   $N_7 = +13,5$ tf (tração)

- Esforços internos na barra com carregamento:

  Os diagramas dos ESI na barra 6 encontram-se representados na Fig. 6.23A.

- Esforços solicitantes internos na treliça com cargas fora dos nós – *resposta final*:

  A solução final para os ESI na estrutura encontra-se representada na Fig. 6.23B.

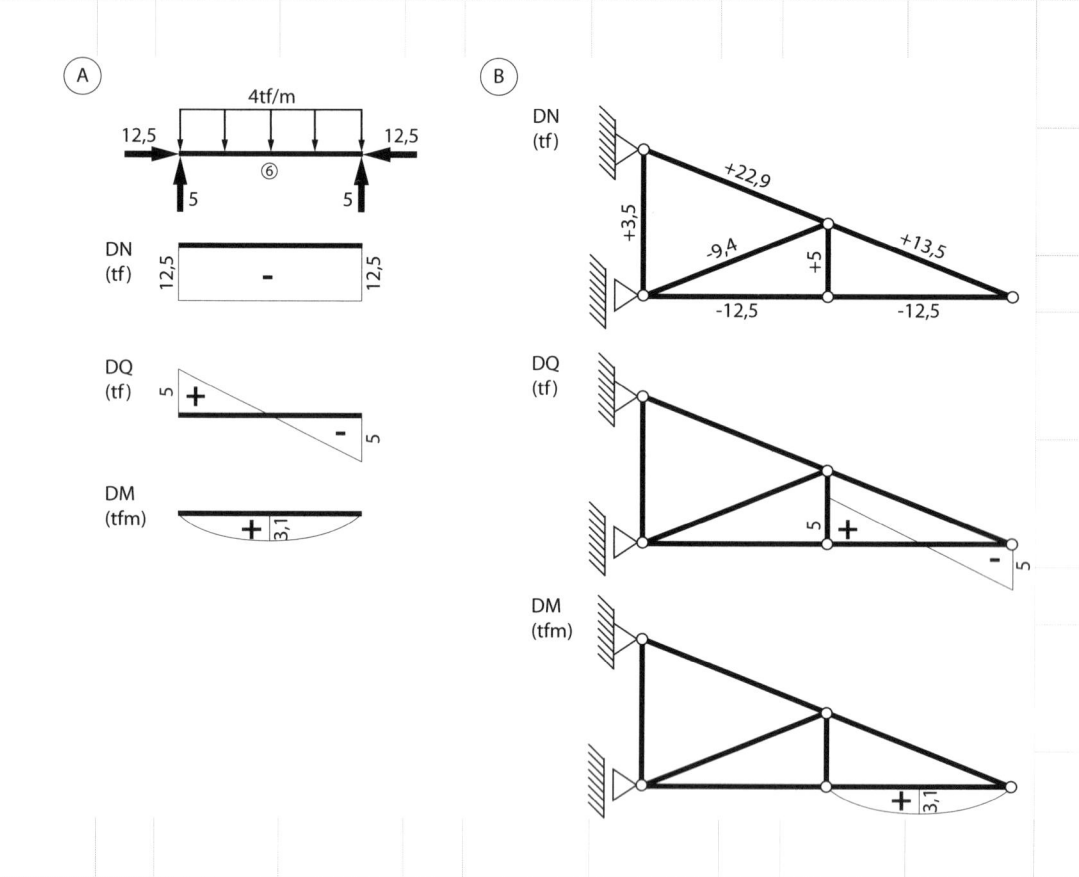

Fig. 6.23 A) Ajuste local (subestruturação) e ESI na barra 6 carregada; B) ESI finais para a treliça com cargas fora dos nós

6.9 Treliças Compostas

As treliças compostas são formadas pela associação de duas ou mais treliças simples (sistemas indeformáveis isostáticos) através de um ou mais sistemas de ligação isostáticos, podendo ser classificadas por tipos I, II e III.

A Fig. 6.24 exemplifica a associação de treliças simples para a formação de treliças compostas do tipo I.

Estes sistemas isostáticos de ligação das treliças compostas do tipo I podem ser constituídos:

- de três barras simples não paralelas nem concorrentes: treliça A na Fig. 6.24.
- de um nó e uma barra não concorrente com este nó: treliça B na Fig. 6.24.

Fig. 6.24 Exemplos de treliças compostas

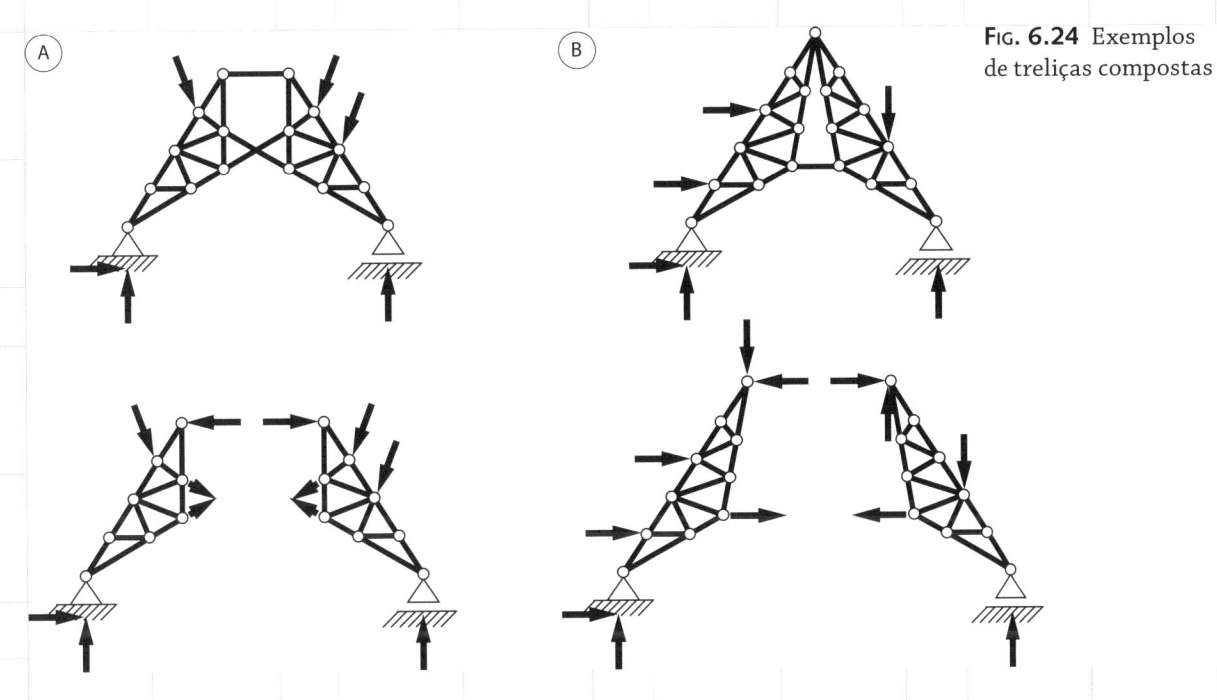

6.10 Método de Resolução das Treliças Compostas

Treliças compostas Tipo I
1. Determinar as reações de apoio.
2. Identificar elementos de ligação.
3. Traçar seção de Ritter cortando os elementos de ligação.
4. Impor o equilíbrio das partes.
5. Calculando-se os esforços nos elementos de ligação através de uma seção de Ritter que os intercepte, o problema recai na resolução das treliças simples que se encontram associadas.

Importante
- Verificar se a treliça é composta.
- Identificar os elementos de ligação a fim de determinar as forças de ligação tornando assim possível a decomposição das treliças compostas nas treliças simples que a formam.

Observar
Se não se reparar que se trata de uma treliça composta ao tentar resolvê-la não se conseguirá chegar ao fim, pois se esbarra em nós com três incógnitas.

Seção de Ritter nos Elementos de Ligação
Alguns exemplos de identificação das seções de Ritter cortando sistemas de ligação de treliças compostas são apresentados na Fig. 6.25.

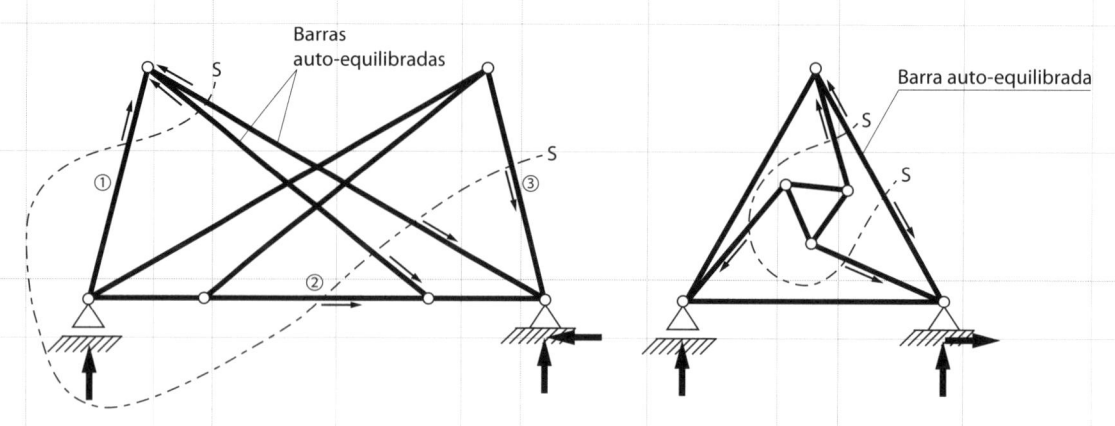

FIG. 6.25 Exemplos de seções de Ritter em sistemas de ligação de treliças compostas

Exercício 6.4

Determinar os esforços internos nas barras 1, 2, 3 e 4 da treliça do tipo I da Fig. 6.26.

- Reações de apoio:
(1) $\sum F_x = 0 \therefore H_2 = 0$
(2) $\sum F_Y = 0 \therefore V_1 + V_2 - 30 - 10 - 10 = 0 \therefore V_1 + V_2 = 50\,kN$
(3) $\sum M_1 = 0 \therefore -(30\cdot3) - (10\cdot2) - (10\cdot4) + (V_2\cdot6) = 0 \therefore V_2 = 25\,kN \therefore V_1 = 25\,kN$

- Esforços normais nas barras 1, 2 e 3 para a seção de Ritter indicada na Fig. 6.27A e estabelecendo o equilíbrio da parte da treliça abaixo de S (Fig. 6.27B), tem-se :

(1) $\sum F_x = 0 \therefore N_2 = 0$
(2) $\sum F_Y = 0 \therefore 25 + N_1 - 10 + 25 + N_3 = 0 \therefore N_1 + N_3 = -40\,kN$
(3) $\sum M_1 = 0 \therefore -(10 \times 2) + (N_3 \times 6) + (25 \times 6) = 0$

$\therefore N_3 = -21,7\,kN$ (compressão)

$\therefore N_1 = -18,3\,kN$ (compressão)

- Esforços internos na barra 4 (conforme esquemas representados na Fig. 6.28):

$$\alpha = \text{arctg}\,\frac{4}{3} = 53,13º \quad \therefore \quad \begin{cases} \text{sen}\,\alpha = 0,8 \\ \cos\alpha = 0,6 \end{cases}$$

(1) $\sum F_Y = 0 \therefore 18,3 - 15 - N_5 \times \cos\alpha = 0$
(2) $\sum F_x = 0 \therefore N_4 + N_5 \times \text{sen}\,\alpha = 0$

$\therefore N_5 = +5,5\,kN$ (tração)

$\therefore N_4 = -4,4\,kN$ (compressão)

Treliças Compostas Tipo II

Classificam-se como treliças compostas do tipo II aquelas nas quais a substituição de treliças secundárias por barras retas substitutas conduza a uma treliça simples, conforme ilustrado na Fig. 6.29.

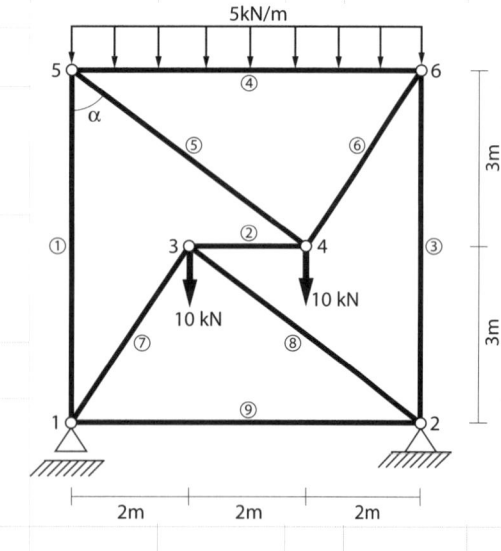

FIG. 6.26 Exemplo de treliça composta do tipo I

Fig. 6.27 A) Escolha da seção de Ritter S; B) Equilíbrio da parte abaixo de S

Fig. 6.28 A) Equilíbrio do nó 5; B) Acerto barra 4 e diagramas dos ESI da Barra 4

Fig. 6.29 Exemplos de treliças compostas do tipo II

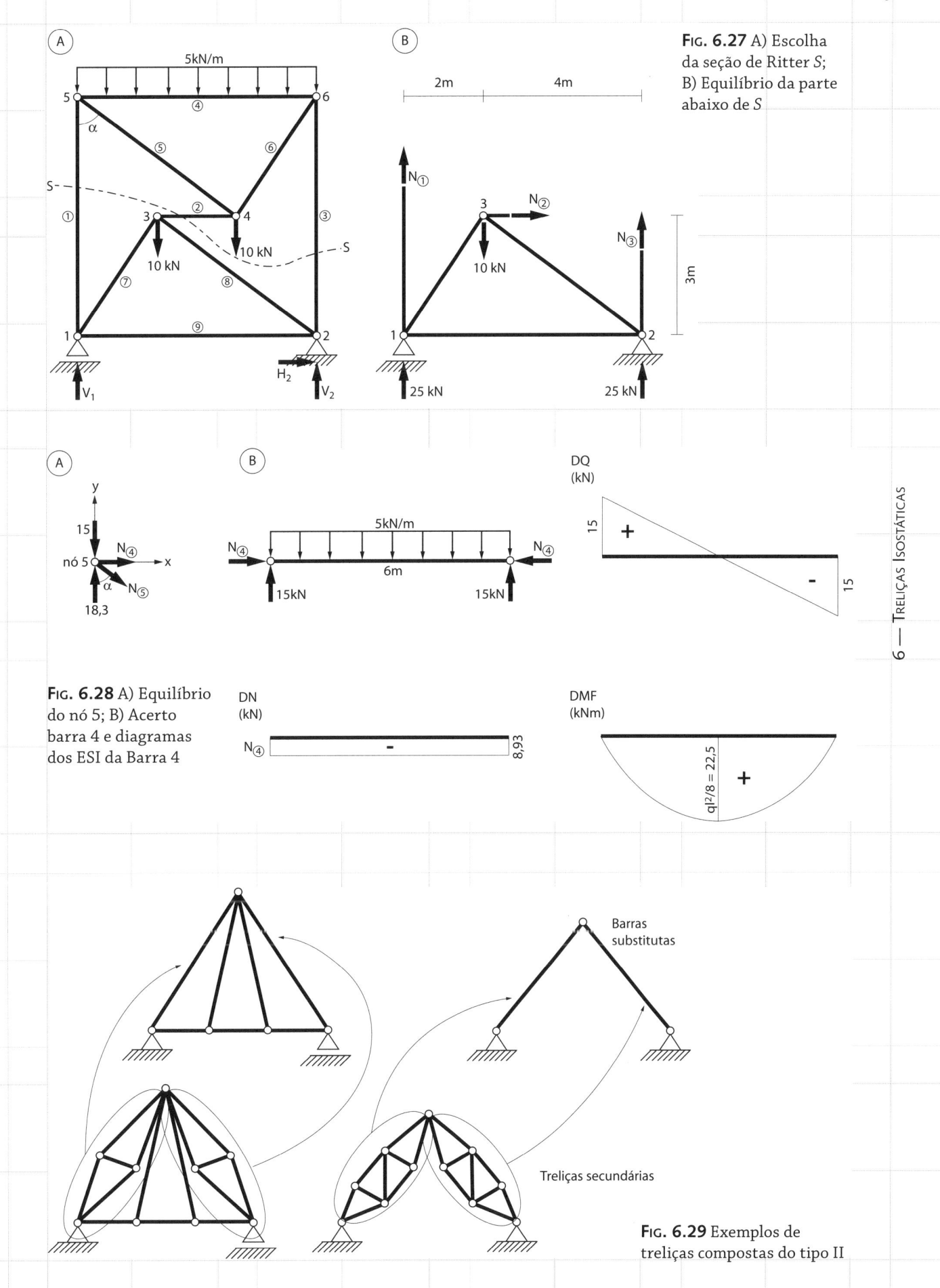

Método de Resolução

1. Identificar as treliças secundárias e substituí-las por barras retas.
2. Aplicar as cargas nodais equivalentes (dos carregamentos das treliças secundárias) nos nós iniciais e finais das barras retas substitutas.
3. Resolver a treliça simples assim obtida.
4. Fazer o ajuste nas treliças secundárias de forma análoga às barras carregadas das treliças com cargas fora dos nós (item 6.8).

Exercício 6.5

Determinar os esforços internos nas barras 1 e 2 da treliça da Fig. 6.30.

• Substituindo as treliças secundárias por barras retas e redistribuindo o carregamento, ficaremos com a seguinte treliça equivalente (Fig. 6.31):

• Sobrepostas à treliça da Fig. 6.31 estão as treliças secundárias 1-5-8 e 8-10-11, carregadas como é mostrado na Fig. 6.32.

• Resolvendo as treliças mostradas nas Figs. 6.31 e 6.32 (observando se tratar de uma estrutura simétrica com carregamento simétrico) e aplicando o princípio da superposição, obtém-se o resultado final da treliça composta.

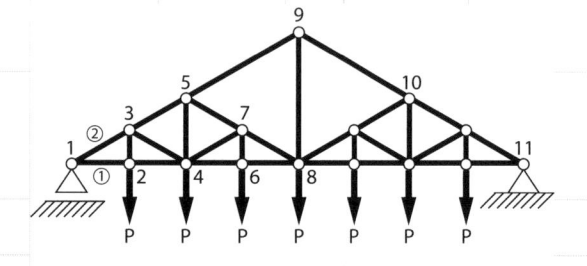

FIG. 6.30 Exemplo de treliça composta do tipo II

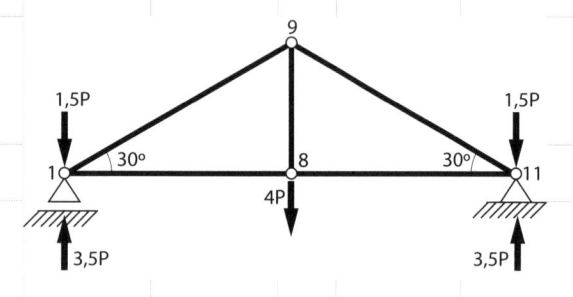

FIG. 6.31 Substituição das treliças secundárias por barras retas

• Resolução da treliça 1-9-11 (Fig. 6.31):
Nó 1:
(1) $\sum F_x = 0 \therefore N_{1-9} \times \cos 30° + N_{1-8} = 0$
(2) $\sum F_Y = 0 \therefore 2P + N_{1-9} \times \text{sen}30° = 0$
$\therefore N_{1-9} = -4P$ (compressão)
$\therefore N_{1-8} = 2P\sqrt{3}$ (tração)

Por simetria, conclui-se que:
$N_{9-11} = N_{1-9}$ e $N_{8-11} = N_{1-8}$
E, por inspeção, observa-se que:
$N_{8-9} = +4P$

• Resolução das treliças 1-5-8 e 8-10-11 (Fig. 6.32):
Nó 1:
(1) $\sum F_x = 0 \therefore N_{1-3} \times \cos 30° + N_{1-2} = 0$
(2) $\sum F_Y = 0 \therefore 1{,}5P + N_{1-3} \times \text{sen}30° = 0$
$\therefore N_{1-3} = -3P$ (compressão)
$\therefore N_{1-2} = 1{,}5P\sqrt{3}$ (tração)

- Aplicando o princípio da superposição nas barras 1 e 2, chega-se a:

  $N_1 = N_{1-8} + N_{1-2} = 2P\sqrt{3} + 1,5P\sqrt{3} = 3,5P\sqrt{3}$ (tração)

  $N_2 = N_{1-9} + N_{1-3} = -4P - 3P = -7P$ (compressão)

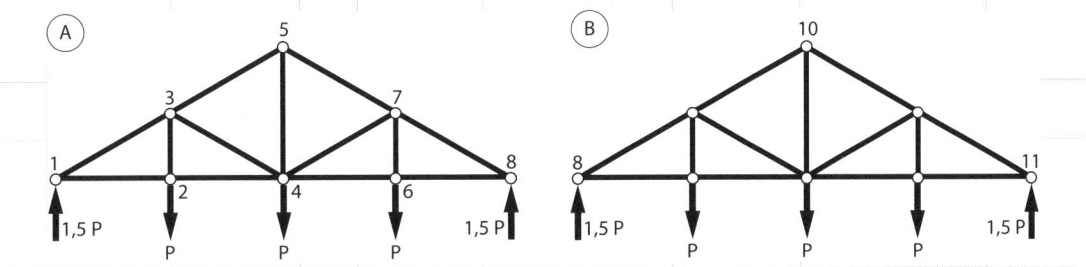

FIG. 6.32 Processo de análise de treliça composta do tipo II

Treliças Compostas Tipo III

São treliças compostas com comportamento de viga Gerber, conforme ilustrado na Fig. 6.33.

Método de Resolução

1. Identificar as treliças simples que encontram-se associadas, classificando-as como com estabilidade própria (**CEP**) e sem estabilidade própria (**SEP**).
2. Resolver as treliças simples observando a sequência de resolução, isto é, inicialmente as **SEP** e em seguida as **CEP**.

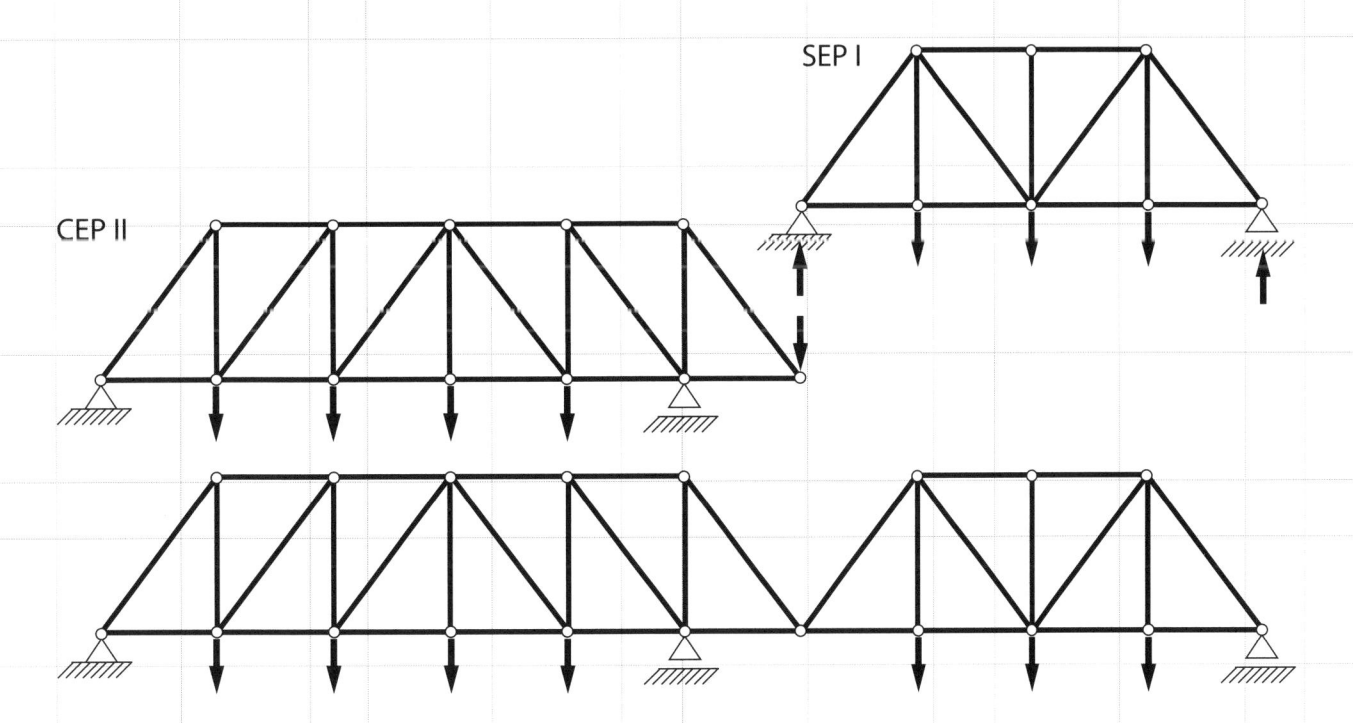

FIG. 6.33 Treliça composta tipo III com funcionamento de viga Gerber

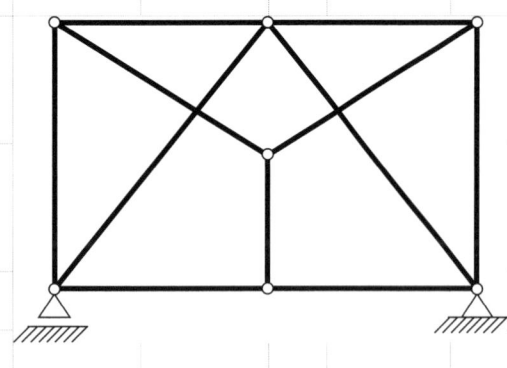

FIG. 6.34 Exemplo de treliça complexa

6.11 Treliças Complexas

Não se enquadram em nenhuma das classificações anteriores sendo porém uma estrutura que satisfaz a condição necessária, mas não suficiente, de isostaticidade (r + b = 2j). A situação de instabilidade devido à forma crítica (nem sempre possível de observar-se) pode ser detectada através do Método Henneberg, que é o método de resolução das treliças complexas.

Método de Resolução

O exercício abaixo exemplifica o Método de Henneberg.

Exercício 6.6

Determinar os esforços internos nas barras 1, 3 e 4 da treliça da Fig. 6.35.

- Após a determinação das forças reativas verifica-se a impossibilidade de utilização dos Métodos dos Nós ou da Seção de Ritter, estudados anteriormente. O Método de Henneberg consiste em substituir uma das barras da treliça complexa por uma outra barra, de forma a obter uma treliça estável e que permita a utilização dos métodos dos nós ou das seções.
- A treliça escolhida, e representada na Fig. 6.36, foi obtida substituindo-se a barra 7 pela barra a, ligando os nós 5 e 2.
- A treliça obtida deve então ser resolvida, utilizando os Métodos dos Nós e/ou das Seções, para os dois casos:
  - O carregamento 1 dado, conforme indicado na Fig. 6.36 e cujos esforços normais serão denominados de N', e
  - O carregamento 2, consistindo de duas forças unitárias, com sentidos opostos, aplicadas nos nós inicial 1 e final 4, na direção da barra 7 removida (ver Fig. 6.37A). Os esforços normais deste carregamento serão denominados de n'.
- Solução do carregamento 1 dado (Fig. 6.36):

Nó 1:

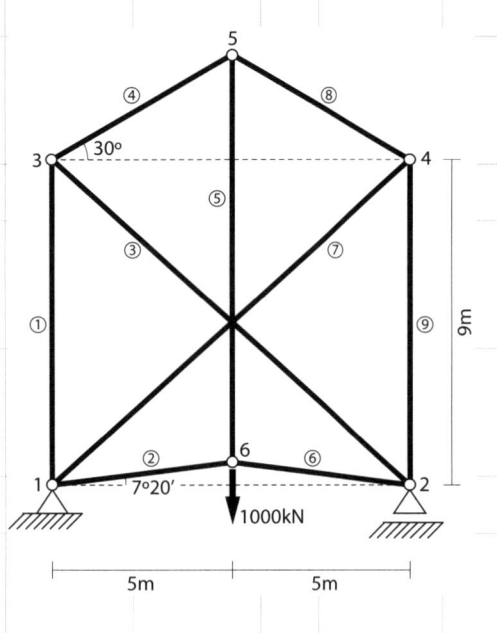

(1) $\sum F_x = 0 \therefore N'_2 \cos 7°20' = 0$

(2) $\sum F_Y = 0 \therefore N'_1 + 500 + N'_2 \operatorname{sen} 7°20' = 0$

$N'_2 = 0$

$N'_1 = -500$ kN (compressão)

FIG. 6.35 Treliça complexa

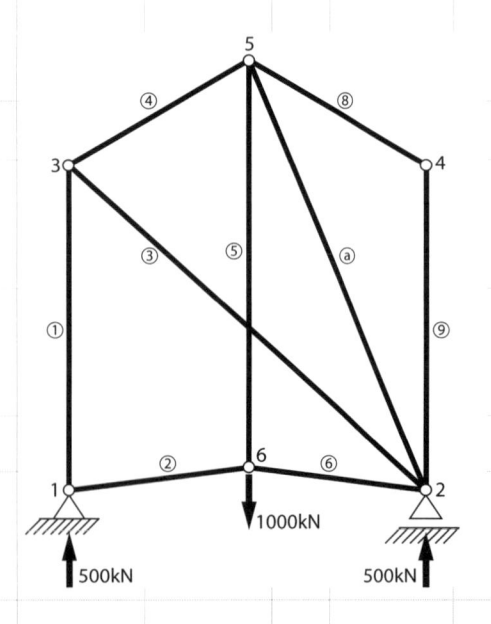

FIG. 6.36 Treliça modificada correspondente ao carregamento 1

Nó 3:
(1) $\sum F_x = 0 \therefore N'_4 \cos 30° + N'_3 \cos 42° = 0$
(2) $\sum F_Y = 0 \therefore 500 + N'_4 \sen 30° - N'_3 \sen 42° = 0$
   $N'_4 = -391$ kN (compressão)
   $N'_3 = +455$ kN (tração)

- Solução do carregamento 2 (Fig. 6.36A):
  Nó 1:
(1) $\sum F_x = 0 \therefore 1 \times \cos 42° + n'_2 \times \cos 7°20' = 0$
(2) $\sum F_x = 0 \therefore n'_1 + 1 \times \sen 42° + n'_2 \times \sen 7°20' = 0$
   $n'_2 = -0{,}749$ kN (compressão)
   $n'_1 = -0{,}574$ kN (compressão)

  Nó 3:
(1) $\sum F_x = 0 \therefore n'_4 \cos 30° + n'_3 \cos 42° = 0$
(2) $\sum F_Y = 0 \therefore 0{,}574 + n'_4 \sen 30° - n'_3 \sen 42° = 0$
   $n'_4 = -0{,}448$ kN (compressão)
   $n'_3 = +0{,}522$ kN (tração)

- Se n'_a é o normal na barra *a* para o carregamento 2 e se ao invés das forças unitárias nos nós 1 e 4, estas valerem *X* (carregamento 3), conforme indicado na Fig. 6.37B, o princípio da superposição permite escrever os esforços nas barras como :

$$n' X$$

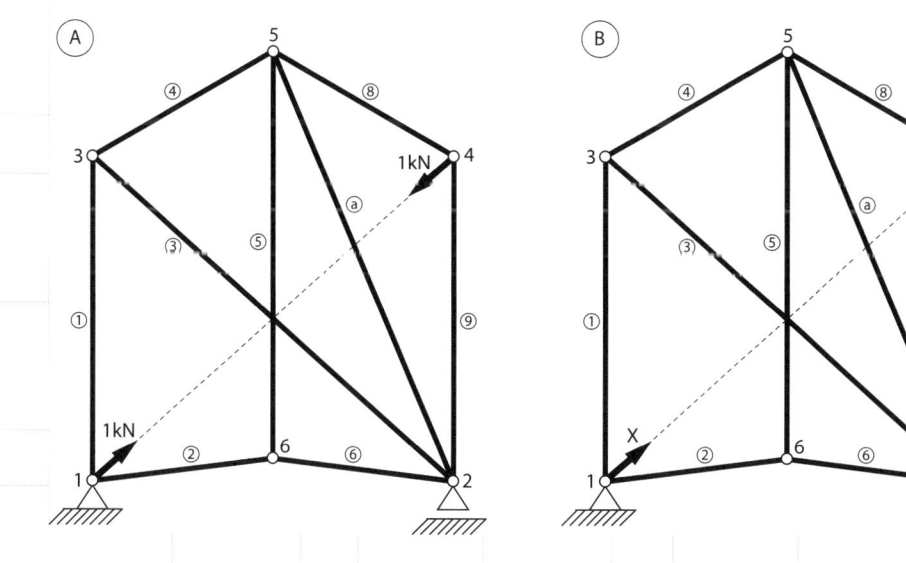

Fig. 6.37 A) Carregamento 2 (esforços n'); B) Carregamento 3

Aplicando novamente o princípio da superposição vê-se que a equação

$$N_a' + n_a'X = 0$$

fornece o valor de X que, quando superposto ao carregamento 1 dado, anula o normal na barra a adicionada. Como a barra a é, na verdade, inexistente, o valor de X calculado é o valor do normal na barra 7 removida.

- O valor de X obtido por :

$$X = -\frac{N_a'}{n_a'}$$

será utilizado para determinação dos esforços normais em todas as demais barras.

- Calculando-se os esforços internos na "barra substituta" (barra a), chega-se ao valor de X:

$$X = -\frac{-0,87}{+0,915} = +953$$

- Utilizando-se o valor de X, pode-se completar a tabela abaixo para obtenção dos valores reais dos esforços internos nas barras 1, 3 e 4:

BARRA	N_i'	n_i'	$n_i' \cdot X$	N_i
1	−500	−0,574	−547	−1.047
3	+455	+0,522	+497	+952
4	−391	−0,448	−427	−818
a	−873	+0,916	+873	0

7 ESTRUTURAS ISOSTÁTICAS NO ESPAÇO

O procedimento utilizado na análise das estruturas reticulares espaciais é análogo ao utilizado para estruturas reticulares planas. Para o caso mais geral das estruturas espaciais (pórticos espaciais) tem-se:

- Deslocamentos: $\vec{D}_x, \vec{D}_y, \vec{D}_z, \vec{\theta}_x, \vec{\theta}_y$ e $\vec{\theta}_z$
- Forças: $\vec{F}_x, \vec{F}_y, \vec{F}_z, \vec{M}_x, \vec{M}_y$ e $\vec{M}_z$
- Esforços Internos (Fig. 7.1): N, Q_y, Q_z, T, M_y e M_z
- Equações do Equilíbro Estático:

$$\sum F_x = 0 \qquad \sum M_x = 0$$
$$\sum F_y = 0 \qquad \sum M_y = 0$$
$$\sum F_z = 0 \qquad \sum M_z = 0$$

O estudo das estruturas reticulares espaciais será feito na seguinte ordem: treliças espaciais, grelhas, estruturas planas com carregamento qualquer, finalizando com o caso mais geral que é o dos pórticos espaciais.

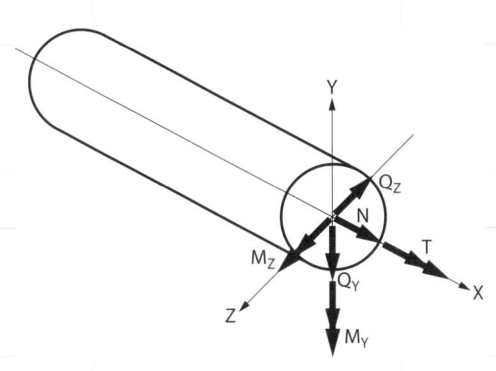

Fig. 7.1 Esforços solicitantes internos em pórticos espaciais: N, Q_y, Q_z, T, M_y e M_z

7.1 Treliças Espaciais

Assim como as treliças planas, as treliças espaciais são estruturas constituídas de barras ou elementos, com orientações qualquer, interconectadas por nós rotulados, conforme ilustrado na Fig. 7.2. Assim sendo, no caso das treliças espaciais ideais todos os elementos estão submetidos somente a esforços normais N. No caso das treliças espaciais com cargas fora dos nós, os diagramas dos esforços normais N (quando variável), dos esforços cortantes e dos momentos fletores – nas barras submetidas a carregamento – devem ser adicionalmente obtidos.

As treliças espaciais são analisadas de forma análoga às treliças planas, sendo que no espaço o equilíbrio dos nós deve satisfazer as três seguintes equações:

$$\sum F_x = 0$$
$$\sum F_y = 0$$
$$\sum F_z = 0$$

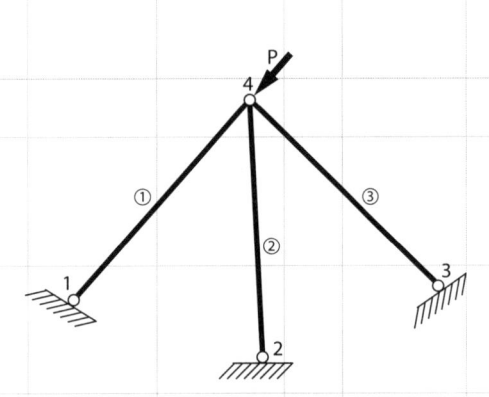

Fig. 7.2 Treliça espacial – as hastes 1, 2 e 3 não estão no mesmo plano

7.1.1 Verificação da estaticidade

Na análise da estaticidade de uma treliça espacial, assim como em qualquer outra estrutura, além da verificação da estabilidade o número total de incógnitas a determinar deve ser comparado com o número de equações disponíveis. O número total de incógnitas a determinar é:

$$n_{inc} = r + b$$

Sendo

r – o número de reações de apoio (incógnitas externas), e

b – o número de barras que compõem a treliça, que é igual ao número de esforços normais N (incógnitas internas).

Como cada nó de uma treliça, sobre o qual agem somente forças concentradas, deve estar em equilíbrio, sendo

n – o número de equações de equilíbrio disponíveis por nó (treliça espacial n = 3) e

j – o número de nós

o número total de equações disponíveis para a resolução de uma treliça é

$$n_{eq} = n \cdot j$$

Na análise da estabilidade e da *estaticidade global* de uma treliça espacial tem-se:

Tab. 7.1 Estabilidade e estaticidade de treliças espaciais

COMPARAÇÃO ENTRE n_{inc} e n_{eq}	ESTABILIDADE	ESTATICIDADE
r + b < 3j	é sempre instável	treliças hipostáticas
r + b = 3j	+ estabilidade	treliças isostáticas
r + b > 3j	+ estabilidade	treliças hiperestáticas

7.1.2 Lei de formação das treliças simples espaciais

A lei de formação básica das treliças espaciais simples encontra-se representada graficamente na Fig. 7.3. Observar que esta regra refere-se a barras que não pertencem ao mesmo plano. Estabelece que: se a qualquer treliça básica isostática (sistema indeformável isostático) acrescenta-se um nó (três equações) e interliga-se este nó a três nós indeslocáveis entre si através de três novas barras (três incógnitas), a nova estrutura continua a ser uma treliça isostática espacial simples. Este procedimento pode ser repetido inúmeras vezes e segundo a imaginação do projetista. Os nós indeslocáveis podem ser nós de apoio ou os nós inicial e final de uma barra já existente da treliça.

7.1.3 Resolução das treliças simples espaciais

Método dos nós

Analogamente à resolução das treliças planas, este método consiste em estabelecer o equilíbrio em todos os nós da estrutura baseando-se na premissa de que, se a estrutura como um todo está em *equilíbrio*, então, todos os nós estão também em equilíbrio.

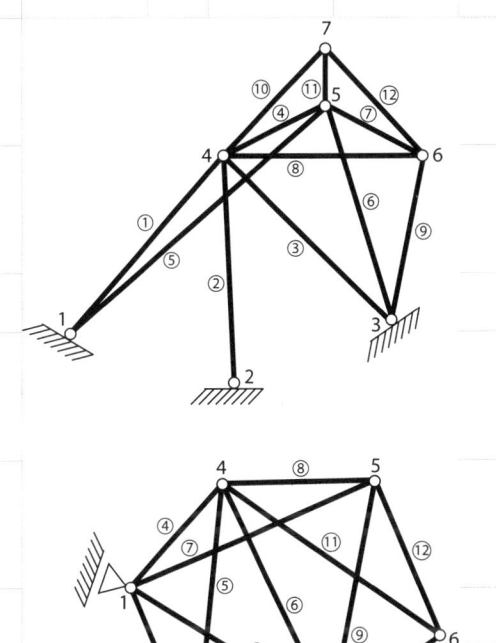

Fig. 7.3 Lei de formação das treliças espaciais isostáticas. As barras representadas não estão no mesmo plano

Em um nó de treliça os elementos que nele convergem introduzem somente forças concentradas, formando portanto um sistema de forças convergentes e consequentemente incapaz de gerar momentos. Assim sendo, em cada nó são três as equações de equilíbrio disponíveis:

$$\sum F_x = 0$$
$$\sum F_y = 0$$
$$\sum F_z = 0$$

Em cada nó da treliça espacial, o número máximo de incógnitas a serem determinadas é três.

Na resolução das treliças espaciais, pelo método do equilíbrio dos nós, deve-se:
- determinar as reações de apoio;
- iniciar a determinação dos esforços normais nas barras a partir de um nó que apresente no máximo três forças desconhecidas (em geral, nós dos apoios);
- prosseguir estabelecendo o equilíbrio de outros nós onde todas as forças, a menos de três, tenham sido anteriormente determinadas.

Observar:

- A determinação dos esforços normais em algumas barras exige o cálculo prévio dos esforços em outras barras. O método dos nós apresenta o inconveniente de transmitir erros de um nó para o seguinte.
- Quando o objetivo é a determinação dos esforços normais em apenas alguns elementos recomenda-se a utilização do método das seções.

Os métodos dos nós e das seções podem, e devem, ser usados intercalados. Os esforços normais N podem ser determinados analiticamente, através das equações de equilíbrio, ou graficamente através da Grafostática.

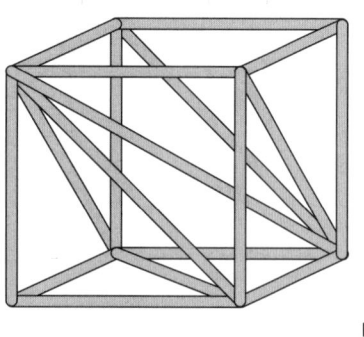

Exercício 7.1

Resolver a treliça simples espacial da Fig. 7.4.

- Este sistema tem a forma de um cubo. Nos vértices 1 e 7 são aplicadas duas forças P, iguais e opostas, que agem ao longo da diagonal 1-7 (linha tracejada na Fig. 7.4), formando um sistema autoequilibrado.

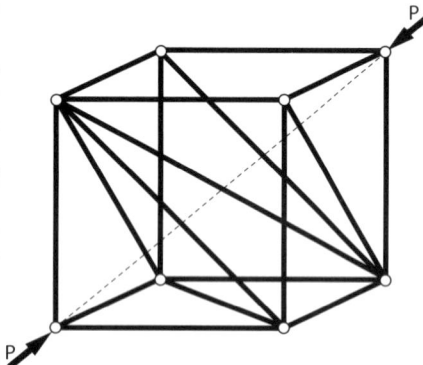

FIG. 7.4 Treliça simples espacial (Exercício 7.1)

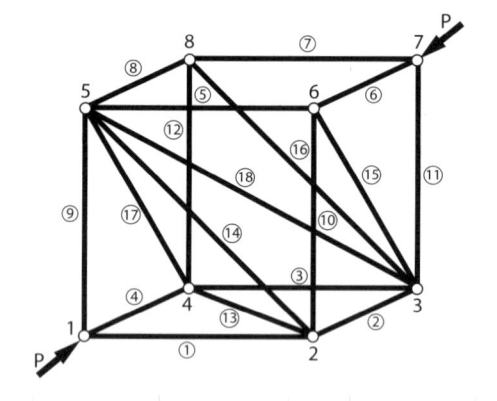

FIG. 7.5 Identificação dos nós e das barras

- Equilíbrio do nó 1 (Fig. 7.6):

Sendo $\alpha = 54{,}7°$, as equações de equilíbrio fornecem:

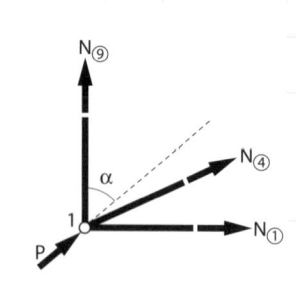

(1) $\sum F_x = 0 \therefore N_1 = -0{,}816\,P\,\dfrac{\sqrt{2}}{2} = -0{,}577\,P$

(2) $\sum F_y = 0 \therefore N_9 = -P\cos\alpha = -\dfrac{\sqrt{3}\,P}{3}$

(3) $\sum F_z = 0 \therefore N_4 = -0{,}577\,P$

Por analogia, conclui-se que: $N_6 = N_4$, $N_7 = N_1$ e $N_{11} = N_9$

FIG. 7.6 Análise do nó 1

- Equilíbrio do nó 8 (Fig. 7.7):
(1) $\sum F_x = 0 \therefore N_{16} \cos 45° - 0,577P = 0$
    $\therefore N_{16} = 0,816P$ (tração)
(2) $\sum F_y = 0 \therefore N_8 = 0$ (barra inativa)
(3) $\sum F_z = 0 \therefore -N_{12} - 0,816P \operatorname{sen} 45° = 0$
    $\therefore N_{12} = -0,577P$ (compressão)

FIG. 7.7 Análise do nó 8

- Novamente por analogia, conclui-se que:
  $N_{14} = N_{16}$ (tração)
  $N_{10} = N_{12} = -\dfrac{\sqrt{3}\,P}{3}$ (compressão)

- Equilíbrio do nó 4 (Fig. 7.8):
(1) $\sum F_x = 0 \therefore N_3 + N_{13}\dfrac{\sqrt{2}}{2} = 0 \therefore N_3 = 0,669P$
(2) $\sum F_y = 0 \therefore +\dfrac{\sqrt{3}\,P}{3} - \dfrac{\sqrt{6}\,P}{3}\cos 45° - N_{13}\dfrac{\sqrt{2}}{2} = 0 \therefore N_{13} = -0,946P$
(3) $\sum F_z = 0 \therefore +\dfrac{\sqrt{3}\,P}{3} - N_{17} \operatorname{sen} 45° = 0 \therefore N_{17} = 0,816P$ (tração)

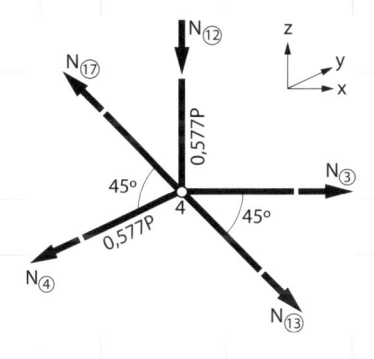

FIG. 7.8 Análise do nó 4

- Donde se conclui que:
  $N_{14} = N_{15} = N_{16} = N_{17} = \dfrac{\sqrt{6}\,P}{3} = 0,816P$ (tração)
  $N_2 = N_3 = 0,669P$

- Equilíbrio do nó 5 (Fig. 7.9):
(1) $\sum F_z = 0 \therefore -\dfrac{\sqrt{3}\,P}{3} + 2\left(\dfrac{\sqrt{6}\,P}{3}\cos 45°\right) + N_{18}\cos\alpha = 0$
    $\therefore N_{18} = -P$ (compressão)

FIG. 7.9 Análise do nó 5

7.1.4 Classificação das treliças espaciais

As treliças espaciais, de forma análoga às treliças planas, são classificadas quanto à lei de formação, em: simples, compostas e complexas.

7.2 Grelhas

As grelhas são *estruturas planas* submetidas a carregamentos que atuam *perpendicularmente* ao plano da estrutura. As grelhas isostáticas são classificadas quanto às condições de apoio em:
- grelhas engastadas e livres, e
- grelhas triapoiadas.

Para a grelha engastada e livre representada na Fig. 7.10, considerando o sistema global X-Y-Z indicado, tem-se:
- Carregamento Ativo (perpendicular ao plano X-Z): F_Y, M_X e M_Z
- Direções de deslocamentos associados: D_Y, θ_X, e θ_Z

- Equações de equilíbrio: $\sum F_Y = 0$, $\sum M_X = 0$ e $\sum M_Z = 0$
- Reações de Apoio: R_{Y1}, M_{X1} e M_{Z1}

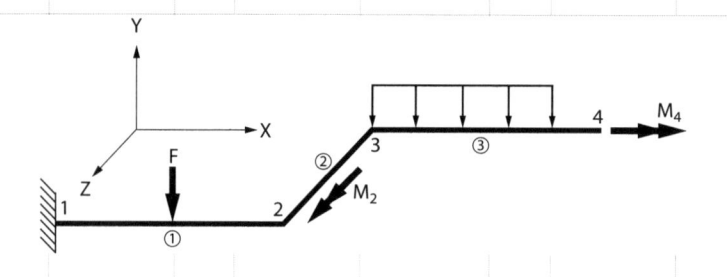

FIG. 7.10 Grelha engastada e livre

A análise dos esforços solicitantes internos em cada elemento é feita utilizando-se os eixos locais x-y-z, surgindo, portanto:

- Esforços Cortantes: $Q_y = Q$
- Momentos Torsores: T
- Momentos Fletores: $M_z = M$

Os sinais destes esforços internos Q, T, e M seguem a convenção de sinais (Quadro 3.1) sendo os seus sentidos positivos representados na Fig. 7.11.

As reações de apoio nas grelhas isostáticas têm que impedir os deslocamentos:

- Lineares em *Y-global*: D_Y
- Angulares em torno de *X-global*: θ_X
- Angulares em torno de *Z-global*: θ_Z

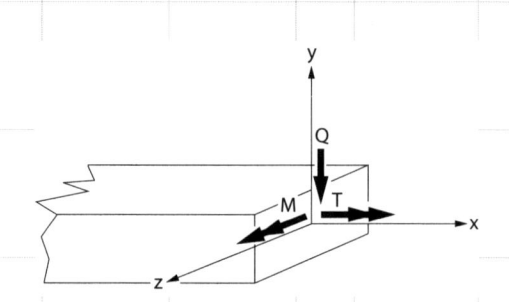

FIG. 7.11 ESI nas grelhas T, Q e M com seus sentidos positivos

Embora as demais direções de deslocamentos generalizados D_X, D_Z e θ_Y não sejam de interesse na análise das grelhas, o equilíbrio nestas direções deve estar assegurado.

No caso da *grelha engastada e livre*, conforme representada na Fig. 7.12, o equilíbrio é atingido através das reações de apoio R_{Y1}, M_{X1} e M_{Z1} que surgem no engaste (nó 1).

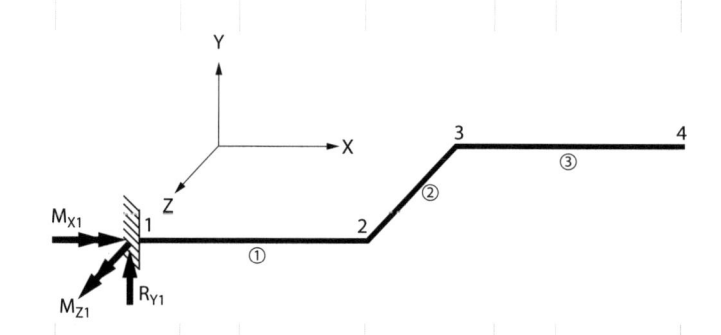

FIG. 7.12 Reações de apoio em grelhas engastadas e livres M_{X1}, M_{Z1} e R_{Y1}

No caso da *grelha triapoiada*, conforme representada na Fig. 7.13, o equilíbrio é atingido por meio das reações de apoio R_{Y1}, R_{Y3} e R_{Y5} que surgem nos três apoios verticais. Observar que os três apoios não podem ser colineares, pois nesta situação a estrutura estaria livre à rotação em torno do eixo formado pelos apoios.

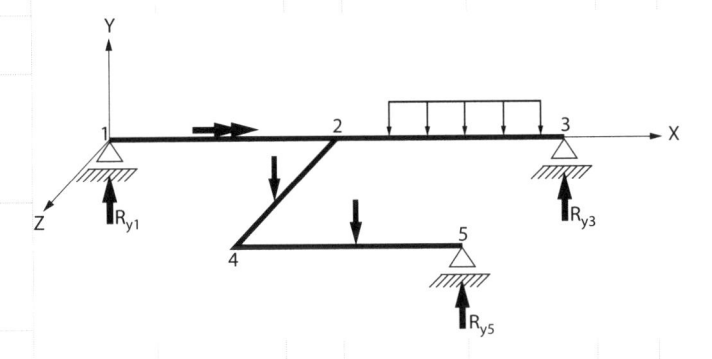

FIG. 7.13 Reações de apoio em grelhas triapoiadas R_{Y1}, R_{Y3} e R_{Y5}

Eixos locais (x-y-z) em elementos *unidimensionais* ou reticulares:
- eixo x → coincide com o eixo da barra ou elemento e o sentido positivo vai do nó inicial para o nó final;
- eixo y → idealmente vertical (Q e M iguais aos das vigas)

O observador deve se colocar à frente da barra, tendo à esquerda o nó inicial e à direita o nó final, conforme ilustrado na Fig. 7.14.

Exercício 7.2

Traçar as linhas de estado da grelha da Fig. 7.15
- Reações de apoio:
  $\sum F_Y = 0 \therefore R_{Y1} - 11 \text{ tf}$
  $\sum M_X = 0 \therefore M_{X1} - 2 \times 3 + 3 \times 3 \times 1,5 \quad 1 = 18,5 \text{ tfm}$
  $\sum M_Z = 0 \therefore M_{Z1} = 2 \times 2 + 9 \times 2 = 22 \text{ tfm}$
- Esforços internos:

No caso da grelha os esforços internos a serem determinados são Q, T e M. Como em qualquer estrutura, estes esforços internos são referenciados aos eixos locais. Para o traçado dos seus diagramas os ESI devem ser calculados em todas as *seções-chave*, não esquecendo também os possíveis pontos onde ocorram momentos máximos ou mínimos.

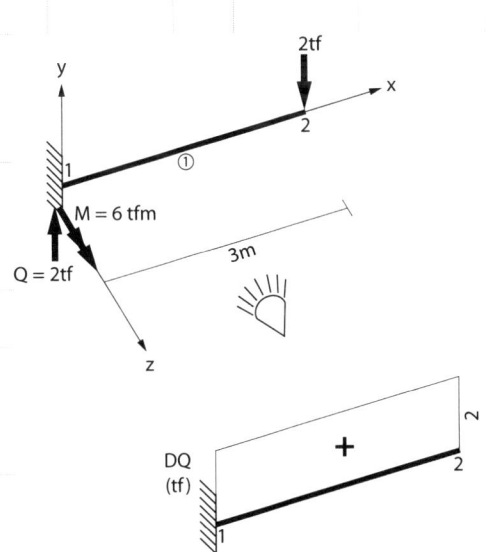

FIG. 7.14 Posição do observador: nó inicial 1 e nó final 2

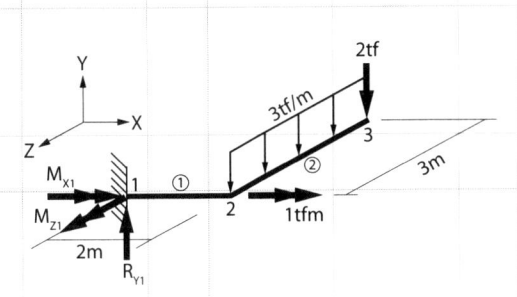

FIG. 7.15 Grelha engastada e livre

Seções-chave: 1, 2^1, 2^2 e 3.

Os ESI nestas seções podem ser determinados considerando-se a ação do sistema de forças à esquerda ou a ação do sistema de forças à direita, escolhendo-se sempre o mais simples. Por ser uma grelha com bordo livre os esforços internos podem ser obtidos independentes da determinação prévia das reações de apoio.

A substruturação das barras 1 e 2 pode ser observada na Fig. 7.16A. Os diagramas dos esforços internos das estruturas espaciais devem ser representados espacialmente, conforme indicado na Fig. 7.16B.

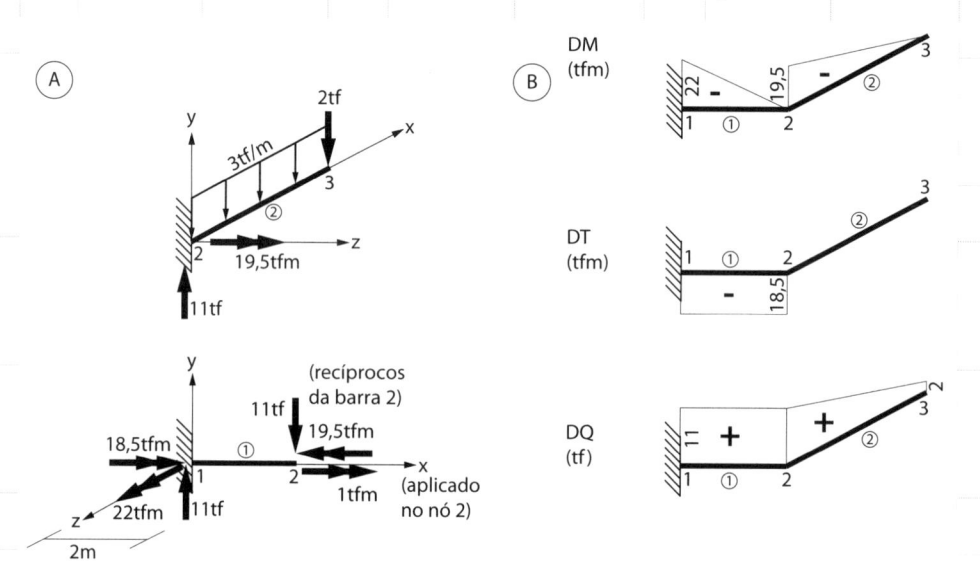

Fig. 7.16 Grelha engastada e livre:
A) Isolando as barras 1 e 2;
B) Diagramas dos ESI

Observar:

- A orientação dos eixos locais
- Quando, numa grelha, o ângulo entre dois elementos que se conectam em um nó for 90°, e não havendo momento concentrado aplicado neste nó, o valor numérico, em módulo, do momento torsor em uma das barras será igual ao do momento fletor na outra.
- Quando os ângulos entre as barras são diferentes de 90° os esforços internos são obtidos através de decomposição.

Exercício 7.3

Resolva a grelha triapoiada da Fig.7.17.

- Reações de apoio:

    $\sum Fy = 0 \therefore V_1 + V_3 + V_5 = 5{,}83$ tf

    $\sum Mx = 0 \therefore 3 \times 1 - 2 \times V_3 + 2{,}83 \times 1 = 0 \therefore V_3 = 2{,}91$ tf

    $\sum Mz = 0 \therefore -3 \times 1 - 2 + 4 \times V_3 - 2{,}83 \times 7 + 8 \times V_5 = 0 \therefore V_5 = 1{,}64$ tf

    $\therefore V_1 = 1{,}27$ tf

- *Seções-chave*: 1, A, 2e, 2^d, B, 3e, 3^d, 4e, 4^d, 5 e qualquer posição de Q = 0 que está associada à $M_{máx.}$.

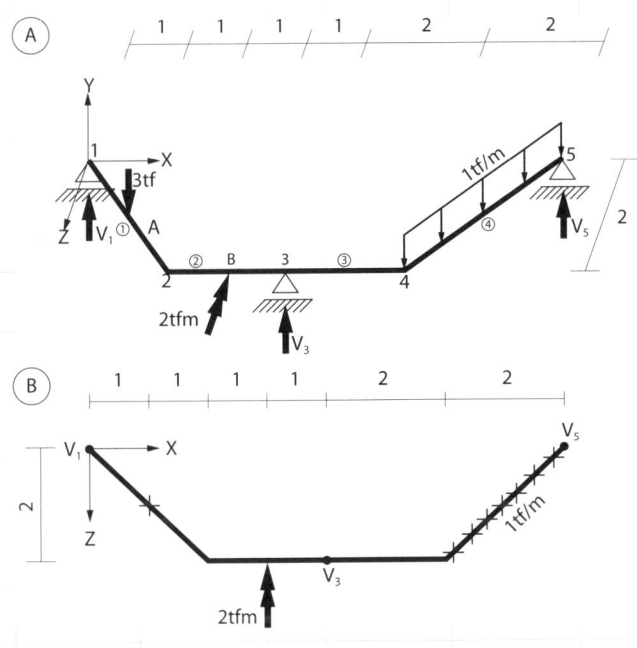

Fig. 7.17 Grelha triapoiada: A) vista isométrica; B) em planta

- *Esforços internos*: serão calculados em todas as seções-chave, segundo os eixos locais de cada barra, considerando, em cada seção, o sistema de forças à esquerda ou à direita (escolhendo sempre o mais simples). A Fig. 7.18 apresenta a subestruturação das barras 1 a 4. Lembrar qualquer posição de $Q = 0$ ($M_{máx.}$).

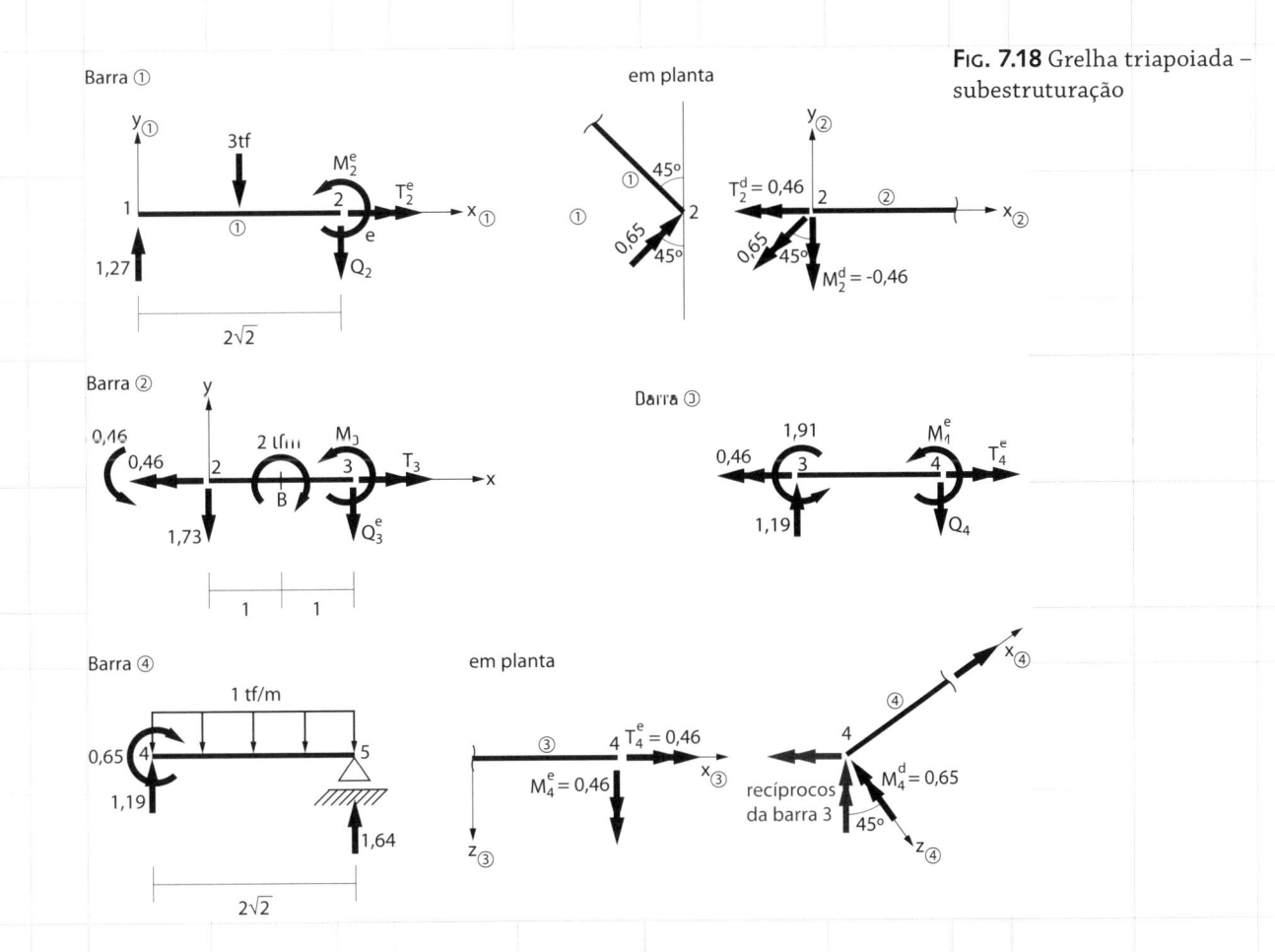

Fig. 7.18 Grelha triapoiada – subestruturação

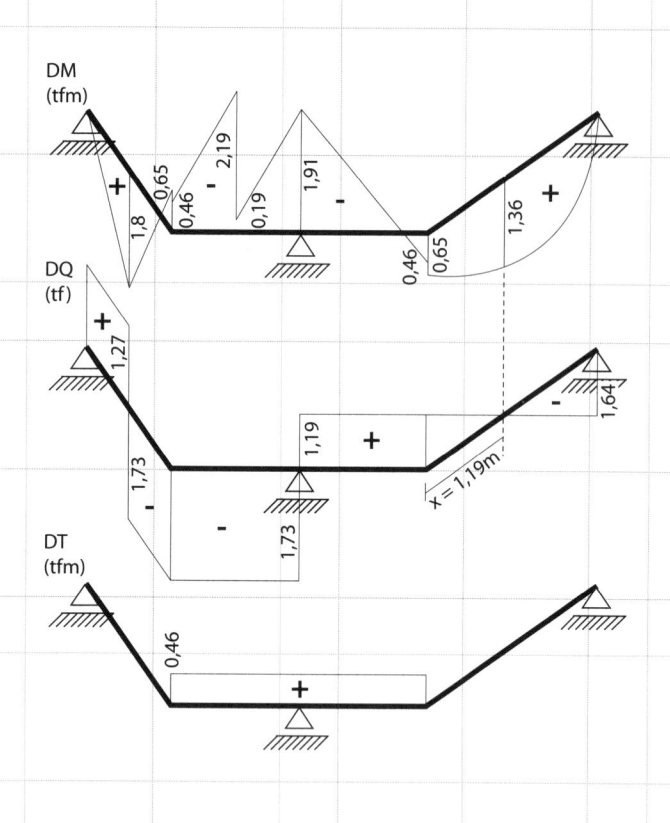

Fig. 7.19 Diagramas dos esforços internos da grelha triapoiada

● *Diagramas dos esforços internos*: os diagramas dos esforços internos encontram-se representados na Fig. 7.19.

7.3 Estrutura Plana Submetida a Carregamento Qualquer

A aplicação do *Princípio da Superposição* a uma *estrutura plana submetida a carregamento qualquer* permite a decomposição do problema em dois anteriormente estudados: *pórtico plano* e *grelha*. Conforme esquematicamente representado na Fig. 7.20, a solução total é obtida superpondo-se:

● *A Solução de Pórtico Plano*: considerando a estrutura submetida somente aos carregamentos contidos no plano da estrutura, com
● *A Solução de Grelha*: considerando a estrutura submetida somente aos carregamentos que atuam perpendicularmente ao plano da estrutura.

Solução total
$\begin{pmatrix} N, Q_y, Q_z \\ T, M_y, M_z \end{pmatrix}$ =

Solução de pórtico plano
(N, Q_y, M_z) +

Solução de grelha
(Q_z, T, M_y)

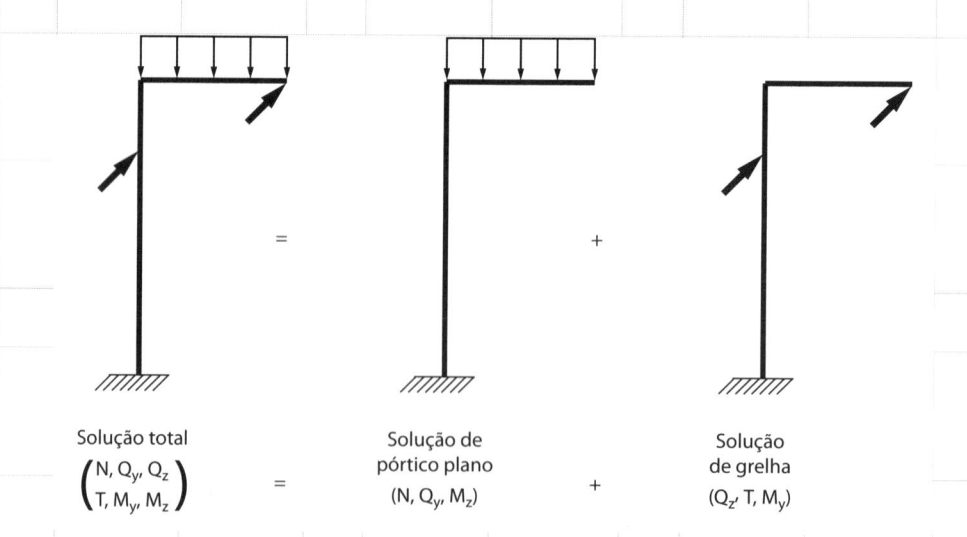

Fig. 7.20 Estruturas planas submetidas a carregamento qualquer

7.4 Pórticos Espaciais Isostáticos

O pórtico espacial representa o tipo mais geral das estruturas reticulares, podendo-se considerar todas as anteriormente estudadas (viga, pórtico plano, treliças planas e espaciais e grelhas) como casos particulares do pórtico espacial. Para os pórticos espaciais tem-se:

- Deslocamentos: $\vec{D}_x, \vec{D}_y, \vec{D}_z, \vec{\theta}_x, \vec{\theta}_y$ e $\vec{\theta}_z$
- Forças: $\vec{F}_x, \vec{F}_y, \vec{F}_z, \vec{M}_x, \vec{M}_y$ e $\vec{M}_z$
- Esforços Internos: N, Q_y, Q_z, T, M_y e M_z
- Equações do Equilíbro Estático:

$\sum F_x = 0 \qquad \sum M_x = 0$
$\sum F_y = 0 \qquad \sum M_y = 0$
$\sum F_z = 0 \qquad \sum M_z = 0$

Na prática, a resolução das estruturas é feita, em geral, por meio de métodos automáticos instalados em computadores. Para a capacitação dos engenheiros ao uso destes programas de análise estrutural é fundamental um sólido conhecimento dos fundamentos teóricos envolvidos, uma perfeita compreensão de como se comportam os diversos elementos que compõem as estruturas e de como se distribuem os esforços solicitantes internos ao longo destes elementos. Esta importante e fundamental base teórica, que habilitará o engenheiro a um uso consciente e responsável dos programas de análise estrutural, é adquirida na faculdade: *só se aprende a fazer fazendo*.

Com este objetivo será resolvido o pórtico espacial indicado na Fig. 7.22 e denominado *pórtico engastado e livre*.

- Equações de Equilíbrio:

$\sum F_x = 0 \qquad \sum M_x = 0$
$\sum F_y = 0 \qquad \sum M_y = 0$
$\sum F_z = 0 \qquad \sum M_z = 0$

- Reações de apoio (eixo global):
$\bar{R}_{X1}, \bar{R}_{Y1}, \bar{R}_{Z1}, \bar{M}_{X1}, \bar{M}_{Y1}$ e $\bar{M}_{Z1}$
- Esforços nas seções (eixos locais): N, Q_y, Q_z, T, M_y e M_z

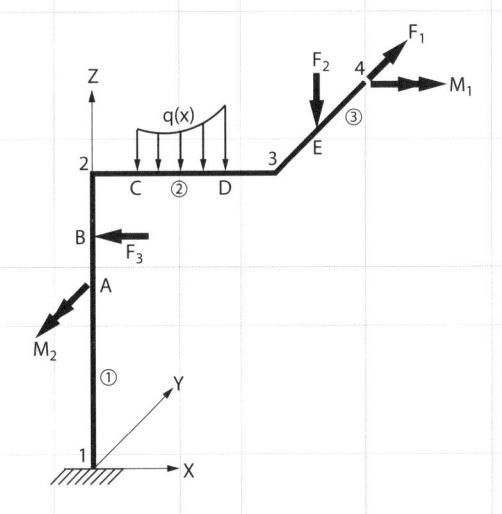

FIG. 7.21 Pórtico espacial

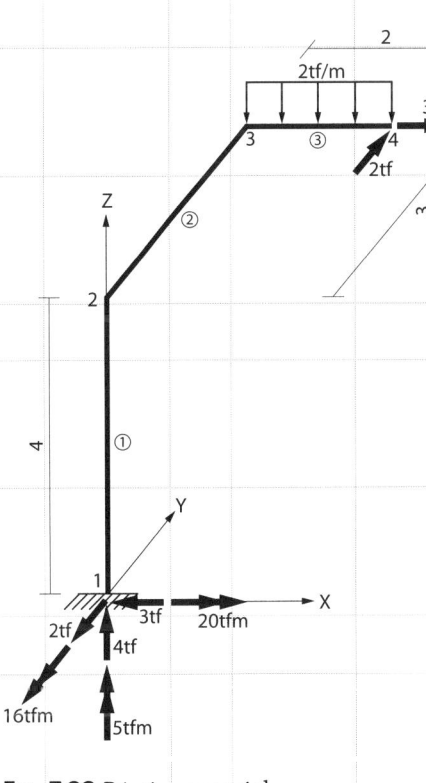

FIG. 7.22 Pórtico espacial

Exercício 7.4

Determinar as reações de apoio e as linhas de estado do pórtico espacial da Fig. 7.22.

- Reações de apoio: (eixo global)
$\bar{R}_{X1} = -3$ tf; $\quad \bar{R}_{Y1} = -2$ tf; $\quad \bar{R}_{Z1} = 4$ tf
$\bar{M}_{X1} = 20$ tfm; $\quad \bar{M}_{Y1} = -16$ tfm; $\quad \bar{M}_{Z1} = 5$ tfm

As reações de apoio encontram-se representadas na Fig. 7.22.

- Esforços internos:

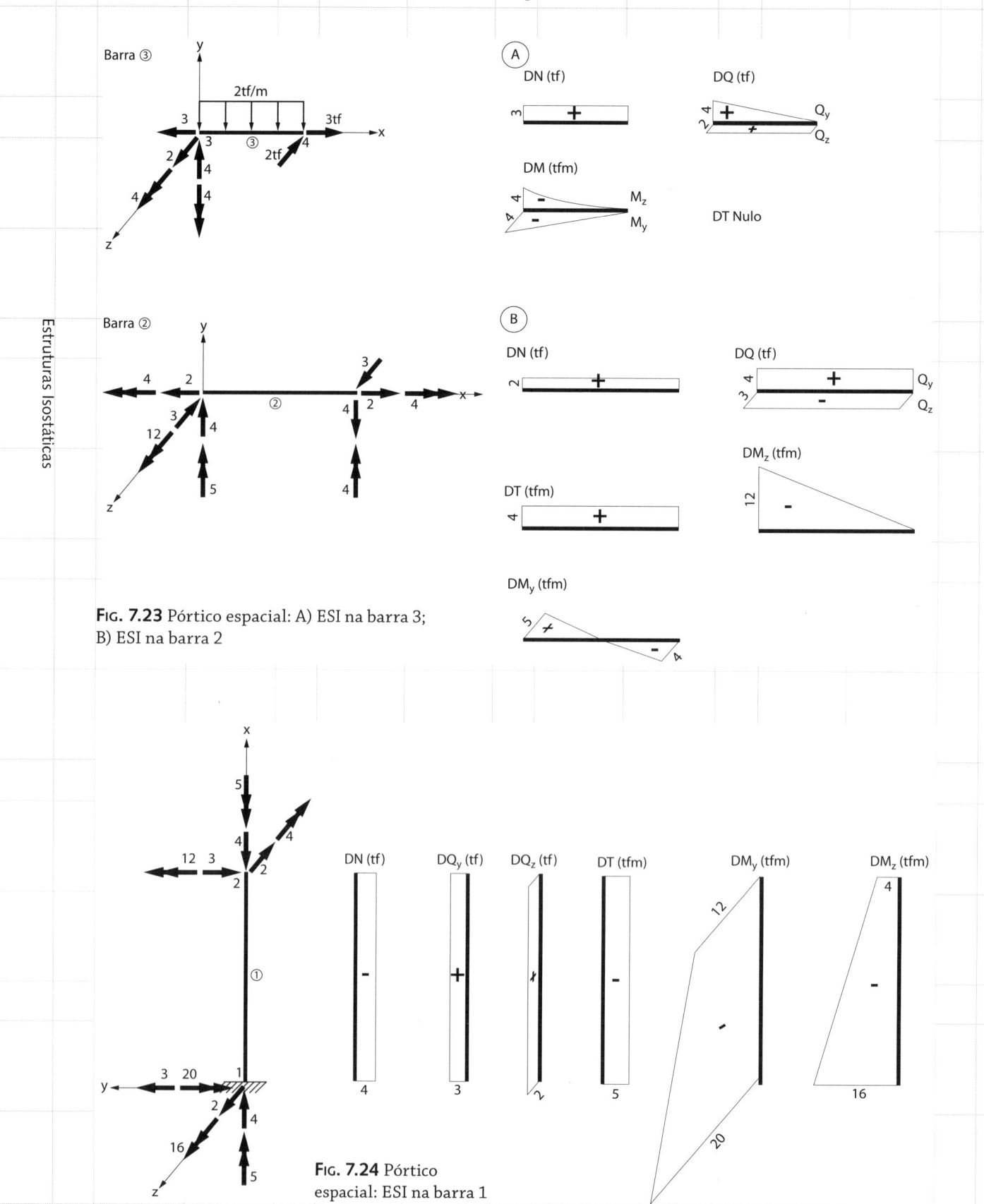

Iniciando a análise a partir da barra 3 (analogamente à determinação dos ESI em balanços) e fazendo uso da substruturação, os ESI nas barras 3, 2 (Fig. 7.23) e 1 (Fig. 7.24) são obtidos.

Fig. 7.23 Pórtico espacial: A) ESI na barra 3; B) ESI na barra 2

Fig. 7.24 Pórtico espacial: ESI na barra 1

LINHAS DE INFLUÊNCIA DE ESTRUTURAS ISOSTÁTICAS

8.1 Conceito

As Linhas de Influência (*LI*) representam graficamente os efeitos *Es* – ações (*M, Q, N, T* ou R) ou deslocamentos lineares (*D*) ou angulares (θ) – em uma dada seção S, devidos a uma carga unitária (P = 1) movendo-se ao longo de uma estrutura.

$$LIEs = \frac{E_{sp}}{P} \Rightarrow f(x) = y \Rightarrow \begin{cases} \eta(x) \\ \text{quando } P = 1 \end{cases}$$

É importante observar a diferença entre os conceitos de Linha de Estado e Linha de Influência. Por exemplo, na análise dos momentos fletores atuantes na viga da Fig. 8.1A, tem-se:

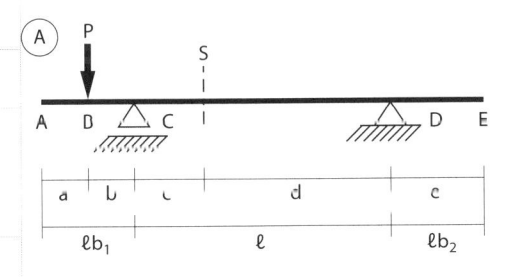

Exemplo de Momentos Fletores

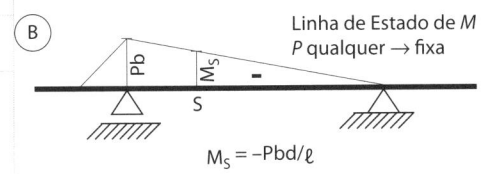

Linha de Estado de *M*
P qualquer → fixa

$M_S = -Pbd/\ell$

se *P* é fixa e *S* é móvel → Linha de estado de M

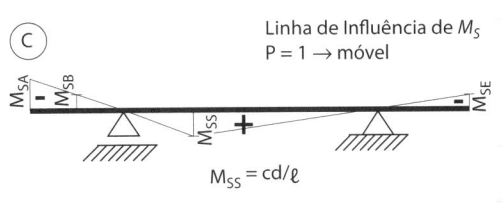

Linha de Influência de M_S
P = 1 → móvel

$M_{SS} = cd/\ell$

se *P* é móvel e *S* é fixa → Linha de influência de M_S

M_{ij} → i – efeito
 → j – causa

M_{SB} → momento fletor em S (efeito) para uma carga unitária P = 1 aplicada em *B* (causa)

Fig. 8.1 Diferença entre Linhas de Estado e Linhas de Influência

- Na Fig. 8.1B, a Linha de Estado de Momentos Fletores fornece, para a força P fixa em B, os momentos fletores em qualquer seção S, situada numa posição x ao longo da peça (S é móvel).
- Na Fig. 8.1C, a Linha de Influência de Momentos Fletores na seção fixa S fornece, numa determinada posição x, o momento fletor que surge em S quando a força P (=1) unitária se encontra na posição x (P é móvel).

Para este exemplo, a Tab. 8.1 fornece os valores literais da linha de estado e da linha dos momentos fletores

Tab. 8.1 Valores dos Momentos Fletores

LINHA DE ESTADO $P \to$ fixa $S \to$ móvel			LINHA DE INFLUÊNCIA $S \to$ fixa $P \to$ móvel		
Posição da seção	x da seção	DMF	Posição de $P = 1$	x de $P = 1$	LIMs
A	0	0	A	0	$-\dfrac{\ell_{b1} d}{\ell}$
B	a	0	B	a	$-\dfrac{bd}{\ell}$
C	ℓ_{b1}	$-Pb$	C	ℓ_{b1}	0
S	$\ell_{b1} + c$	$-\dfrac{Pbd}{\ell}$	S	$\ell_{b1} + c$	$-\dfrac{cd}{\ell}$
D	$\ell_{b1} + \ell$	0	D	$\ell_{b1} + \ell$	0
E	$\ell_{b1} + \ell + \ell_{b2}$	0	E	$\ell_{b1} + \ell + \ell_{b2}$	$-\dfrac{\ell_{b2} c}{\ell}$

8.2 Traçado das Linhas de Influência
Função

Para o traçado da função $\eta(x)$, que expressa o efeito Es em uma dada seção S para uma força unitária móvel, deve-se obter as ordenadas em um número conveniente de posições x da força.

- Nas estruturas isostáticas as linhas de influência são sempre retas, bastando, para o seu traçado, que sejam determinadas as ordenadas da função $\eta(x)$ em algumas seções-chave das *LI*. A Fig. 8.2 fornece exemplos de seções-chave das LIEs de uma viga Gerber em duas situações: na primeira, S localiza-se numa parte da estrutura com estabilidade própria (CEP); na segunda, S se encontra num trecho sem estabilidade própria (SEP).
- Nas estruturas hiperestáticas as LI são curvas e para os seus traçados deve-se determinar

Seção S na estrutura
CEP

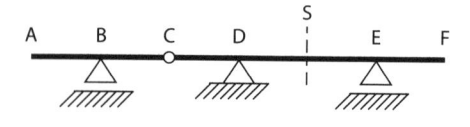

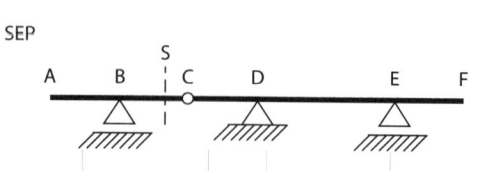

SEP

Fig. 8.2 Seções-chave para as Linhas de Influência

as ordenadas das funções η(x) em um número conveniente de seções igualmente espaçadas, conforme exemplificado na Fig. 8.3.

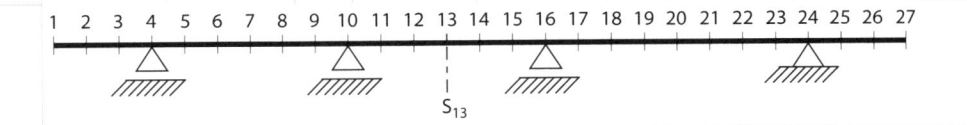

Fig. 8.3 Seções igualmente espaçadas

Sinais

Os valores positivos das LI serão sempre marcados abaixo do eixo e valores negativos acima do eixo da estrutura (eixo x).

Unidades

A Tab 8.2 indica as unidades das *LIEs*, com base na Análise Dimensional, onde as letras F, L, T e M representam unidades de força, comprimento, tempo e massa, respectivamente.

Tab. 8.2

Efeito Es	Es = P · LIEs			
	Unidade de Es	Unidade de P	Unidade de LIEs	
R	F		Adim.	
Q	F		Adim.	
N	F	F	Adim.	
M	FL		L	
T	FL		L	
Desloc.	L		L/F	
Rotação	rad		rad/F	

Força – F (N, kN, kgf, tf, etc.)
Comprimento – L (m, cm, mm, etc.)
Rotação – rad
Adimensional – Adim.
Coeficientes de flexibilidade no Método das Forças: deslocamentos que surgem em S para uma força unitária em i.

8.3 Métodos para Obtenção das *LI* das Estruturas Isostáticas

As LI das estruturas isostáticas podem ser obtidas por meio de métodos:
- analíticos → LIEs = η(x)
- gráfico (método das deformadas verticais)

8.3.1 Método Analítico

Para a determinação das funções que expressam as LIEs devemos observar as duas situações básicas:
- P antes da seção S
- P depois da seção S

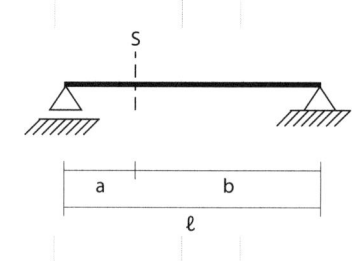

Fig. 8.4 Viga biapoiada

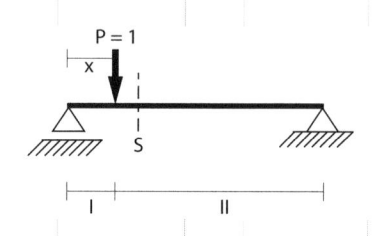

Fig. 8.5 Força unitária P antes de S

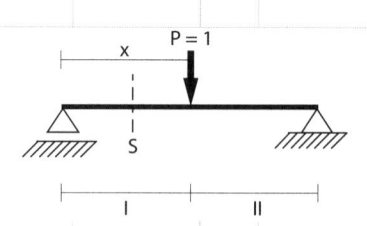

Fig. 8.6 Força unitária P depois de S

Levando também em consideração aspectos relacionados às seções-chave.

Exercício 8.1

Determinar a LIQ_s da viga biapoiada pelo Método Analítico (Fig. 8.4).

- Para P antes de S (Fig. 8.5)

Nesta situação P encontra-se situada na região $0 \leq x \leq a$, e a função que expressa LIQ_s nesta região é obtida por meio da função que expressa os esforços cortantes no trecho II → pois é o trecho II que contém S.
No trecho II: $Q = \dfrac{P(\ell - x)}{\ell} - P$

- Para P depois de S (Fig. 8.6)

Nesta situação P encontra-se situada na região $a \leq x \leq l$, e a função que expressa LIQs nesta região é obtida por meio da função que expressa os esforços cortantes no trecho I → pois é o trecho II que contém S.

No trecho I: $Q = \dfrac{P(\ell - x)}{\ell}$

Obtenção de LIQs → P = 1

- Para P = 1 antes de S: $0 \leq x \leq a$

$$LIQ_s = \dfrac{(\ell - x)}{\ell} - 1 = -\dfrac{x}{\ell} \quad \begin{cases} x = 0 \to LIQ_s = 0 \\ x = a \to LIQ_s = -\dfrac{a}{\ell} \end{cases}$$

- Para P = 1 depois de S: $a \leq x \leq l$

$$LIQ_s = \dfrac{(\ell - x)}{\ell} \quad \begin{cases} x = a \to LIQ_s = \dfrac{b}{\ell} \\ x = 1 \to LIQ_s = 0 \end{cases}$$

- LIQ_s

Obs.:
- descontinuidade de um valor unitário em S
- paralelismo das *retas*
- por semelhança de triângulos: $\dfrac{1}{\ell} = \dfrac{\eta}{b}$

$\eta^e + \eta^d = \dfrac{a+b}{\ell} = \dfrac{\ell}{\ell} = 1$

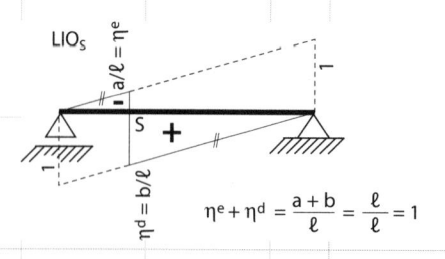

Fig. 8.7 Linha de influência de cortante em S

Exercício 8.2

- Determinar a LIM_s da viga da Fig. 8.8 pelo Método Analítico.

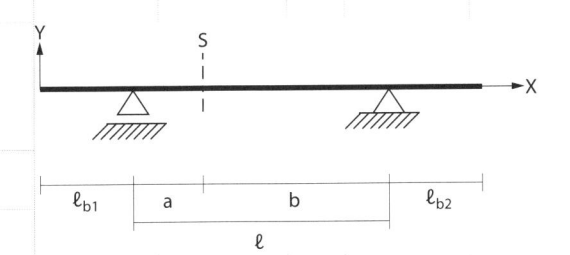

Fig. 8.8 Viga biapoiada com balanços laterais

- Para P antes de S, tem-se duas situações:
  - $0 \le x \le \ell_{b1}$ (Fig. 8.9)

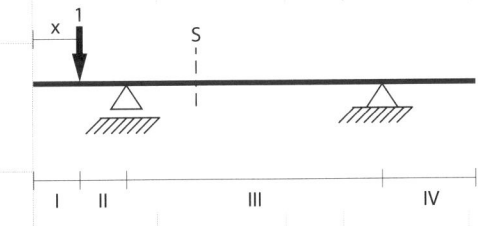

Fig. 8.9 Força unitária P no trecho em balanço (antes de S)

Como S está no trecho III, tem-se:

$$LIM_S = -(\ell_{b1} - x) + \frac{(\ell_{b1} - x)a}{\ell} \quad \begin{cases} x = 0 \rightarrow LIM_S = -\dfrac{b\ell_{b1}}{\ell} \\ x = \ell_{b1} \rightarrow LIM_S = 0 \end{cases}$$

  - $\ell_{b1} \le x \le \ell_{b1} + a$ (Fig. 8.10)

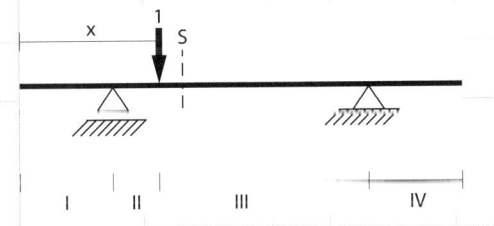

Fig. 8.10 Força unitária P no vão entre apoios (antes de S)

Como S está no trecho III, tem-se:

$$LIM_S = +\frac{(\ell_{b1} + \ell - x)a}{\ell} - (\ell_{b1} + a - x) \quad \begin{cases} x = \ell_{b1} \rightarrow LIM_S = 0 \\ x = \ell_{b1} + a \rightarrow LIM_S = \dfrac{ab}{\ell} \end{cases}$$

- Para P depois de S, tem-se também duas situações:
  - $\ell_{b1} + a \le x \le \ell_{b1} + \ell$ (Fig. 8.11)

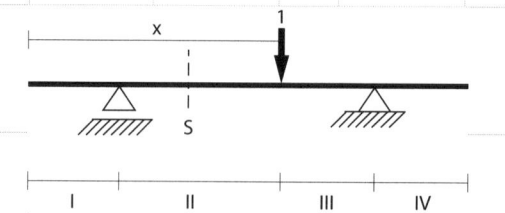

Fig. 8.11 Força unitária P no vão entre apoios (depois de S)

Como S está no trecho II, tem-se:

$$\text{LIM}_S = \frac{(\ell_{b1} + \ell - x)a}{\ell} \quad \begin{cases} x = \ell_{b1} + a \;\rightarrow\; \text{LIM}_S = \dfrac{ab}{\ell} \\ x = \ell_{b1} + \ell \;\rightarrow\; \text{LIM}_S = 0 \end{cases}$$

- $\ell_{b1} + \ell \le x \le \ell_{b1} + \ell + \ell_{b1}$ (Fig. 8.12)

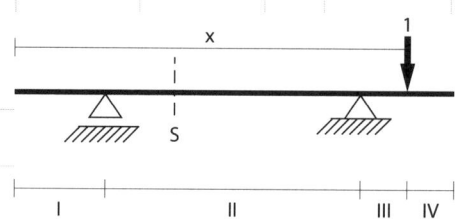

Fig. 8.12 Força unitária P no trecho em balanço (depois de S)

Como S está no trecho II, tem-se:

$$\text{LIM}_S = -\frac{(x - \ell_{b1} - \ell)a}{\ell} \quad \begin{cases} x = \ell_{b1} + \ell \;\rightarrow\; \text{LIM}_S = 0 \\ x = \ell_{b1} + \ell + \ell_{b2} \;\rightarrow\; \text{LIM}_S = -\dfrac{\ell_{b2}\,a}{\ell} \end{cases}$$

A linha de influência de momento fletor em S é indicada na Fig. 8.13.

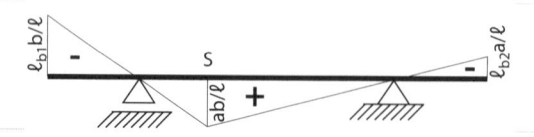

Fig. 8.13 Linha de influência de momento fletor em S

8.3.2 Método das Deformadas Verticais

Este método é bem mais expedito que o Método Analítico. Baseia-se no Princípio de Müller-Breslau, o qual estabelece:

"Em qualquer estrutura (isostática ou hiperestática), as ordenadas da Linha de Influência de qualquer ação, em dada seção S, são iguais àquelas da Linha Deformada obtida liderando-se, em S, o vínculo correspondente à ação e impondo-se um deslocamento unitário, associado a esta ação, na secção S."

Este princípio pode ser comprovado através da Lei de Betti :

"O trabalho virtual externo realizado pelo sistema de forças (P_i) da estrutura inicial, considerando-se os deslocamentos (D_{if}) da estrutura com o vínculo liberado, é igual ao trabalho virtual externo realizado pelo sistema de forças da estrutura com o vínculo liberado (F_i), considerando-se os deslocamentos da estrutura inicial(D_{ip})."

$$\Sigma P_i D_{if} = \Sigma F_i D_{ip}$$

Para a estrutura dada no exemplo abaixo:

$$P\eta - R_A \cdot 1 = F \cdot 0$$

Estrutura dada Determinar LIR_A	Estrutura inicial RA indicado	Est. vínculo liberado $\Delta = 1$ (sentido – R_A)
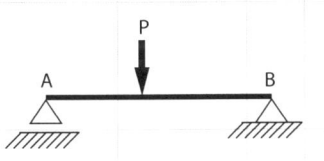	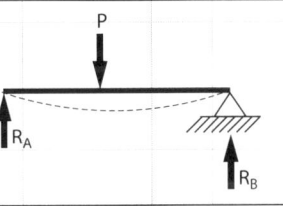	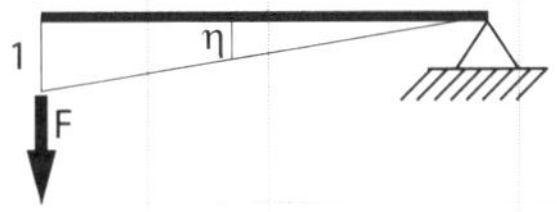
Lei de Betti $\Sigma P_i D_{if} = \Sigma F_i D_{ip}$ $P\eta - R_A 1 = F \times 0$	Forças – P_i Deslocamentos – D_{ip}	Forças – F_i Deslocamentos – D_{if}

onde:

P e $R_A \rightarrow P_i$

η e $1 \rightarrow D_{if}$

$F \rightarrow F_i$

$0 \rightarrow D_{ip}$

Observações importantes
Válidas sempre

⇩

($F = 0 \rightarrow$ estruturas isostáticas e
$F \neq 0 \rightarrow$ estruturas hiperestáticas)
(D_{ip} sempre nulo)

Explicação

A liberação de qualquer vínculo em estruturas isostáticas (Fig. 8.14) as transforma em mecanismos sendo, portanto, retas as suas linhas deformadas e nula a força F necessária para impor a elas o deslocamento D_{if}.

Estruturas hiperestáticas submetidas à liberação de vínculo (mantendo a estabilidade) não se transformam em mecanismos sendo, portanto, curvas as suas linhas deformadas e diferente de zero a força F necessária para impor a elas o deslocamento D_{if}.

8.4 Linhas de Influência de Reações de Apoio

As Figs. 8.14 a 8.16 ilustram a sequência para obtenção da linha de influência da reação de apoio em A:

- Libera-se em S, ou seja, em A, o vínculo associado à R_A, indicando-se esta força R_A com sentido positivo (Fig. 8.15).

- A deformada vertical que define a LIR_A é obtida impondo-se um deslocamento unitário associado ao vínculo liberado R_A em sentido oposto àquele indicado (Fig 8.16).
- Geometricamente obtemos:

$$\frac{1}{\ell} = \frac{\eta}{\ell-x} \Rightarrow \eta = \frac{\ell-x}{\ell}$$

Fig. 8.14 Viga biapoiada

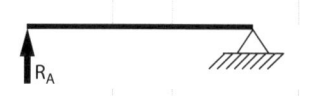

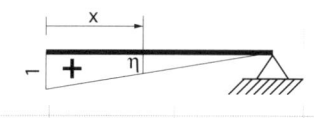

Fig. 8.15 Liberação em S do vínculo associado à R_A

Fig. 8.16 Linha de influência de R_A

Exemplos de LIR

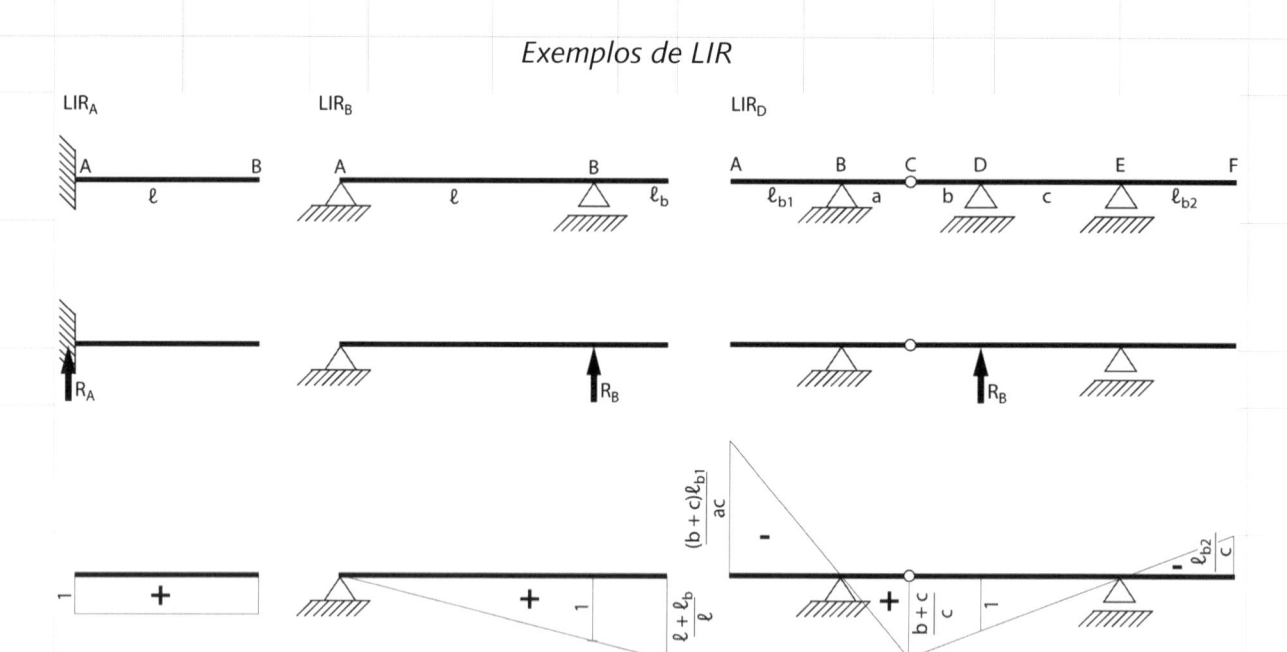

Fig. 8.17 Exemplos de LIR

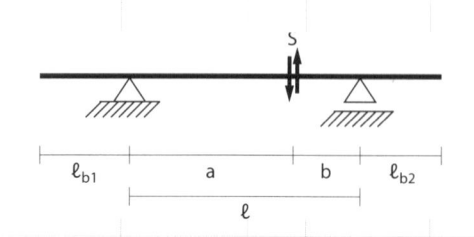

Fig. 8.18 Sentidos positivos de Q_S

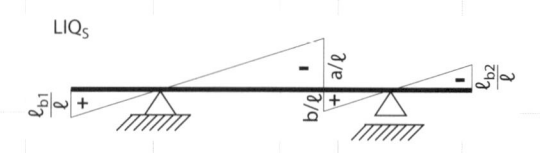

Fig. 8.19 Deformada que define a linha de influência de cortante em S

8.5 Linhas de Influência de Cortante

Para o traçado da LIQ_S da viga da Fig. 8.18:

- Libera-se em S o vínculo associado ao Q indicando-se os esforços internos correspondentes, com os sentidos positivos (Fig. 8.18).
- Aplicando-se em S um deslocamento relativo unitário associado ao vínculo liberado e em sentidos opostos aos esforços internos correspondentes obtém-se a deformada que define a LIQ_S (Fig. 8.19). Observar que:

À esquerda de $S: \dfrac{1}{\ell} = \dfrac{\eta^e}{a} \therefore \eta^e = \dfrac{a}{\ell}$

À direita de $S: \dfrac{1}{\ell} = \dfrac{\eta^d}{b} \therefore \eta^d = \dfrac{b}{\ell}$

- De forma bastante simples as demais ordenadas podem ser obtidas geometricamente.

Exemplos de LIQ

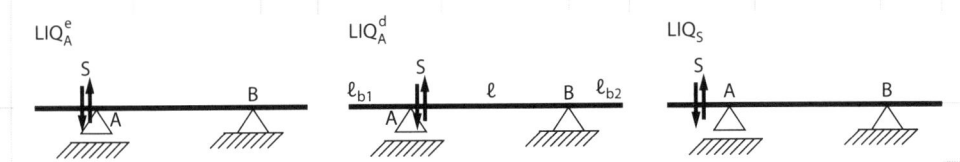

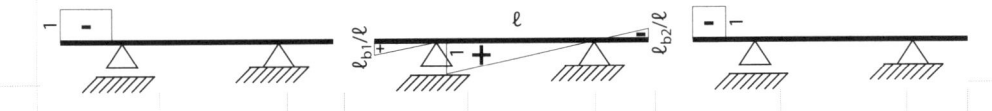

Fig. 8.20 Exemplos de LIQ

8.6 Linhas de Influência de Momentos Fletores

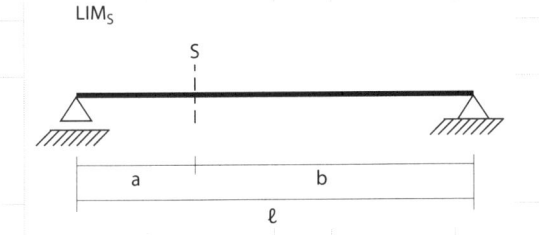

Fig. 8.21 Viga biapoiada

Para o traçado da LIM_S da viga da Fig. 8.21:

- Libera-se em S o vínculo associado à M, o que corresponde a introduzir uma rótula em S. Indicam-se, em S, os esforços internos associados ao vínculo liberado M, com os sentidos positivos (Fig. 8.22).

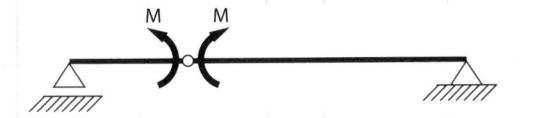

Fig. 8.22 Introdução de uma rótula em S e sentidos positivos de M

- Aplicando-se em S um deslocamento relativo unitário associado ao vínculo liberado, ou seja, rotação $\varphi = 1$, tal que $\varphi = \varphi^e + \varphi^d$ e sendo os sentidos de φ^e e φ^d respectivamente opostos aos esforços internos correspondentes M^e e M^d, obtém-se a deformada vertical que define LIM_S (Fig. 8.23).

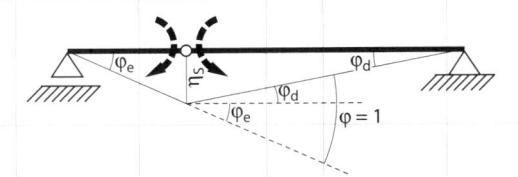

Fig. 8.23 Sentidos de giro e deformada vertical que define a LIM_S

- O valor de η_s pode ser obtido geometricamente:

(1) $\varphi^e + \varphi^d = 1$

(2) $\eta_S = a\varphi^e = b\varphi^d \therefore \varphi^e = \dfrac{b}{a} \cdot \varphi^d$

(2) em (1): $\varphi^d = \dfrac{a}{a+b} = \dfrac{a}{\ell} \therefore \eta_S = \dfrac{ab}{\ell}$

- O traçado da LIM_S pode ser observado na Fig. 8.24.

Fig. 8.24 Linha de momentos fletores em S

Unidade de $LIM_S \rightarrow$ comprimento

Exemplos de LIMs

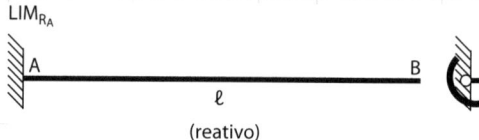

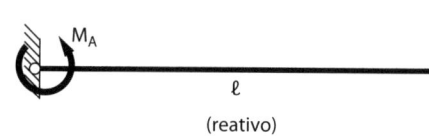

LIM_{R_A}

(reativo)   (reativo)

$\varphi = 1$
$\eta_B = \varphi \ell$
$\eta_B = \ell$

Fig. 8.25 Linha de influência de momento reativo em A

LIM_S

$\phi^e + \phi^d = 1$

$\eta_S = \phi^e a = \phi^d b \therefore \phi^e = \phi^d \cdot \dfrac{b}{a}$

$\phi^d \left(\dfrac{b}{a} + 1\right) = 1$

$\phi^d = \dfrac{a}{a+b}$

$\eta_S = \dfrac{ab}{a+b}$

$\dfrac{\eta_A}{\ell_{b1}} = \dfrac{\eta_S}{b} \therefore \eta_A = \dfrac{b\,\ell_{b1}}{a+b}$

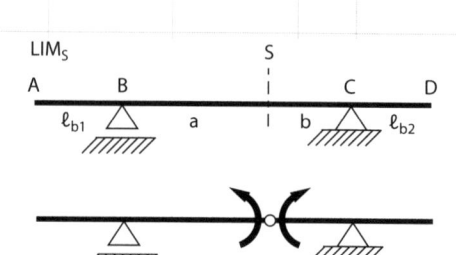

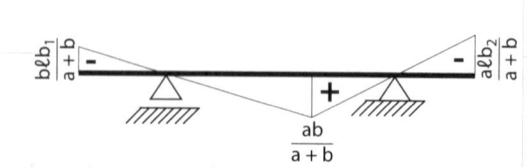

$\eta_D = \dfrac{a\,\ell_{b2}}{a+b}$

Fig. 8.26 Linha de influência de momento fletor em S

$\phi^e + \phi^d = 1$

$\eta_S = \phi^e c = \phi^d d \therefore \phi^e = \phi^d \cdot \dfrac{d}{c}$

$\phi^d \left(\dfrac{d}{c} + 1\right) = 1$

$\phi^d = \dfrac{c}{c+d}$

$\eta_S = \dfrac{cd}{c+d}$

$\dfrac{\eta_E}{\ell_{b2}} = \dfrac{\eta_S}{d}$

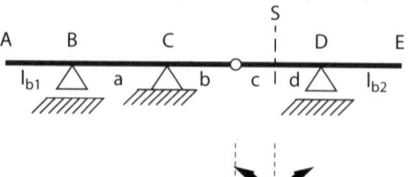

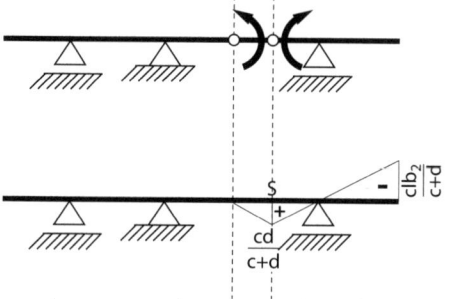

$\eta_E = \dfrac{c\,\ell_{b2}}{c+d}$

Fig. 8.27 Linha de influência de momento fletor em S

8.7 Vigas Gerber

Nas *Vigas Gerber* (estruturas isostáticas associadas), para o traçado das *LIEs* deve-se observar as seguintes situações:

- A seção S pertence a uma parte da estrutura sem estabilidade própria (SEP). Neste caso, as ordenadas das linhas de influência em S (LIE$_S$) *só serão diferentes de zero* na própria estrutura SEP onde se encontra S e em qualquer estrutura SEP cuja estabilidade dela dependa. As ordenadas das LIE$_S$ nas estruturas CEP, neste caso, *são nulas*. A Fig. 8.28 apresenta exemplos.

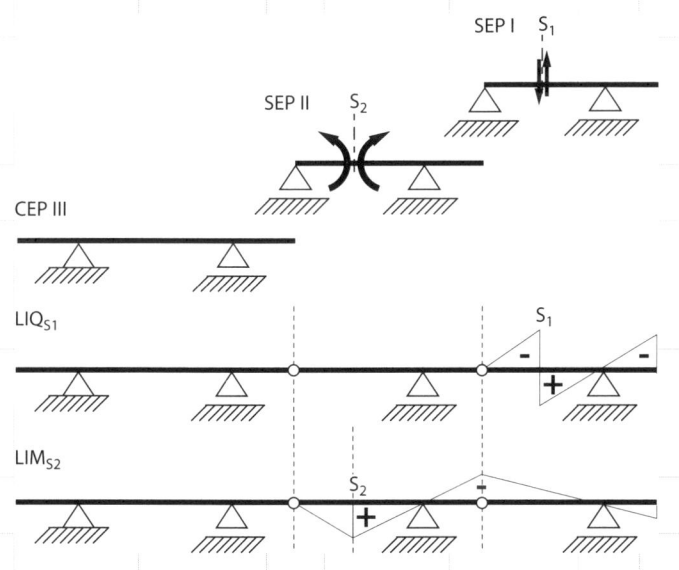

Fig. 8.28 LIQ_{S_1} e LIM_{S_2} em vigas Gerber: S_1 e S_2 em estruturas *SEP*

- A seção S pertence a uma parte da estrutura com estabilidade própria (CEP). Neste caso, as ordenadas das LIE$_S$ assumirão *valores não nulos* ao longo da própria estrutura CEP onde se encontra S e em qualquer estrutura SEP *cuja estabilidade dela dependa, direta ou indiretamente*, conforme ilustra a Fig. 8.29.

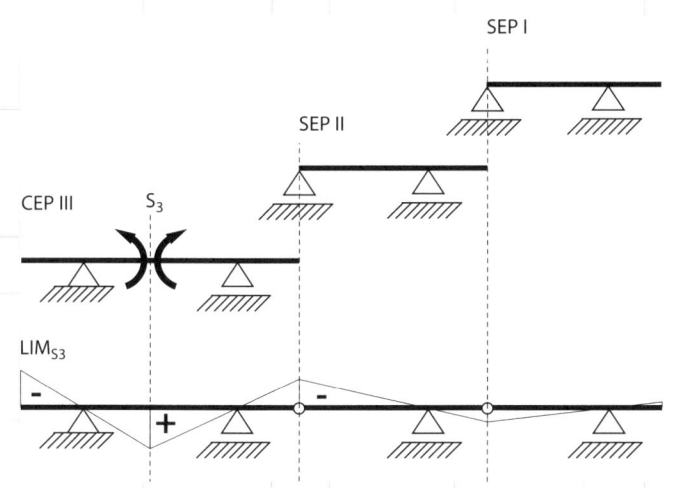

Fig. 8.29 LIM_{S_3} em viga Gerber: S_3 em estrutura *CEP*

Exercício 8.3

Determine as linhas de influência de cortante e de momento fletor na seção S: S pertence a CEP.

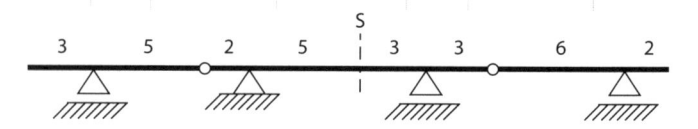

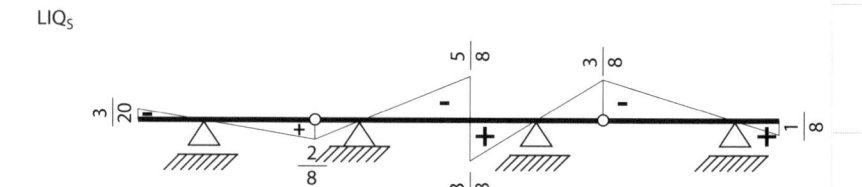

FIG. 8.30 Exemplo de determinação de LIQs e LIMs

8.8 Treliças

Para a determinação das linhas de influência dos esforços normais nos banzos superior (LIS), inferior (LII) e na bielas (LID) das treliças o que se segue baseia-se na Fig. 8.31.

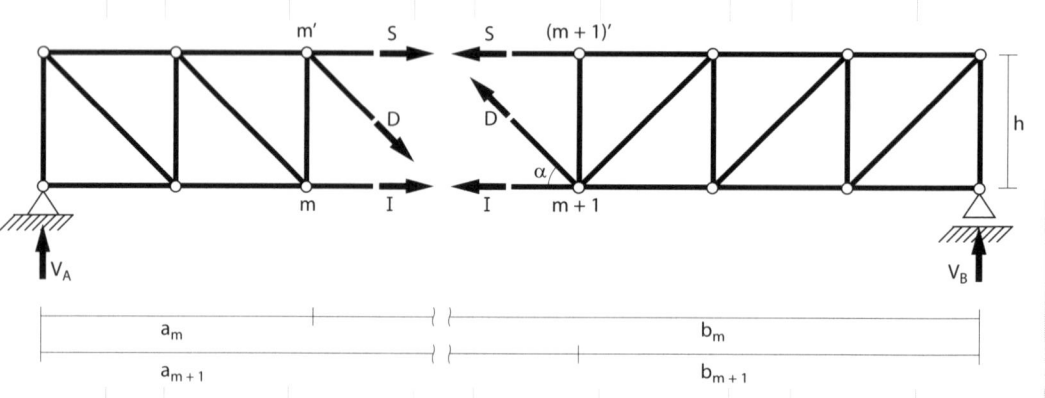

FIG. 8.31 Linhas de influência em treliças

Linha de Influência de Normal – Banzo Superior S

Para a determinação de LIS duas situações devem ser consideradas:

- Para $P = 1$ antes de $m \rightarrow 0 \leq x \leq a_m$.

  O equilíbrio da parte remanescente à direita fornece:

  $$\sum M_{m+1} = 0 \therefore S \cdot h + V_B \cdot b_{m+1} = 0$$

  $$S = -\frac{b_{m+1} \cdot V_B}{h} = -\frac{M_{m+1}}{h}$$

$$LIS = -\frac{LIM_{m+1}}{h}$$

- Para P = 1 depois de m + 1 → $a_{m+1} \leq x \leq L$.

  O equilíbrio da parte remanescente à esquerda fornece:

$$\sum M_{m+1} = 0 \quad \therefore \quad -S \cdot h - V_A \cdot a_{m+1} = 0$$

$$S = -\frac{a_{m+1} \cdot V_A}{h} = -\frac{M_{m+1}}{h}$$

$$LIS = -\frac{LIM_{m+1}}{h}$$

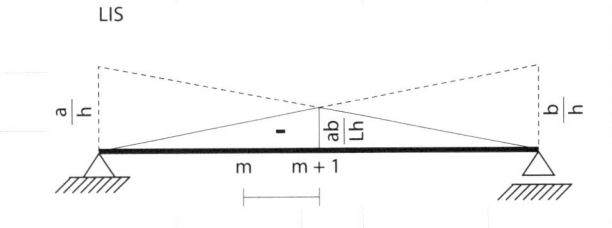

O traçado final de LIS é ilustrado na Fig. 8.32

Fig. 8.32 Traçado da linha de influência do normal no elemento do banzo superior entre m e $m+1$

Linhas de Influência de Normal – Banzo Infeiror I

Para determinação de LII duas situações devem ser observadas:

- Para P = 1 antes de m → $0 \leq x \leq a_m$.

  O equilíbrio da parte remanescente à direita fornece:

$$\sum M_{m'} = 0 \quad \therefore \quad -I \cdot h + M_{m'} = 0$$

$$I = \frac{M_{m'}}{h}$$

$$LII = \frac{LIM_{m'}}{h}$$

- Para P = 1 depois de m + 1 → $a_{m+1} \leq x \leq L$

  O equilíbrio da parte remanescente à esquerda fornece:

$$\sum M_{m'} = 0 \quad \therefore \quad I \cdot h - M_{m'} = 0$$

$$I = \frac{M_{m'}}{h}$$

$$LII = \frac{LIM_{m'}}{h} = \frac{LIM_m}{h}$$

O traçado de LII é indicado na Fig. 8.33.

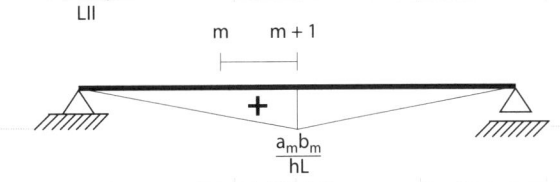

Fig. 8.33 Traçado da linha de influência do normal no elemento do banzo inferior entre m e $m+1$

Linha de Influência de Normal – Bielas

Para a determinação de LID duas situações devem ser consideradas:

- Para P = 1 antes de m → $0 \leq x \leq a_m$.

  O equilíbrio da parte remanescente à direita fornece:

$$\sum F_y = 0 \quad \therefore \quad D \operatorname{sen} \alpha + V_B = 0$$

$$D = -\frac{V_B}{\operatorname{sen} \alpha}$$

$$LID = -\frac{LIR_B}{\text{sen }\alpha}$$

- Para P = 1 depois de m + 1 → $a_m + 1 \le x \le L$

O equilíbrio da parte remanescente à esquerda fornece:

$$\sum F_y = 0 \quad \therefore \quad D\text{ sen }\alpha - V_A = 0$$

$$D = \frac{V_A}{\text{sen }\alpha}$$

$$LID = \frac{LIR_A}{\text{sen }\alpha}$$

O traçado de LID é indicado na Fig. 8.34.

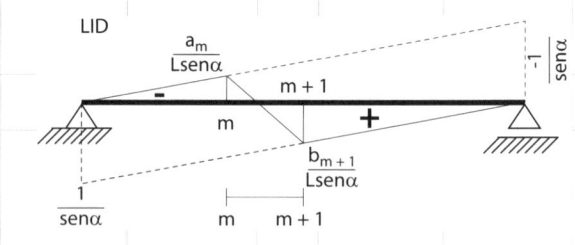

Fig. 8.34 Traçado da linha de influência de normal no elemento diagonal entre *m* e *m+1*

Linha de Influência de Normal – Barras Verticais

Para a determinação de LIV algumas situações devem ser analisadas, as quais são apresentadas a seguir considerando o esquema da Fig. 8.35.

LIV → Barras verticais → Exemplos V_1 e V_C.

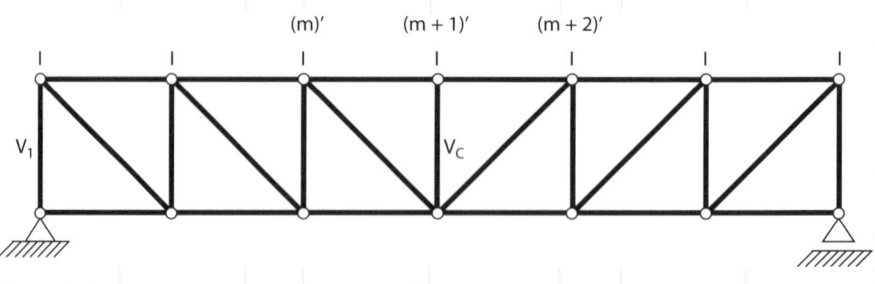

Fig. 8.35 Barras verticais V_1 e V_c na treliça

LIV$_C$:
- Carregamento inferior → $V_C = 0$
- Carregamento superior:
  - Quando P = 1 antes de m : $V_C = 0$
  - Quando P = 1 sobre m + 1 : $-V_C - 1 = 0 \therefore V_C = -1$
  - Quando P = 1 depois de m + 2 : $V_C = 0$

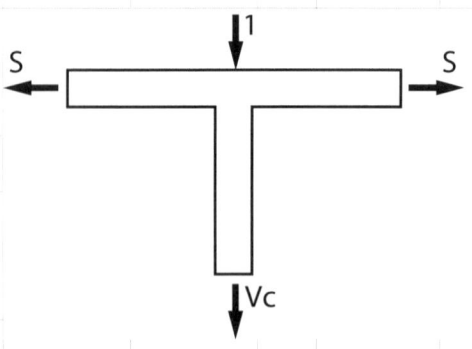

Fig. 8.36 Equilíbrio do nó (m+1)' para cálculo de V_C

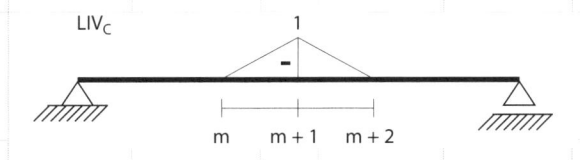

Fig. 8.37 Traçado da linha de influência de normal na barra vertical V_c – carregamento superior

LIV_1:

- Carregamento superior:

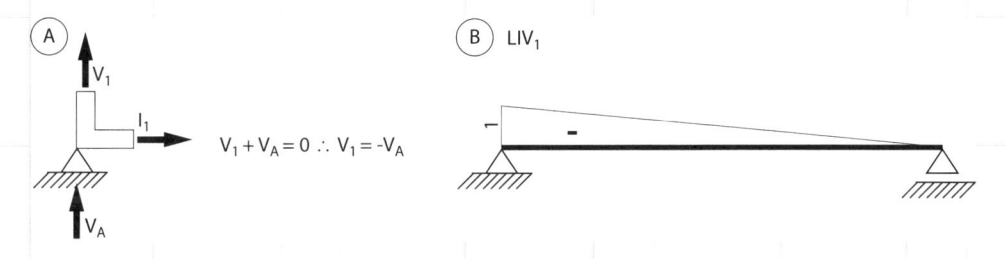

Fig. 8.38 Carregamento superior: A) equilíbrio do nó 1; B) linha de influência normal na barra vertical V_1

- Carregamento inferior:

Para P = 1 sobre 1: $V_1 = 0$

Para P = 1 depois de 2:
$V_1 + V_A = 0 \therefore V_1 = -V_A$
$LIV_1 = -LIR_A$

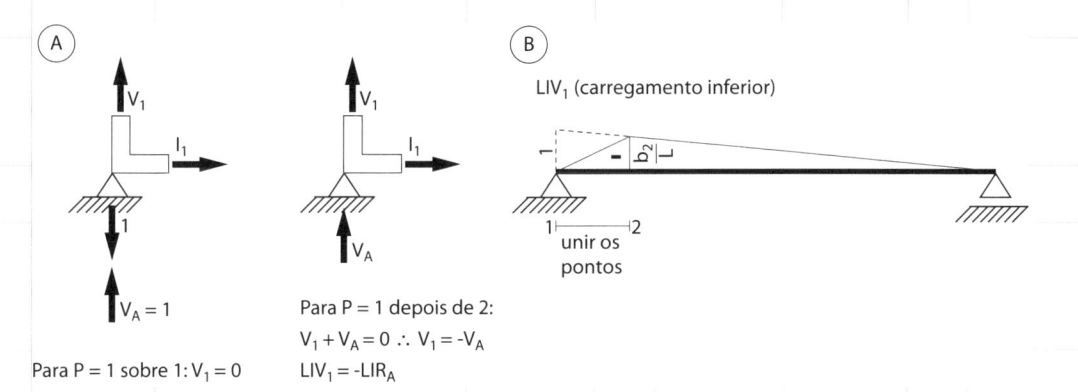

Fig. 8.39 Carregamento inferior: A) equilíbrio do nó 1; B) linha de influência de normal na barra vertical V_1

Exercício 8.4

Determinar as linhas de influência dos normais nas barras da treliça Hassler das Figs. 8.40 e 8.43.

$$LIS: \Sigma M_m = 0 \text{ (Fig. 8.41)}$$

- P = 1 antes de m:

$$S \cdot h + V_B \cdot b = 0 \quad \therefore \quad S = -\frac{b\,V_B}{h}$$

$$S = -\frac{M_m}{h} \quad \Rightarrow \quad LIS = -\frac{LIM_m}{h}$$

- P = 1 depois de m + 1:

$$-S \cdot h - V_A \cdot a = 0 \quad \therefore \quad S = -\frac{a\,V_A}{h}$$

$$S = -\frac{M_m}{h} \quad \Rightarrow \quad LIS = -\frac{LIM_m}{h}$$

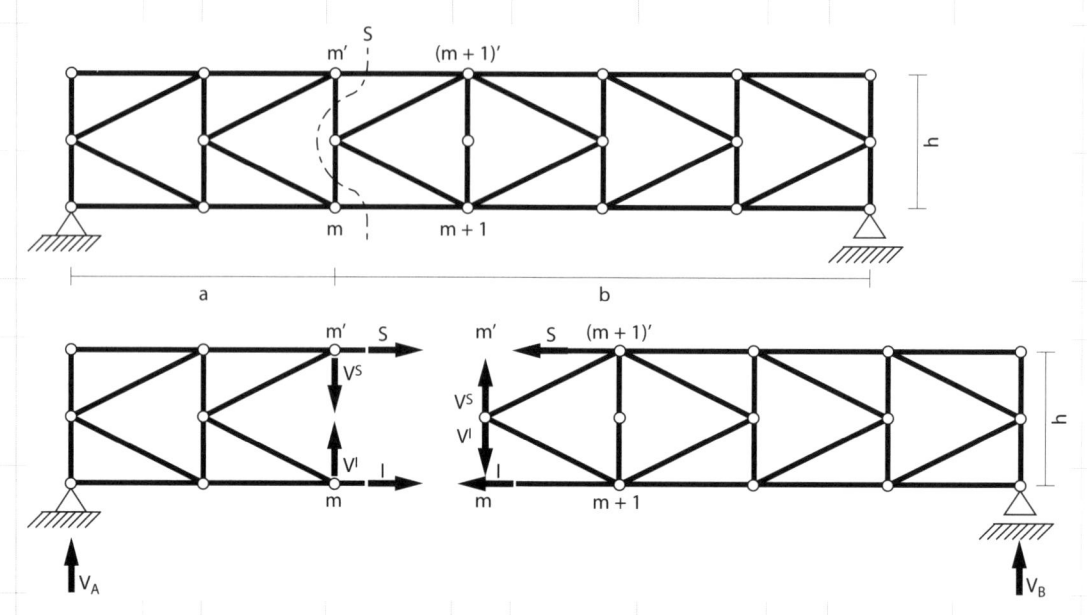

Fig. 8.40 Viga Hassler

LIS

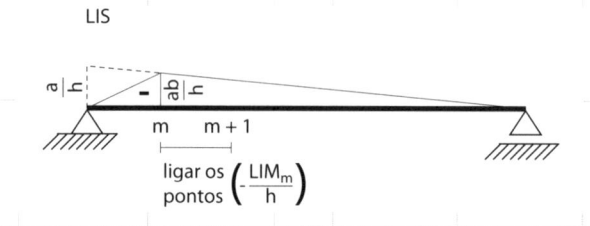

Fig. 8.41 Linha de influência diagonal no elemento do banzo superior entre m e $(m+1)$

ligar os pontos $\left(-\dfrac{LIM_m}{h}\right)$

$LII : \sum M_{m'} = 0$

- $P = 1$ antes de m:

$$-I \cdot h + V_B \cdot b = 0 \quad \therefore \quad I = \dfrac{b\,V_B}{h}$$

$$I = \dfrac{M_m}{h}, \text{ ou seja } S = -I \therefore LII = -LIS$$

- $P = 1$ depois de $m + 1$:

$$I \cdot h - V_A \cdot a = 0 \quad \therefore \quad I = \dfrac{a\,V_A}{h}$$

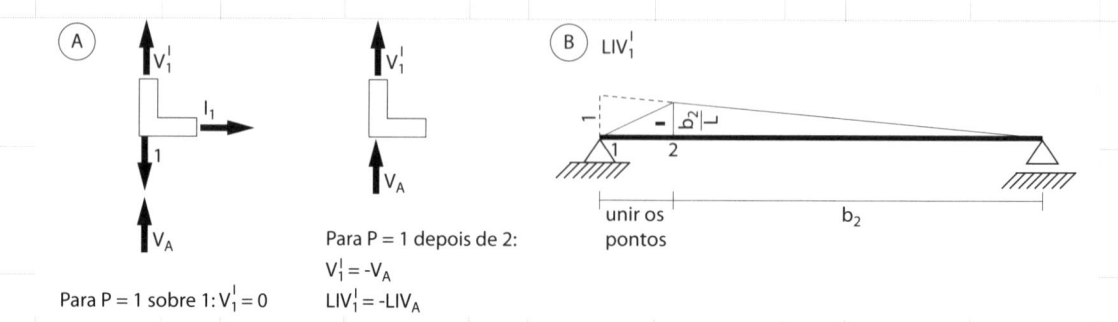

$$I = \dfrac{M_m}{h}, \text{ ou seja } I = -S \therefore LII = -LIS$$

$$LIV_1^I : \sum F_Y = 0$$

(A) Para $P = 1$ sobre 1: $V_1^I = 0$

Para $P = 1$ depois de 2:
$V_1^I = -V_A$
$LIV_1^I = -LIV_A$

(B) LIV_1^I

unir os pontos

Fig. 8.42 Carregamento inferior: A) equilíbrio do nó 1; B) linha de influência de normal na barra vertical V_1

LID:

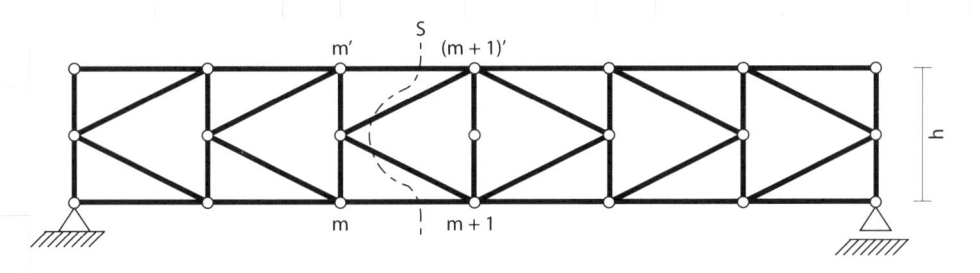

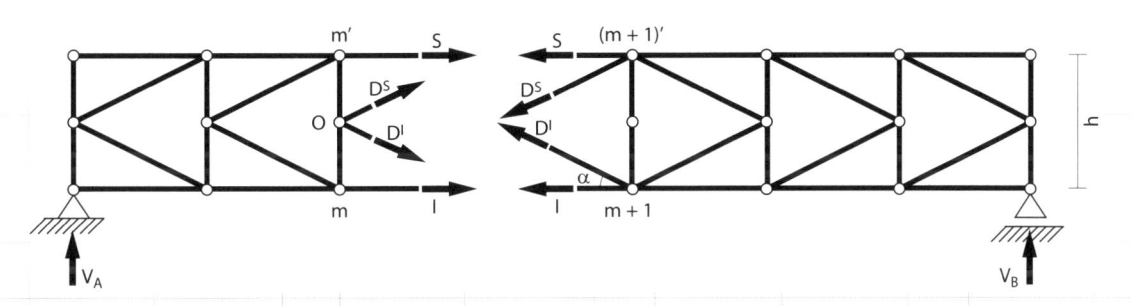

FIG. 8.43 Seção de Ritter para obtenção da linha de influência de normal em elementos diagonais da viga Hassler

- P = 1 antes de m:

  O equilíbrio da parte à direita fornece:
  $$\Sigma F_Y = 0 \therefore -D^S \operatorname{sen} \alpha + D^I \operatorname{sen}\alpha + V_B = 0 \quad (8.1)$$

  O equilíbrio do nó O fornece (Fig. 8.44A):
  $$\Sigma F_X = 0 \therefore D^S \cos\alpha + D^I \cos\alpha = 0$$
  $$D^S = -D^I \quad (8.2)$$

  Substituindo (8.2) em (8.1) vem :
  $$-D^S \operatorname{sen}\alpha + (-D^S) \operatorname{sen}\alpha + V_B = 0$$
  $$D^S = \frac{V_B}{2 \operatorname{sen}\alpha}$$

- P = 1 depois de m + 1:

  O equilíbrio da parte à esquerda fornece:
  $$+ D^S \operatorname{sen}\alpha - D^I \operatorname{sen}\alpha + V_A = 0 \quad (8.3)$$

  Equilíbrio do nó O:
  $$D^S = -D^I \quad (8.4)$$

  Substituindo (8.4) em (8.3) vem :
  $$D^S \operatorname{sen}\alpha - (-D^S) \operatorname{sen}\alpha + V_A = 0$$
  $$D^S = -\frac{V_A}{2 \operatorname{sen}\alpha}$$
  $$\Rightarrow \quad LID^S = -LID^I$$

Fig. 8.44 Elementos diagonais da viga de Hessler: A) equilíbrio do nó O indicado na Fig. 8.43; B) linhas de influências dos normais nas diagonais entre os nós m e $m+1$

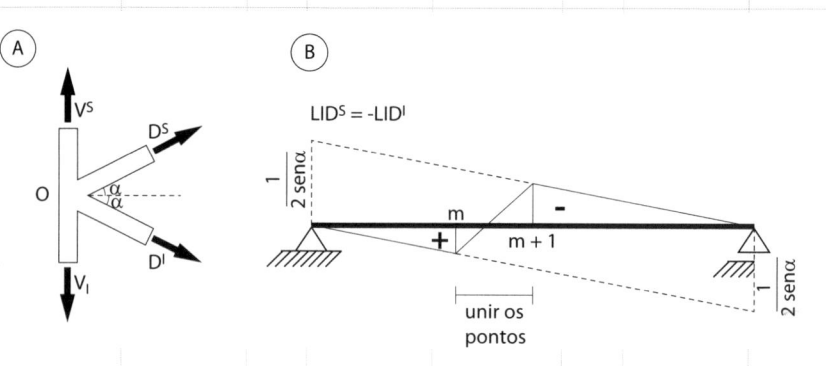

8.9 Definição do Trem-Tipo

O trem-tipo representa uma combinação dos veículos (cargas móveis) que podem correr na estrutura analisada (pontes, viadutos, pontes rolantes e outras).

Os trens-tipo são constituídos por cargas concentradas e/ou uniformemente distribuídas de valores conhecidos e guardando distâncias conhecidas entre elas.

Dependendo do tipo da estrutura e da sua utilização, pesquisadores definiram combinações de carregamentos tendo em vista os veículos previstos nas estruturas. Tais combinações deram origem aos trens-tipo definidos nas normas de projetos nacionais e internacionais.

No Brasil, as cargas móveis para as pontes e viadutos (rodoviários ou ferroviários) e passarelas são definidas pela Associação Brasileira de Normas Técnicas (ABNT).

Para as pontes e viadutos rodoviários o trem-tipo de tabuleiro (Fig. 8.45) é especificado pela norma NBR 7188 dependendo da classe da ponte 45, 36 ou 12, associadas respectivamente a caminhões tipo de 45tf e 36tf, com três eixos, e 12 tf com dois eixos. A norma prevê carregamentos distribuídos p (e p') sobre as lajes, fora da área ocupada pelo caminhão tipo. À direita da Fig. 8.45, está representado um trem-tipo típico de longarina, obtido a partir do trem-tipo de laje e dependente do sistema estrutural adotado. Nesta representação, P são as forças concentradas associadas aos eixos do caminhão e m e m' são os carregamentos distribuídos na faixa de ação do caminhão e fora dela, respectivamente.

Para as pontes ferroviárias a carga móvel é definida pela NBR 7189.

8.10 Aplicação do Princípio da Superposição

A determinação dos efeitos E_s, em uma dada seção S, provocados por um trem-tipo composto por m cargas concentradas e n cargas uniformemente distribuídas, é feita através do Princípio da Superposição (Fig 8.47):

$$E_S = \sum_{i=1}^{m} P_i \, \eta_i + \sum_{j=1}^{n} q_j \, \Omega_j$$

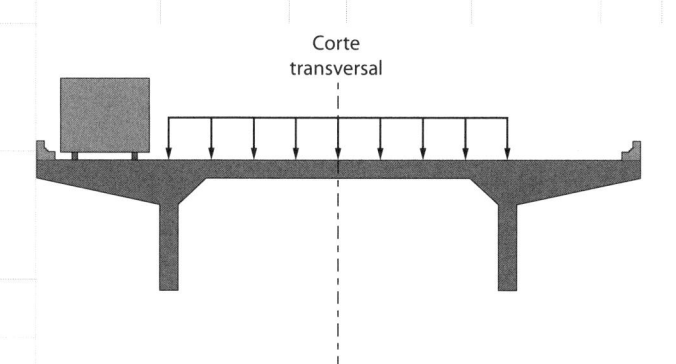

Fig. 8.45 Trem-tipo especificado para pontes e viadutos rodoviários (NBR 7188)

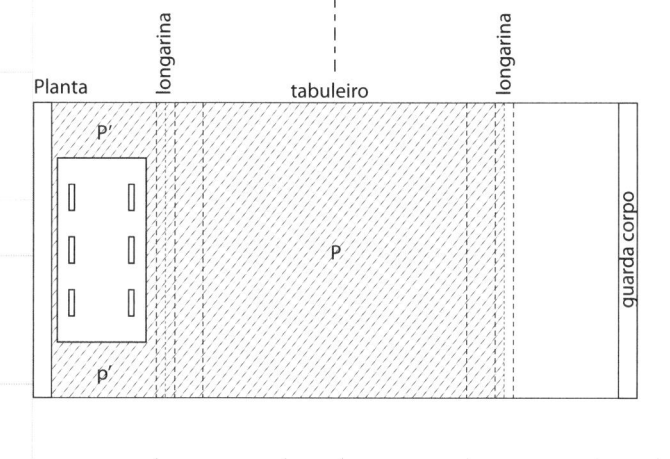

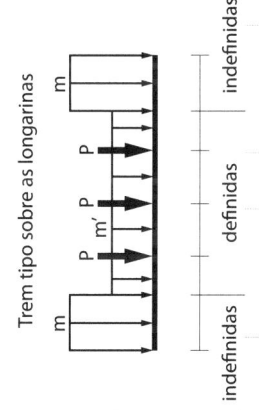

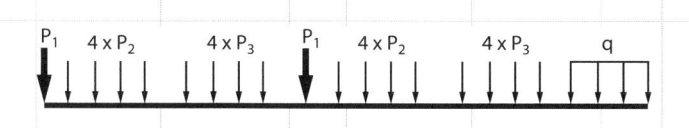

Fig. 8.46 Trem-tipo especificado para pontes e viadutos ferroviários pela NBR 7189

Perguntas:
- Qual a posição do trem-tipo que determina o máximo efeito positivo E_S^+ máx?
- Qual a posição do trem-tipo que determina o máximo efeito negativo E_S^- máx (ou E_S mín)?

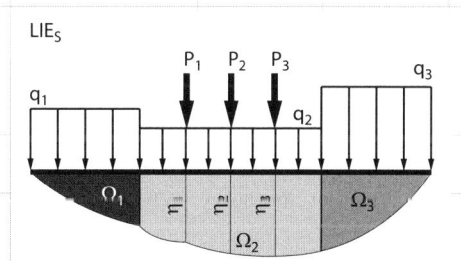

Fig. 8.47 Aplicação do Princípio da Superposição

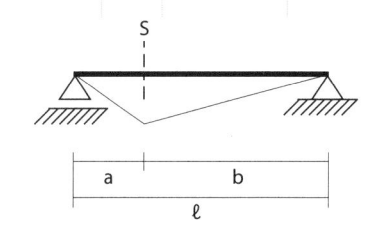

8.11 Pesquisa dos Valores Máximos (Máx+) e Mínimos (Máx−)

Teorema Geral

"Um efeito máximo, positivo ou negativo, ocorrerá, para todas as cargas concentradas sobre a estrutura, quando uma das cargas concentradas (denominada de eixo crítico) estiver sobre um dos pontos angulosos da *LI*" (Fig 8.48).

A imposição da condição de máximo nos leva a:

$$\sum_{i=1}^{k-1} P_i < R\frac{a}{l} < \sum_{i=1}^{k} P_i$$

Sendo:

$$\sum_{i=1}^{k-1} P_i < R\frac{a}{\ell} < \sum_{i=1}^{k} P_i$$

Fig. 8.48 Pesquisa dos valores máximos e mínimos

$$R = \sum_{i=1}^{n} P_i \rightarrow \text{a resultante de todas as forças concentradas}$$

n → número total de forças concentradas
k → posição do eixo crítico

Observações:
- Uma análise mais abrangente deve ser sempre feita, analisando-se por exemplo situações particulares como o de algumas forças concentradas fora da estrutura.
- A análise das posições mais desfavoráveis do trem-tipo tem que ser feita considerando-se os dois sentidos (Fig. 8.49).

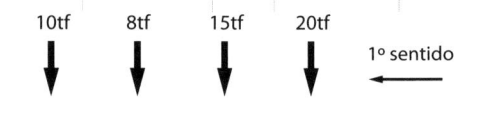

FIG. 8.49 Análise das posições mais desfavoráveis (dois sentidos)

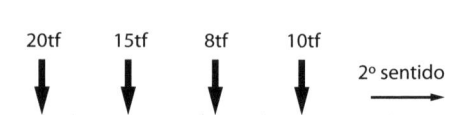

8.12 Objetivo das Linhas de Influência em Projetos de Estruturas Submetidas a Cargas Móveis

Conhecidas as *LIEs* e o trem-tipo podemos inicialmente determinar os efeitos *máximos* e *mínimos* de carga móvel que ocorrem em S.

A obtenção destes valores, para várias seções ao longo da estrutura, quando acrescidos dos efeitos das cargas permanente, nos permite o traçado das envoltórias dos efeitos E, ao longo da estrutura, sendo este o objetivo final de projeto.

1. Dados:
    - Estruturas e seções (Fig. 8.50):

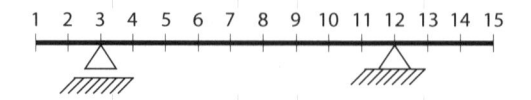

    FIG. 8.50 Estrutura e seções

    - Trem-tipo (Fig. 8.51):

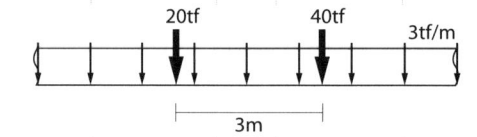

    FIG. 8.51 Trem-tipo

2. Determinar:
   - Os esforços internos devidos à carga permanente (peso próprio, revestimento...)

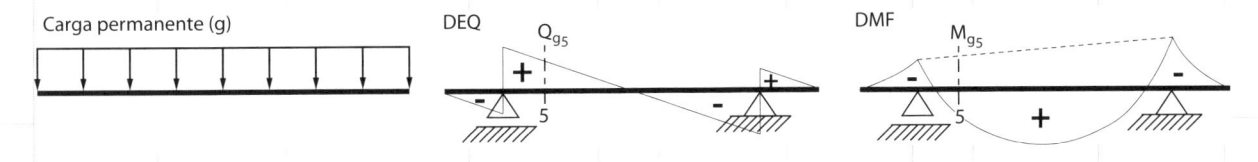

Fig. 8.52 ESI devidos à carga permanente (g)

carga permanente → fixas → linhas de estado

   - Os efeitos máximos e mínimos (esforços internos e reações de apoio), em todas as seções, provenientes da carga móvel, ou seja para o trem-tipo nas posições mais desfavoráveis.

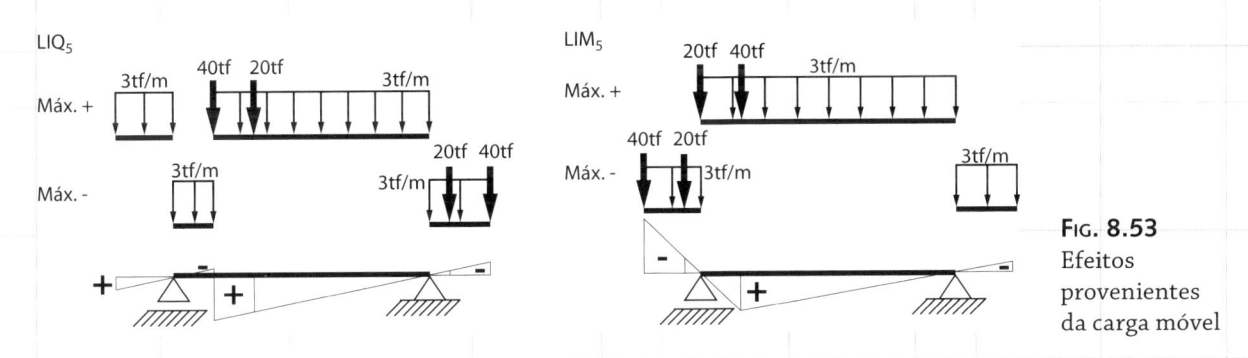

Fig. 8.53 Efeitos provenientes da carga móvel

3. Determinar os valores e traçar as *envoltórias*:
   - Tabelas dos valores das *envoltórias*

SEÇÕES	CORTANTES					MOMENTOS FLETORES				
	Cargaperm.	Carga móvel		Envoltória		Cargaperm.	Carga móvel		Envoltória	
	Qg (tf)	Máx + (tf)	Máx – (tf)	MAX (tf)	MIN (tf)	Mg (tfm)	Máx + (tfm)	Máx – (tfm)	MAX (tfm)	MIN (tfm)
1										
2										
3										
4										
5						+ 150	+ 100	– 50	+ 250	+ 100
6										
7										
8										
9										
10										
11										
12										
13										
14										
15										
numeração das colunas e como obtê-las.	1	2	3	4 = 1+2	5 = 1+3	6	7	8	9=6+7	10=6+8

■ Traçado das Envoltórias

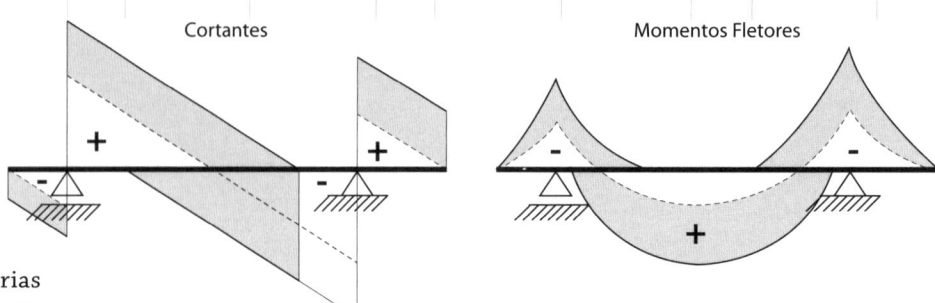

FIG. 8.54 Envoltórias máximas e mínimas

Exercício 8.5

Determinar as envoltórias dos esforços cortantes e dos momentos fletores da viga (Fig. 8.55).

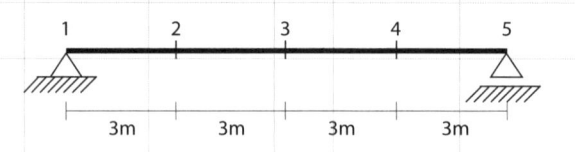

FIG. 8.55 Viga biapoiada

Dados

■ Peso próprio (Fig. 8.56)

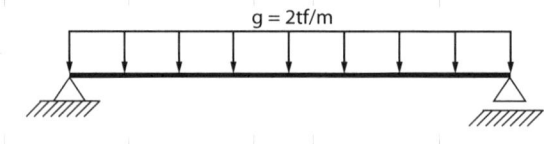

FIG. 8.56 Carregamento de peso próprio

■ Trem-tipo (Fig. 8.57)

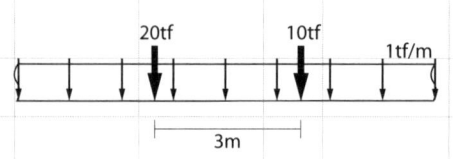

FIG. 8.57 Trem-tipo

Resolução

1. Carga Permanente

   Os ESI devidos ao peso próprio g são apresentados na Fig. 8.58

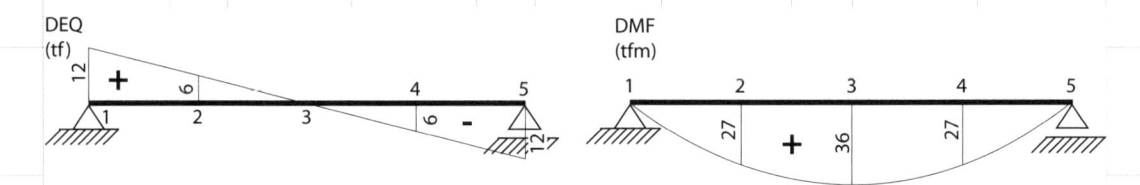

FIG. 8.58 ESI do peso próprio

2. Carga Móvel

Linhas de Influência e Valores Máximos Positivos e Negativos

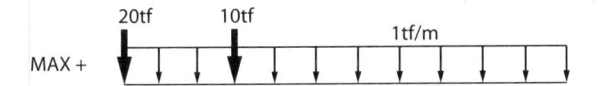

Seção 1: $LIM_1 \to$ nula

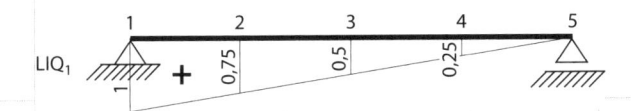

$$Q_{1\text{máx}}^{+} = 20 \times 1 + 10 \times 0{,}75 + 1 \times \frac{12 \times 1}{2} = 33{,}5 \text{ tf}$$

$$Q_{1\text{máx}}^{-} = 0$$

Seção 2:

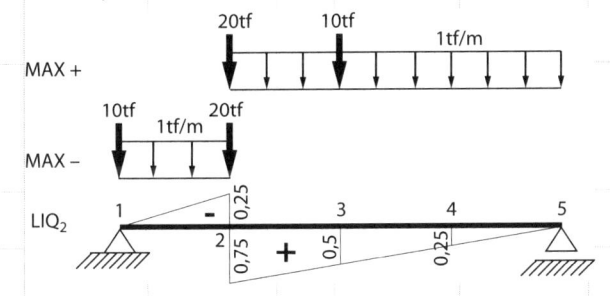

$$Q_{2\text{máx}}^{+} = 20 \times 0{,}75 + 10 \times 0{,}50 + 1 \times \frac{0{,}75 \times 9}{2} = +23{,}41 \text{ tf}$$

$$Q_{2\text{máx}}^{-} = -20 \times 0{,}25 - 1 \times \frac{0{,}25 \times 3}{2} = -5{,}4 \text{ tf}$$

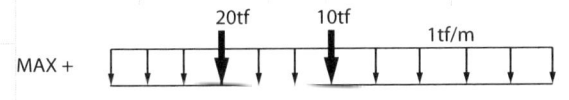

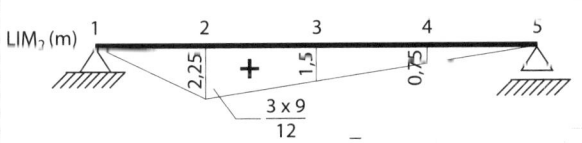

$$M_{2\text{máx}}^{+} = 20 \times 2{,}25 + 10 \times 1{,}5 + 1 \times \frac{2{,}25 \times 12}{2} = +73{,}5 \text{ tfm} \quad M_{2\text{máx}}^{-} = 0$$

Seção 3:

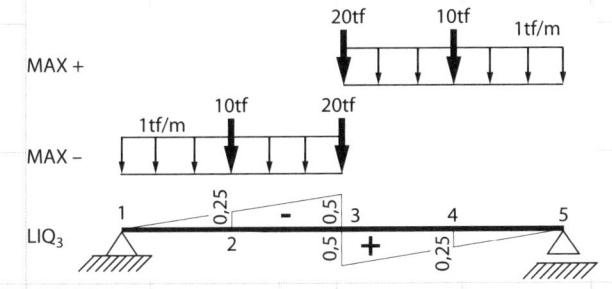

$$Q^+_{3máx} = 20 \times 0,50 + 10 \times 0,25 + 1 \times \frac{0,5 \times 6}{2} = +14 \text{ tf}$$

$$Q^-_{3máx} = -14 \text{ tf}$$

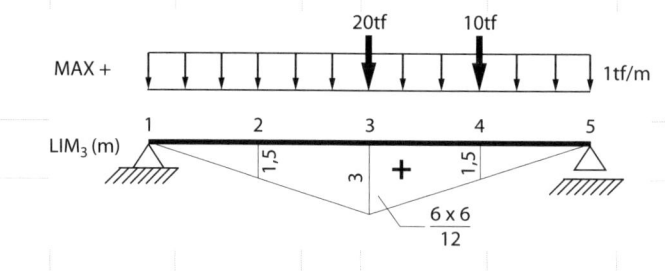

$$M^+_{3máx} = 20 \times 3,0 + 10 \times 1,5 + 1 \times \frac{3,0 \times 12}{2} = +93 \text{ tfm}$$

$$M^-_{3máx} = 0$$

3. Tabela das envoltórias

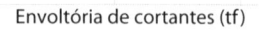

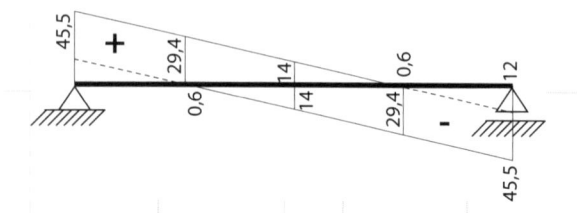

SEÇÕES	CORTANTES					MOMENTOS FLETORES				
	Carga perm.	Carga móvel		Envoltória		Carga perm.	Carga móvel		Envoltória	
	Qg (tf)	Máx + (tf)	Máx – (tf)	MAX (tf)	MIN (tf)	Mg (tfm)	Máx + (tfm)	Máx – (tfm)	MAX (tfm)	MIN (tfm)
1	+12,0	+33,5	0	+45,5	+12,0	0	0	0	0	0
2	+6,0	+23,4	–5,4	+29,4	+0,6	27,0	73,5	0	100,5	27,0
3	0	+14,0	–14,0	+14,0	–14,0	36,0	93,0	0	129,0	36,0
4	–6,0	+5,4	–23,4	–0,6	–29,4	27,0	73,5	0	100,5	27,0
5	–12,0	0	–33,5	–12,0	–45,5	0	0	0	0	0

4. Envoltórias

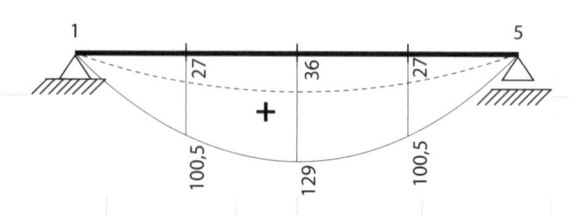

ARBADI, F. *Structural analysis and behavior*. Singapura: McGraw-Hill, 1991.

ASSOCIAÇÃO BRASILEIRA DE NORMAS TÉCNICAS (ABNT). NBR 6120:1980. *Cargas para o cálculo de estruturas de edificações*. Rio de Janeiro.

ASSOCIAÇÃO BRASILEIRA DE NORMAS TÉCNICAS (ABNT). NBR 6123:1988. *Forças devidas ao vento em edificações*. Rio de Janeiro.

ASSOCIAÇÃO BRASILEIRA DE NORMAS TÉCNICAS (ABNT). NBR 7188:1984. *Carga móvel em ponte rodoviária e passarela de pedestre*. Rio de Janeiro.

ASSOCIAÇÃO BRASILEIRA DE NORMAS TÉCNICAS (ABNT). NBR 7189:1985. *Cargas móveis para projeto estrutural de obras ferroviárias*. Rio de Janeiro.

CAMPANARI, Flávio A. *Teoria das estruturas*. Rio de Janeiro: Guanabara Dois, 1985. v. 1-3.

FEODOSIEV, V. I. *Resistencia de materiales*. Moscou: Mir, 1972.

FONSECA, Adhemar. *Curso de mecânica:* estática. Rio de Janeiro: Ao Livro Técnico, 1978. v. 1 e 2.

FONSECA, A.; MOREIRA, D. F. *Estática das construções:* problemas e exercícios. Rio de Janeiro: Ao Livro Técnico, 1960. v. 1.

GERE, J. M.; WEAVER, W. *Analysis of framed structures*. New York: D. Van Nostrand, 1965.

GHALI, A.; NEVILLE, A. M. *Structural analysis*. 4.ed. London: E & FN Spon, 1997.

GORFIN, B.; OLIVEIRA, M. M. *Estruturas isostáticas:* exercícios. Rio de Janeiro: LTC, 1980.

ROARK, R. J. *Roark's formulas for stress and strain*. 6.ed. Singapura: McGraw-Hill, 1989.

SILVA JR, J. F. da. *Resistência e estática das construções*. Belo Horizonte: Escola de Engenharia; Universidade de Minas Gerais, 1959.

SÜSSEKIND, José Carlos. *Curso de análise estrutural:* estruturas isostáticas. 5.ed. Rio de Janeiro: Globo, 1981. v. 1.

TIMOSHENKO, S. P.; GERE, J. E. *Mecânica dos sólidos*. Rio de Janeiro: LTC, 1992. v. 1 e 2.

TIMOSHENKO, S. P.; GERE, J. E. *Theory of elastic stability*. 2.ed. Tokyo: McGraw-Hill, 1961.

TIMOSHENKO, S. P.; YOUNG, D. H. *Mecânica técnica estática*. 1.ed. Rio de Janeiro: LTC, 1983.

TIMOSHENKO, S. P.; YOUNG, D. H. *Theory of structures*. 2.ed. Tokyo: McGraw-Hill, 1965.

TORROJA, E. *Razón y ser de los tipos estructurales*. Madrid: CSIC, 2004.

UTKU, S.; NORRIS, C. H.; WILBUR, J. B. *Elementary structural analysis*. Singapura: McGraw-Hill, 1991.

WEAVER JR, W. *Computer programs for structural analysis*. Princeton: D. Van Nostrand, 1967.